筛法理论

谢秋彬　著

中国财富出版社有限公司

图书在版编目（CIP）数据

筛法理论/谢秋彬著．—北京：中国财富出版社有限公司，2023.1
ISBN 978－7－5047－7831－4

Ⅰ.①筛…　Ⅱ.①谢…　Ⅲ.①筛法　Ⅳ.①O156

中国版本图书馆 CIP 数据核字（2022）第 238155 号

策划编辑	宋　宇	**责任编辑**	王桂敏	**版权编辑**	李　洋
责任印制	梁　凡	**责任校对**	张营营	**责任发行**	黄旭亮

出版发行	中国财富出版社有限公司		
社　　址	北京市丰台区南四环西路 188 号 5 区 20 楼	**邮政编码**	100070
电　　话	010－52227588 转 2098（发行部）		010－52227588 转 321（总编室）
	010－52227566（24 小时读者服务）		010－52227588 转 305（质检部）
网　　址	http：//www. cfpress. com. cn	**排　　版**	宝蕾元
经　　销	新华书店	**印　　刷**	北京九州迅驰传媒文化有限公司
书　　号	ISBN 978－7－5047－7831－4/O·0060		
开　　本	710mm×1000mm　1/16	**版　　次**	2023 年 3 月第 1 版
印　　张	15.25	**印　　次**	2023 年 3 月第 1 次印刷
字　　数	266 千字	**定　　价**	88.00 元

版权所有·侵权必究·印装差错·负责调换

内容简介

本书将筛法定义在初等数论的范畴，对 Eratosthenes 筛法（埃拉托斯特尼筛法，简称“埃氏筛法”）做了进一步的完善，建立了多重多元筛法理论，使得筛法形成了一个完整的、系统的数论分析体系，成为数论分析的强有力的工具。尤其是在讨论素数在各种整数序列中的分布问题时，筛法起到了“非他莫属”的作用。

本书运用筛法理论解决了诸如孪生素数问题、Goldbach（哥德巴赫）问题和 x^2+b 的素数分布、Mersenne（梅森）素数及 Fermat（费玛）素数的存在性等有关在整数序列中的素数分布问题。

全书常用符号说明

1. A，a，b，h，l，m，n，…一般表示整数。

2. p，p_i 一般表示素数。P 一般表示一个素数集合。

3. N 一般表示充分大的整数。

4. $\pi(X)$ 表示不大于 X 的全部素数个数。

5. $\pi(a,b)$ 表示不小于 a 不大于 b 的全部素数个数。

6. $\sum\left(\frac{N}{p_i}\right)$ 表示关于 i 的所有 $\frac{N}{p_i}$ 求和。

7. $\sum\left[\frac{N}{p_i}\right]$ 表示关于 i 的所有 $\frac{N}{p_i}$ 的整数部分求和。

8. $\sum\left\{\frac{N}{p_i}\right\}$ 表示关于 i 的所有 $\frac{N}{p_i}$ 的小数部分求和。

9. $\prod_{p_i > N^{\frac{1}{2}}}\left(1 - \frac{1}{p_i}\right)$ 表示关于 i 的、$p_i > N^{\frac{1}{2}}$ 的所有 $1 - \frac{1}{p_i}$ 之积。

10. $N\prod_{p_i > N^{\frac{1}{2}}}\left[1 - \frac{1}{p_i}\right]$ 表示对所有 $p_i > N^{\frac{1}{2}}$，求 $\frac{N(p_i - 1)}{p_i}$ 的整数部分之积。

11. $\mathcal{A}$ 表示整数序列，如 $\mathcal{A}$：1，2，3，4，5，6，…

12. $\mathcal{B}$ 表示筛分集合，如 $\mathcal{B} = \{p_i : p_i > N^{\frac{1}{2}}\}$。

13. S（$\mathcal{A}$；$\mathcal{B}$，$N^{\frac{1}{2}}$）表示筛函数。如在整数序列 $\mathcal{A}$ 中，所有元素均小于 N，去除与筛分集合 $\mathcal{B}$ 中的元素 $p_i > N^{\frac{1}{2}}$ 同素的元素，整数序列 $\mathcal{A}$ 所剩元素个数记为 $X(N)$，则 $S(\mathcal{A};\mathcal{B},N^{\frac{1}{2}}) = X(N)$。

14. $o(A) = B$，表示存在一个正常数 c，使得 $\|B\| \leqslant cA$。

15. $\log x$ 表示对 x 求自然对数（有时也直接使用 $\ln x$）。

16. $d \mid n$，表示 d 整除 n。

17. $d \nmid n$，表示 d 不整除 n。

18. Euler（欧拉）函数 $\varphi(n)$，表示不超过 n 且与 n 互素的正整数个数。

19. $a \sim b$，表示 a 等价于 b。

20. Δp_i 表示小于 p_i 的很小的量。

21. z 表示≥2 的整数。

22. ⊗表示函数值的叠加。

序　言

早年，我在大学的图书馆里借到了一本 H. Halberstam 和 H. – E. Richert 合著的 *Sieve Methods*。书中大量的数论分布问题深深地吸引了我，我对其方法、技巧赞叹不已。甚至模仿其思路，我设计了一个解决某些问题的方法，但是在处理余项估计时，简直是一筹莫展，经过多次尝试便放弃了。但我心里总在琢磨着 *Sieve Methods* 引言中的一段话："对于算术级数中的素数分布问题，我们有信心期待筛法性质的改进和一个新的表达方式的出现。"这便促使我后来产生了完善 Eratosthenes 筛法的想法，以绕开复杂的余项估计的困难。

进一步来说，我认为之前出现的筛法都属于线性筛法，就像代数里的一元一次方程解法不能直接用于解一元二次方程一样，无论怎么改进 Eratosthenes 筛法，由于参数的设置，都会增加余项估计的困难。要解决孪生素数这类问题，必须设计一个像能解决一元二次方程的方法，来完善 Eratosthenes 筛法。这样我的大脑里便有了多重多元筛法的思路。

筛法是探索和解决各种类型的整数序列中素数分布基本情况的数学分析工具，对于解决一些存在性问题是非常有用的。本书试图使用初等数论知识，对 Eratosthenes 筛法做一个比较全面的完善，以建立多重多元筛法理论，使筛法形成一个完整的、系统的数论分析体系，并使之成为数论分析的强有力的工具。

本书重点运用多重多元筛法理论来讨论诸如孪生素数问题、Goldbach 问题、x^2+b 的素数分布、Mersenne 素数及 Fermat 素数的存在性等有关在整数序列中的素数分布问题。

素数定理是素数分布的近似估计，是筛法的理论基础；更进一步说，筛法实际上是依赖于 $\prod_{p_i \leqslant N^{\frac{1}{2}}}\left(1-\frac{1}{p_i}\right)$ 或 $\prod_{p_i \leqslant N^{\frac{1}{2}}}\left[1-\frac{1}{p_i}\right]$ 的近似估计，该估计结果越逼近，筛法结果越准确。但是，我们认为现有的 $\pi(x) \sim \frac{x}{\log x}$ 或 $\prod_{p_i \leqslant N}\left(1-\frac{1}{p_i}\right) \sim$

$\frac{1}{\log N}$对于我们的分析已经足够用了，也就是说对于一个素数分布的存在性问题，这个估计结果已经足够了。鉴于此，我们说运用筛法得到的结果，误差是比较大的，这就像我们所熟知的素数定理一样，其任何一个结果的误差都是非常大的。尽管这样，这个估计结果对于我们分析数论问题，特别是对于分析一些存在性问题已经足够了。

(1) 主项和余项的估计，尤其是余项的估计一直是筛法问题的难点。对于一重筛法，在本书我们采用的是素数定理的估计，我们已知结果：$\pi(X) = \frac{X}{\log X} + o\left(\frac{X}{\log^2 X}\right)$，余项比主项低了一个阶。那么，对于二重筛法，我们采用叠加原理：

$$g(N) \geqslant \frac{\frac{cN}{\log N} + o\left(\frac{N}{\log^2 N}\right)}{\log N} + o\left(\frac{N}{\log^2 N}\right) = N\left(\frac{1}{\log^2 N} + o\left(\frac{1}{\log^3 N}\right)\right)$$

这样一来，在多重筛法中，余项比主项总是低一个阶，简化了余项的估计问题。

(2) 分类估计。在本书的讨论中，我们使用了一个分类估计。

例如，我们将素数分为（其中，$m=1, 2, 3, \cdots$）：

$4m+1$：5，9，13，17，21，…

$4m-1$：3，7，11，15，19，…

由于这两个素数集合包含了所有素数，所以有：

$$\prod_{3 \leqslant p_i < N^{\frac{1}{2}}} \left(1 - \frac{1}{p_i}\right) = \prod_{\substack{3 \leqslant p_i < N^{\frac{1}{2}} \\ p_i = 4m+1}} \left(1 - \frac{1}{p_i}\right) \prod_{\substack{3 \leqslant p_i < N^{\frac{1}{2}} \\ p_i = 4m-1}} \left(1 - \frac{1}{p_i}\right)$$

根据第二章中定理 2.3 和定理 2.4 的结果则有：

$$S(\mathcal{A};\mathcal{B},N^{\frac{1}{2}}) \geqslant \frac{N}{2\log N} + o\left(\frac{N}{\log^2 N}\right)$$

可见，在一般情况下我们可以视为：

$$\prod_{\substack{3 \leqslant p_i < N^{\frac{1}{2}} \\ p_i = 4m-1}} \left(1 - \frac{1}{p_i}\right) = \prod_{\substack{3 \leqslant p_i < N^{\frac{1}{2}} \\ p_i = 4m+1}} \left(1 - \frac{1}{p_i}\right)$$

尽管已经有人证明，当 N 一定大时，上面的不等式恰好相反。但无论如何，这种分类估计对于一些数论问题的解决都起到了非常重要的作用，因此，

我们期待对 $\prod_{\substack{3 \leq p_i < N^{\frac{1}{2}} \\ p_i = 4m-1}} \left(1 - \frac{1}{p_i}\right)$ 和 $\prod_{\substack{3 \leq p_i < N^{\frac{1}{2}} \\ p_i = 4m+1}} \left(1 - \frac{1}{p_i}\right)$ 的估计有一个好的结果。

（3）关于一个假定的问题。为了使我们的讨论简洁明了，我们在本书的第一章给出了一个假定：

$$\prod_{\substack{p_i < N^{\frac{1}{2}} \\ \left(\frac{n}{p_i}\right) = 1}} \left[\frac{p_i - 1}{p_i}\right] \sim \prod_{\substack{p_i < N^{\frac{1}{2}} \\ \left(\frac{n}{p_i}\right) = -1}} \left[\frac{p_i - 1}{p_i}\right]$$

其中，$\left(\frac{n}{p_i}\right)$ 为 Legendre（勒让德）符号。这主要基于给定一个 e，$e \neq n^2$，对于无穷多个 p_i，可将 p_i 分为两类，即 $\left(\frac{e}{p_{i1}}\right) = 1$ 和 $\left(\frac{e}{p_{i2}}\right) = -1$。而对于给定的 e，p_{i1} 与 p_{i2} 的个数是相等的。但是我们没有给出其证明，期待未来能有一个严谨的证明。

（4）关于整数序列问题。筛函数的建立主要取决于整数序列的性质。不同的整数序列所对应的筛分集合和筛函数是不同的。因此，在建立筛函数时，必须认真分析整数序列的性质。基于此，我们认为能否运用筛法来解决素数分布问题，关键在于能否建立一组符合实际的整数序列，并使之成为一个或多个可筛的整数序列。

本书中所说的整数序列一般都是自然数列、幂级数等，具体要视素数分布问题的实际情况而定。我们一般认为，对于不可约整系数多项式所产生的整数序列，都是可筛整数序列，都可以运用筛法来分析其素数分布问题。

（5）关于筛分集合。本书中的筛分集合都是指一个素数集合，并且一般情况下，我们所说的素数集合都是连续的，即大于 2、小于等于 $N^{\frac{1}{2}}$ 的所有素数的集合。但是，在一些特殊情况下，我们所需的素数集合不包含某些素数元素，例如，凡是 $4m-1$ 型的素数元素不在筛分集合中，也就是说被筛的整数序列不含有 $4m-1$ 型的素数元素。这时，我们还可以采用一个简单的方法，即乘以它们的倒数。我们采用一个较好的方法，比如假定在一定范围内，$\left(\frac{a}{p}\right) = 1$ 的素数个数与 $\left(\frac{a}{p}\right) = -1$ 的素数个数几乎相等，这使我们的分析显得更简洁、便利。有时候我们设置的筛分集合可能不仅是素数集合，也可能是别的什么，如素数的节等。

（6）关于筛函数。筛函数是指经过筛分过程得出的一个公式。本书使用的筛函数定义及表达方式仍然遵循 *Sieve Methods* 一书中的定义和表达方式，即

$$
\begin{aligned}
S(\mathcal{A};\mathcal{B},z) &= S(\{n:n\leqslant x\};\mathcal{B},z)\\
&= \{n:n\leqslant x,(n,\prod_{p<z}p)=1\}\\
&= \sum_{\substack{n\in\mathcal{A}\\(n,\prod_{p<z}p)=1}} 1
\end{aligned}
$$

我们把以上所述的筛函数、整数序列和筛分集合统称为“筛法三要素”，在第一章中将做较为详细的介绍。

我们认为，探讨素数分布问题主要是讨论其存在性问题，因此，本书没有去追求精确的结果，所给出的结果都是比较粗略的。

在本书中，我们把素数定理的结果直接转换为 Eratosthenes 筛法的结果，即把素数定理作为一重一元筛法的结果，并且直接将其运用到多重多元筛法的分析中。这看起来似乎有些搪塞，但我们目前没有更好的一重一元筛法结果可以取代它了。也正是这一应用，使我们的多重多元筛法有了较强的功效：一方面，运用一重一元筛法叠加原理和降元原理，分别简化了多重多元筛法的理论问题；另一方面，运用一重一元筛法结果能够简化多重多元筛法的分析和估计，达到筛法问题的完全初等化。

在本书中，根据产生整数序列的不可约多项式的线性和非线性，将筛法划分为线性筛法和非线性筛法。前五章介绍的都是线性筛法问题，后面章节中在特别说明时均为非线性筛法问题。

另外，关于多重和多元的极限和难度问题，我们知道多重多元筛法的重数越大或元数越大，其难度和误差就越大。于是，我们对于多重多元筛法的重数和元数可以提出一个极限问题。具体来说，在一重 n 元整数序列中，这个 n 究竟在多大才能使这个整数序列中存在无穷多个素数呢？是否有一个极限呢？对此，我们同样期待有一个好的结果。

本书虽然经过十多次的修改，但由于本人水平有限，书中难免存在不足之处，诚恳希望读者批评指正。

谢秋彬
2021 年 10 月

目　录

第一章　筛法的基本思想

筛法理论的最初作用是求素数的个数。已知小于 z 的素数，求 z 至 $(z+1)^2$ 之间的所有素数。即让 z 表示一个大于等于 2 的整数，对区间 $I_z=[z,(z+1)^2]$ 中的所有整数依次筛去 2，3，5，7，…等小于 z 的所有素数的倍数，则在 I_z 中所剩的整数均为素数。这就是 Eratosthenes 筛法，也被称为逐步淘汰法则。后来产生了 Selberg（塞尔伯格）筛法、大筛法、组合筛法、加权筛法等，但它们的基本思想仍然是基于逐步淘汰原理。我们把 Eratosthenes 筛法归纳为一重一元筛法。

筛法在数论中的应用非常广泛，尤其在研究素数分布的存在性问题时，其是一种非常好的方法。关于筛法理论的发展和作用，H. Halberstam 和 H. -E. Richert 在 *Sieve Methods* 一书中做了较全面的介绍，在此不赘述。

§1.1　筛法的基本要素

定义：由一个或多个筛分集合 $\mathcal{B}$，同时对一个或多个整数序列进行筛分，求出每个整数序列所剩元素个数的计算工具称为筛法。

根据定义，我们可将筛法分为：一重一元筛法、一重二元筛法及一重 n 元筛法；二重一元筛法、二重二元筛法和二重 n 元筛法；等等。以上统称为 k 重 n 元筛法或多重多元筛法。

一重一元筛法的基本思想是给定一个整数序列 $\mathcal{A}$，一个素数集合即一个筛分集合 $\mathcal{B}$ 和一个整数 $z\geqslant 2$，从整数序列 $\mathcal{A}$ 中筛去小于 z 且被素数集合 $\mathcal{B}$ 中的素数整除的元素，求出整数序列 $\mathcal{A}$ 中所剩元素的个数。实际上这就是 Eratosthenes筛法，它主要用于编制素数表，即已知小于 z 的所有素数，寻求位

于区间 $[z,(z+1)^2]$ 中的所有素数。设 $P(z)=\prod_{\substack{p<z\\ p\in\mathcal{B}}}p$，我们可以将上述筛法过程用数学公式表达为：

$$S(\mathcal{A};\mathcal{B},z)=\sum_{\substack{a\in\mathcal{A}\\ (a,P(z))=1}}1$$

这就是我们所说的筛函数。在此我们已经提到三个基本要素即整数序列、筛分集合和筛分函数。

§1.2 整数序列 $\mathcal{A}$

定义：由一个一元 n 次整系数不可约多项式（代数式）产生的整数序列称为 n 元整数序列，用 $\mathcal{A}$ 表示。

$$\mathcal{A}=a_1,\ a_2,\ a_3,\ \cdots$$

我们这里讨论的整数序列 $\mathcal{A}$ 必须具有如下性质：

（1）有限性。整数序列是由有限个元素组成的。

（2）均匀性。均匀性是指这个整数序列被任何一个素数整除后的元素分布的均匀性，即设这个整数序列的元素个数为 x，被素数 p_i 整除后的元素个数 $g(x)$ 一定是：$\left[\frac{x}{p_i}\right]\leqslant g(x)\leqslant\left[\frac{x}{p_i}\right]+1$。这里 $\left[\frac{x}{p}\right]$ 表示取 $\frac{x}{p}$ 的整数部分。

（3）规律性。整数序列中元素分布是有特定规律的。

（4）有序性。即元素分布按照一定的规律有序出现在整数序列中。

在这些性质中，一般除均匀性需要证明外，其他性质均可通过观察解决。

§1.2.1 可筛整数序列

定义：具有上述性质的整数序列称为可筛整数序列。

例如：设 R_z 为小于等于 z 的所有自然数集合，则这个整数序列具有上述四个性质。于是有以下定理：

定理 1.1：一个自然数列是可筛整数序列。

1，3，5，7，⋯，$2n+1$ 当然也是具有上述四个性质的整数序列。

定理 1.2：一个自然数序列，减去被素数 p_1 整除的元素，减去被素数 p_2

整除的元素，……即分别减去被有限个素数整除的全部元素后，所剩元素组成的整数序列仍然具有上述四个性质。

证明：设自然数序列为 R_z，其中被 p_1 整除的全部元素为 $\left[\frac{z}{p_1}\right]$ 个，然后 $\left[\frac{z}{p_1}\right]$ 个元素逐个除以 p_1 后即为一个自然数序列 $R_z(p_1)$，含有 $\left[\frac{z}{p_1p_2}\right]$ 个被 p_2 整除的元素。自然数序列 R_z 减去被 p_1 整除的全部元素后，所剩元素个数为 $z-\left[\frac{z}{p_1}\right]$ 个，被素数 p_2 整除的元素个数为 $\left[\frac{z}{p_2}\right]-\left[\frac{z}{p_1p_2}\right]=\left[\frac{z-\frac{z}{p_1}}{p_2}\right]$ 个，即所剩整数序列仍然具有均匀性。

同理，被减去的被 p_2 整除的元素加上被 p_1p_2 整除的元素并逐个除以 p_2 后，也组成一个自然数序列 $R_z(p_2)$。

$R_z(p_1)$ 和 $R_z(p_2)$ 两个自然数序列中被 p_3 整除的个数为：

$$\left[\frac{z}{p_1p_3}\right]+\left[\frac{z}{p_2p_3}\right]$$

从上式减去 $R_z(p_2)$ 中元素被 p_3 整除的个数，即：

$$\left[\frac{z}{p_1p_3}\right]+\left[\frac{z}{p_2p_3}\right]-\left[\frac{z}{p_1p_2p_3}\right]$$

而 $\left[\frac{z}{p_3}\right]-\left(\left[\frac{z}{p_1p_3}\right]+\left[\frac{z}{p_2p_3}\right]-\left[\frac{z}{p_1p_2p_3}\right]\right)=\left[\left(z-\left[\frac{z}{p_1}\right]-\left[\frac{z}{p_2}\right]+\left[\frac{z}{p_1p_2}\right]\right)\div p_3\right]$，由此可知，所剩整数序列仍然具有均匀性。

通过观察，该自然数序列的有限性、有序性和规律性则是很显然的。

定理证毕。

定理 1.3：整数序列 $pn+b$ $[n\leqslant z,(p,b)=1]$ 具有上述四个性质。

证明：这个整数序列的有限性、有序性和规律性是显而易见的，现在我们只需要证明其素数分布的均匀性。设 $mp_i=pn_i+b$ 是整数序列中的一个元素，由于

$$p(n_i+p_i)+b=p_i(p+m)$$

$$p(n_i+p_il)+b=p_i(m+pl)$$

即在整数序列 $pn+b$ 中，被素数 p_i 整除的元素个数为：

$$\left[\frac{z+p_i-n_i}{p_i}\right]$$

说明整数序列 $pn + b$ 具有均匀性。

定理证毕。

定理 1.4：给定一个具有上述四个性质的整数序列，其元素按照从小到大的顺序排列，元素个数 $\leqslant z$。如果被 p_i 整除的最小元素排列在第 n_i 位，$n_i \leqslant p_i$，则被 p_i 整除的元素个数 $g(z)$ 为：

$$g(z) = \left[\frac{z + p_i - n_i}{p_i}\right]$$

证明：由于这个整数序列是均匀的，因此被 p_i 整除的元素个数 $g(z)$ 为：

$$\left[\frac{z}{p_i}\right] \leqslant g(z) \leqslant \left[\frac{z}{p_i}\right] + 1$$

由于被 p_i 整除的最小元素排列在第 n_i 位，而后均匀地每隔 p_i 个元素出现一个被 p_i 整除的元素，即整数序列中被 p_i 整除的元素个数为：

$$g(z) = \left[\frac{z - n_i}{p_i}\right] + 1 = \left[\frac{z + p_i - n_i}{p_i}\right]$$

定理证毕。

定理 1.5：一个整数序列具有均匀性的充分必要条件：对于每一个 p_i，都具有 $g(z) = \left[\frac{z + p_i - n_i}{p_i}\right]$ 的性质。

证明：根据定理 1.3，我们实际上只要证明其充分性即可。假设这个整数序列都具有 $g(z) = \left[\frac{z + p_i - n_i}{p_i}\right]$ 的性质，则 $\left[\frac{z}{p_i}\right] \leqslant g(z) = \left[\frac{z + p_i - n_i}{p_i}\right] \leqslant \left[\frac{z}{p_i}\right] + 1$，即 $\left[\frac{z}{p_i}\right] \leqslant g(z) \leqslant \left[\frac{z}{p_i}\right] + 1$。

定理证毕。

例如：给定一个整数序列 $7n + 2$，设 $n = 1, 2, 3, 4, 5, 6, 7, 8, 9, \cdots, 26$，则 $7n + 2 = 9, 16, 23, 30, 37, 44, 51, 58, 65, \cdots, 184$。

被 3 整除的元素个数为 $\left[\frac{26 + 3 - 1}{3}\right] = 9$

被 11 整除的元素个数为 $\left[\frac{26 + 11 - 6}{11}\right] = 2$

被 23 整除的元素个数为 $\left[\frac{26 + 23 - 3}{23}\right] = 2$

被 5 整除的元素个数为 $\left[\frac{26+5-4}{5}\right]=5$

……

定理 1.6：一个自然数序列 R_z ，减去有限个整数序列 p_in+b_i ，其中 $n\leqslant\left[\frac{z-b}{p_i}\right]$ ，所剩的整数序列仍然具有上述四个性质。

证明：我们只要证明其均匀性即可。实际上根据定理 1.3，每一个整数序列 p_in+b_i 皆具有均匀性，因而，所剩整数序列也一定具有均匀性。

定理 1.7：一个不可约多项式产生的整数序列是可筛整数序列。

证明：给定一个整数序列，例如：2，5，10，17，26，37，50，65，82，101，122，145，170，226。

（1）它是有限的；

（2）每 p_i 个元素有两个元素被 p_i 整除，没有重复出现；

（3）元素的出现是有规律的、有序的；

（4）均匀性，选择任意一个 p_i ，均有 $g(z)=\left[\frac{z+p_i-n_i}{p_i}\right]$ 。

若不然，则有：

(1) $g(z)\geqslant\left[\frac{z+p_i-n_i}{p_i}\right]+1$ ，则 $g(z)\geqslant\left[\frac{z}{p_i}\right]+2-n_i$ 。

即 p_i 首个出现的位置将大于 p_i ，这是不可能的。

(2) $g(z)\leqslant\left[\frac{z+p_i-n_i}{p_i}\right]-1$ ，即 $g(z)\leqslant\left[\frac{z}{p_i}\right]-n_i$ 。

这更是不可能的。故每隔 p_i 个元素有一组元素被 p_i 整除。

定理证毕。

定理 1.8：一个可筛整数序列减去若干个可筛整数序列，所剩整数序列仍然是可筛整数序列。

证明：只要证明其均匀性即可。仍以上述整数序列为例：

2，5，10，17，26，37，50，65，82，101，122，145，170，226，257，290，325，362，401，442，…

设筛去的元素个数为 $g(z)=\left[\frac{z+p_i-n_i}{p_i}\right]$ ，被减去的元素组成的整数序列为 $\{\mathcal{A}:(p_im\pm2)^2+1\}$ 。根据定理的假设，原整数序列是可筛整数序列，故原整数序列具有元素分布的均匀性。由于筛去的整数序列 $\{\mathcal{A}:(p_i m \pm 2)^2+1\}$ 也是可筛整数序列，其元素分布也具有均匀性，故所剩整数序列的元素仍然是均匀分布的，仍然是可筛整数序列。

定理证毕。

定理 1.9：设 a 为一个整数常数。一个不可约多项式 $f(x)$ 构成的整数序列是可筛整数序列，筛去 $f(p_i)+a$ 后，所剩整数序列仍然是可筛整数序列。

证明：实际上这是定理 1.8 的一个推论。如果 $f(x)$ 是可筛的，$f(p_i)+a$ 也是可筛的，故所剩整数序列仍然是可筛的。

大多数时候，我们遇到的是由多个整数序列并列构成的筛法。这时，要分别对每个整数序列进行分析讨论，通过合理叠加达到目的。因此，筛法最根本的问题是根据命题的实际，合理设置整数序列。

§1.2.2 几类可筛整数序列

（1）自然数列：$\{n\}$。

（2）算术级数：$\{kn+b\}$。

（3）一元二次多项式产生的整数序列：$\{an^2+bn+c\}$。

（4）不可约多项式产生的整数序列。

（5）指数式产生的整数序列：$\{a^n\}$。

§1.3 筛分集合 $\mathcal{B}$

定义：一个整数集合或其中的若干类集合组成的元素集合对一个整数序列能有效实施筛选分类的集合称为筛分集合，用 $\mathcal{B}$ 表示。例如：全体素数、$4m+1$ 型素数、元素的节等。

§1.3.1 筛分集合的性质

筛分集合 $\mathcal{B}$ 一般具有如下性质：

（1）无重复性。在筛分集合 $\mathcal{B}$ 中不能有重复元素出现。

（2）有序性。在筛分集合 $\mathcal{B}$ 中，元素是按照从小到大的顺序排列的。

（3）可跳跃性。在素数筛分集合 $\mathcal{B}$ 中，不一定是 $\leqslant z$ 的全部素数集合都可以有规律地跳过一个或一类元素，即筛分集合 $\mathcal{B}$ 中元素是不连续的。

（4）有限性。筛分集合 $\mathcal{B}$ 中的元素一般都是有限个。

（5）一致性。筛分集合中的元素与整数序列中的元素出现的次序具有一致性。

例如：$\mathcal{B} = \{p:p < z\}$

$\mathcal{B} = \mathcal{B}_k = \{p:p < z, p \nmid k\}$

于是我们为了表述便利，引入：

$$P(z) = \prod_{\substack{p<z \\ p\in\mathcal{B}}} p$$

其中 z 是一个 $\geqslant 2$ 的整数。

值得特别提示的是，对于筛分集合，在一般情况下，$\mathcal{B}=\{p:2 \leqslant p < z\}$。

§1.3.2　筛分集合的形式

一般情况下，筛分集合都是以一个连续的素数集合出现，比如：$\mathcal{B} = \{p_i: p_i < z\}$（在讨论孪生素数、偶数表两素数之和等一般的素数分布问题时大多是这样的）。但是在一些特殊情况下，筛分集合也是特殊的，例如有时我们的筛分集合会写成这样：

$$\mathcal{B} = \{p_i:p_i < z;p_i = 4m + 1\}$$

或写成：

$$\mathcal{B} = \{p_i:p_i < z;p_i = 4m - 1\}$$

有的时候，我们要在一个连续的素数筛分集合中筛去某一类素数元素。例如在讨论 $x^2 + y^2 + 1$ 的素数分布时，素数 13，17，19，23，37，43 等就不在整数序列 $\mathcal{A}:a_1, a_2, a_3, \cdots; a_i = x_i^2 + y_i^2 + 1$ 中出现，其中 $i = 1,2,3,\cdots$。

还有的时候我们不能使用素数为筛分集合，而是使用别的如某些素数的节为筛分集合。

筛分集合是根据整数序列的性质而设置的。因此，在设置筛分集合的时候，必须认真分析整数序列的性质。

§1.3.3　筛分集合不等式

设 $z_1 < z_2$，则有：

$$N\prod_{p_i<z_1}\left[\frac{p_i - 1}{p_i}\right] < N\prod_{p_i<z_2}\left[\frac{p_i - 1}{p_i}\right]$$

证明略。

§1.4 筛分函数

定义：使用一个素数集合筛分一个或多个确定的整数序列的数学表达式就是一个筛分函数，简称筛函数。

§1.4.1 筛函数的表述

筛函数实际上是对一个事件的数学表述。传统的筛函数表述有下列三种情况：

1. 对素数个数的表述

$S(\mathcal{A};\mathcal{B},z) = S(\{n:n \leqslant x\};\mathcal{B},z) = \{n:n \leqslant x,(n,\prod_{p<z} p) = 1\}$

即 $$S(\mathcal{A};\mathcal{B},z) = \sum_{\substack{n \in \mathcal{A} \\ (n,P(z))=1}} 1$$

2. 对孪生素数的表述

$S(\mathcal{A};\mathcal{B},z) = \{p:z \leqslant p \leqslant x,p+2 = p'\}$

3. 对 $p_1 + p_2 = N$ 问题的表述

$S(\mathcal{A};\mathcal{B},z) = S\{a:a = N-P,p \leqslant N,p \nmid N;\mathcal{B},z\}$

实际上这里的 $p \leqslant N$ 即可。当然还可以列举更多的例子，这一方面在 *Sieve Methods* 一书中已有更详细的论述。

筛函数具有一些基本的性质，在潘承洞和潘承彪合著的《哥德巴赫猜想》一书中可以找到。

§1.4.2 筛函数的性质

现在教科书中所述的性质主要指线性筛法，即一重一元筛法的性质：

(1) $S(\mathcal{A};\mathcal{B},2) = |\mathcal{A}|$

(2) $S(\mathcal{A};\mathcal{B},z) \geqslant 0$

(3) $S(\mathcal{A};\mathcal{B},z_1) \geqslant S(\mathcal{A};\mathcal{B},z_2)$，$2 \leqslant z_1 \leqslant z_2$

(4) 筛函数的叠加原理（筛函数的积性性质）

若 $S(\mathcal{A}_1;\mathcal{B},z) \geqslant 0$，$S(\mathcal{A}_2;\mathcal{B},z) \geqslant 0$，则：

$$S(\mathcal{A}_1;\mathcal{B},z)\otimes S(\mathcal{A}_2;\mathcal{B},z)=S(\mathcal{A}_1,\mathcal{A}_2;\mathcal{B},z)\geqslant 0$$

这里使用的 $\otimes$，与 $\times$ 是有区别的。

若 $S(\mathcal{A}_1;\mathcal{B},z)=N\prod\limits_{p_i}\left[\frac{p_i-1}{p_i}\right]$，$S(\mathcal{A}_2;\mathcal{B},z)=N\prod\limits_{p_i}\left[\frac{p_i-1}{p_i}\right]$

则 $S(\mathcal{A}_1;\mathcal{B},z)\otimes S(\mathcal{A}_2;\mathcal{B},z)=N\prod\limits_{p_i}\left[\frac{p_i-1}{p_i}\right]\otimes\prod\limits_{p_i}\left[\frac{p_i-1}{p_i}\right]$

而非 $S(\mathcal{A}_1;\mathcal{B},z)\otimes S(\mathcal{A}_2;\mathcal{B},z)=N\prod\limits_{p_i}\left[\frac{p_i-1}{p_i}\right]\otimes N\prod\limits_{p_i}\left[\frac{p_i-1}{p_i}\right]$

也正因如此，我们在本书中把这种运算称为叠加原理。由于我们引入了多重多元筛法，所以其性质有所不同。

§1.5　筛函数的上、下界估计

计算筛函数的值是筛法的基本问题之一，也是最困难的问题。传统的方法是将筛函数分解成两个部分，一个部分为主项，另一个部分为余项。通过控制余项的项数，使余项的阶低于主项的阶，从而可以略去。主项和余项的估计在筛法问题中占据主要地位，以至于在每一种筛法中，其主项和余项的估计占据相当大的篇幅。有关传统筛法的筛函数的值的估计在 *Sieve Methods* 和《哥德巴赫猜想》两本书中做了非常详细的介绍，这里不再重复。

本书中的筛法构造主要依据素数定理进行估计，从而简化了主项和余项的估计。

§1.6　多重多元筛法的基本理论

前面我们介绍了筛法的基本结构，下面我们介绍几个与筛法有关的基本知识和引理。本书的主要理论依据是素数定理。我们先把素数定理转换为一重一元筛法的结果，再使用叠加原理解决多重筛法问题，最后使用降元原理解决多元筛法问题，从而使筛法理论成为一个解决素数分布问题的强有力的数学分析工具。

在序言中讲过，筛法的理论基础是素数定理，而素数定理又是素数分布的近似估计，更进一步地说，筛法实际上是依赖于 $\prod_{2<p_i\leqslant N^{\frac{1}{2}}}(1-\frac{1}{p_i})$ 的近似估计。下面的引理也基本是围绕 $\prod\left(1-\frac{1}{p_i}\right)$ 的各种估计。

§1.6.1 $\pi(N^{\frac{1}{2}},N)$ 与 $N\prod_{p_i<z}\left[1-\frac{1}{p_i}\right]$

我们知道，$\pi(N)$ 是指在区间 $[1,N]$ 的全部素数个数，$\pi(N^{\frac{1}{2}},N)$ 是指在区间 $[N^{\frac{1}{2}},N]$ 的全部素数个数，而 $N\prod_{p_i<z}\left[1-\frac{1}{p_i}\right]$ 实际上就是计算区间 $[N^{\frac{1}{2}},N]$ 的素数个数。

引理 1：$\pi(N^{\frac{1}{2}},N)=N\prod\left[1-\frac{1}{p_i}\right]$ （1.1）

证明：众所周知，我们在计算区间素数个数时采用逐步淘汰的方法，即

$$\pi(N^{\frac{1}{2}},N)=N-\sum\left[\frac{N}{p_i}\right]+\sum\left[\frac{N}{p_ip_j}\right]-\sum\left[\frac{N}{p_ip_jp_k}\right]+\cdots$$

为了叙述的方便我们简记为：

$$\begin{aligned}\pi(N^{\frac{1}{2}},N)&=N-\sum\left[\frac{N}{p_i}\right]+\sum\left[\frac{N}{p_ip_j}\right]-\sum\left[\frac{N}{p_ip_jp_k}\right]+\cdots\\&=N\prod\left[1-\frac{1}{p_i}\right]\end{aligned}$$

即
$$\pi(N^{\frac{1}{2}},N)=N\prod\left[1-\frac{1}{p_i}\right]$$

相应地，我们有：

$$\begin{aligned}N\prod_{p_i<N^{\frac{1}{2}}}(1-\frac{1}{p_i})&=N\prod_{p_i<N^{\frac{1}{2}}}\left[1-\frac{1}{p_i}\right]+N\prod_{p_i<N^{\frac{1}{2}}}\left\{1-\frac{1}{p_i}\right\}\\&=\pi(N^{\frac{1}{2}},N)+N\prod_{p_i<N^{\frac{1}{2}}}\left\{1-\frac{1}{p_i}\right\}\end{aligned}$$

即
$$\pi(N^{\frac{1}{2}},N)=N\prod\left[1-\frac{1}{p_i}\right]$$

其中 $[a]$ 表示取 a 的整数部分，$\{a\}$ 表示取 a 的小数部分。

值得注意的是，$N\prod\left[1-\frac{1}{p_i}\right]$ 不是直接求 $1-\frac{1}{p_i}$ 的整数部分。如此表述

只是为了叙述的方便和简洁而已。

§1.6.2 转换原理（素数定理与一重一元筛法）

实际上，一重一元筛法与求 $\pi(N^{\frac{1}{2}},N)$ 一样，也是通过筛分集合 $\mathcal{B}=\{p: p\leqslant N^{\frac{1}{2}}\}$ 对自然数整数序列求区间 $[N^{\frac{1}{2}},N]$ 的素数个数。而素数定理是求区间 $[0,N]$ 的素数个数。那么 $\pi(N)$ 与 $\pi(N^{\frac{1}{2}},N)$ 之间存在什么关系？$\pi(N^{\frac{1}{2}},N)$ 与素数定理又存在什么关系呢？

引理 2： $N\prod\left[1-\frac{1}{p}\right]\sim\frac{N}{2\log N^{\frac{1}{2}}}$ （1.2）

证明：我们知道，素数定理是求自然数列中 $\leqslant N$ 的素数的个数，记为 $\pi(N)$ 。而一重一元筛法是求自然数列中 $N^{\frac{1}{2}}$ 到 N 之间的素数个数，记为 $\pi(N^{\frac{1}{2}},N)$ 。

$$\pi(N)=\frac{N}{\log N}+o\left(\frac{N}{\log^{2}N}\right)=\frac{N}{2\log N^{\frac{1}{2}}}+o\left(\frac{N}{\log^{2}N^{\frac{1}{2}}}\right)$$

根据引理 1.1，$\pi(N)=N\prod\left[1-\frac{1}{p_i}\right]+n$，这里 n 为 $\leqslant N^{\frac{1}{2}}$ 的素数个数。

根据素数定理：

$$n=\frac{N^{\frac{1}{2}}}{\log N^{\frac{1}{2}}}+o\left(\frac{N^{\frac{1}{2}}}{\log^{2}N^{\frac{1}{2}}}\right)$$

可以看出
$$n^{2}\sim\frac{N}{\log^{2}N^{\frac{1}{2}}}$$

当 $N>\mathrm{e}$ 时，总有

$$n<\frac{N}{\log^{2}N^{\frac{1}{2}}},\ n=o\left(\frac{N}{\log^{2}N^{\frac{1}{2}}}\right)$$

于是，我们得出：

$$N\prod\left[1-\frac{1}{p}\right]\sim\frac{N}{2\log N^{\frac{1}{2}}}$$

这个引理同时可推得下面的引理 3。

引理 3： $N\prod\left[1-\frac{1}{p}\right]\sim\frac{N}{2\log N^{\frac{1}{2}}}+o\left(\frac{N}{\log^{2}N}\right)$ （1.3）

即一重一元筛法的结果完全可以借用素数定理的结果，这也就是我们所说的转换原理。实际上 $N\prod\left[1-\frac{1}{p}\right]$ 总是大于 $\frac{N}{2\log N^{\frac{1}{2}}}$，即 $S(\mathcal{A};\mathcal{B},N^{\frac{1}{2}})\geqslant\frac{N}{\log N}+o\left(\frac{N}{\log^2 N}\right)$。

由于素数定理是求区间 $[0,N]$ 的素数个数，而一重一元筛法是求区间 $[N^{\frac{1}{2}},N]$ 的素数个数，相对于 $[N^{\frac{1}{2}},N]$ 区间的素数个数，前面所述的 n 即 $[0,N^{\frac{1}{2}}]$ 区间内的素数个数是可以忽略的。

可见，转换原理就是在素数定理与一重一元筛法之间建立一座桥梁，使它们能够有效地联系起来。

§1.6.3 多元筛法与 $\prod\limits_{p<N^{\frac{1}{2}}}\left[\frac{p-n}{p}\right]$

我们从第六章起将要讨论非线性的多项式构成的整数序列的筛法问题，即一重多元筛法的问题。例如，x^2+1 构成的整数序列，由于 $x^2\equiv -1 \pmod p$，对于所有 $p=4m+1$ 型素数，均有 2 个解。也就是在这个整数序列中，每相隔 p 个元素，就有 2 个元素被 p 整除。那么，在我们的讨论中，怎样才能使我们的筛分不等式成立呢？我们利用下面的引理予以解决。

引理 4： $\prod\limits_{p_i<N^{\frac{1}{2}}}\frac{p_i-2}{p_i}=1-\sum\limits_{p_i<N^{\frac{1}{2}}}\frac{2}{p_i}+\sum\limits_{p_i,p_j<N^{\frac{1}{2}}}\frac{4}{p_ip_j}-$

$$\sum_{p_i,p_j,p_k<N^{\frac{1}{2}}}\frac{8}{p_ip_jp_k}+\sum_{p_i,p_j,p_k,p_h<N^{\frac{1}{2}}}\frac{16}{p_ip_jp_kp_h}-\cdots \tag{1.4}$$

证明：我们在前面的分析讨论中都是使用 $\prod\limits_{p<N^{\frac{1}{2}}}\frac{p-1}{p}$，这是因为对于一个整数序列只进行一次筛分。在第六章的讨论中是对一个整数序列筛分两次，因此需要使用 $\prod\limits_{p<N^{\frac{1}{2}}}\frac{p-2}{p}$。

为了证明使用 $\prod\limits_{p<N^{\frac{1}{2}}}\frac{p-2}{p}$ 的问题，我们在下面的叙述中以 x^2+1 的整数序列为例予以证明。

$\mathcal{A}$：2，5，10，17，26，37，50，65，82，101，122，145，170，197，226，257，290，325，362，401，442，485，530，577，626，677，730，785，842，901，962，1025，1090，1157，1226，1297，1370，1445，1522，

1601，1682，1765，1850，1937，2026，2117，2210，2305，2402，2501，2602，2705，2810，2917，3026，3137，3250，…，x^2+1。

可知：此整数序列中，凡素数 $p=4m+1$ 者，每 p 个元素一定有 2 个被 p 整除。我们从展开式来看：

$$\prod_{p_i=p_1,p_2}\frac{p_i-2}{p_i}=\left(\frac{p_1-2}{p_1}\right)\left(\frac{p_2-2}{p_2}\right)$$

$$=1-\frac{2}{p_1}-\frac{2}{p_2}+\frac{4}{p_1p_2}$$

先选择 2 个元素 p_1、p_2，对于含有因子 p_1p_2 的元素，分别通过对 p_1 和 p_2 的筛分，已经筛去 2×2 个元素，而实际上应该只筛去 2 个元素：$-2=-4+2$。即对于每一个含有 p_1p_2 因子的元素应该加上 2 个单位，即 $+\frac{2}{p_1p_2}$。但是，当 $x\leqslant p_1p_2$ 时，有 4 个元素被 p_1p_2 整除。对于这 4 个元素，我们应该记作 2 组，故应该加上 $2\times\frac{2}{p_1p_2}$，即 4 个单位：$+\frac{4}{p_1p_2}$。

例如：从上述整数序列中选 $p_1=5$，$p_2=13$，则在 $x\leqslant65$ 时，有 2 对即 4 个元素被 65 整除。

选择 3 个元素 p_1、p_2、p_3，则有：

$$\prod_{p_i=p_1,p_2,p_3}\frac{p_i-2}{p_i}=\left(\frac{p_1-2}{p_1}\right)\left(\frac{p_2-2}{p_2}\right)\left(\frac{p_3-2}{p_3}\right)$$

$$=1-\frac{2}{p_1}-\frac{2}{p_2}-\frac{2}{p_3}+\frac{4}{p_1p_2}+\frac{4}{p_1p_3}+\frac{4}{p_2p_3}-\frac{8}{p_1p_2p_3}$$

对于 $p_1p_2p_3$，分别通过对 p_1、p_2 和 p_3 的筛分，已经筛去 2×3 个元素，通过对 p_1p_2、p_1p_3、p_2p_3 的筛分已经筛去 6 个元素，而实际上应该只筛去 2 个元素：$-2=-6+6-2$。即对于每一个含有 $p_1p_2p_3$ 因子的元素应该减去 2 个单位 $\frac{2}{p_1p_2p_3}$。但是，当 $x\leqslant p_1p_2p_3$ 时，有 4 个元素被 $p_1p_2p_3$ 整除，故我们应该加上 $-4\times\frac{2}{p_1p_2p_3}$，即 8 个单位：$-\frac{8}{p_1p_2p_3}$。

例如：从上述整数序列中选 $p_1=5$，$p_2=13$，$p_3=17$，则在 $x\leqslant1105$ 时，有 4 对即 8 个元素被 1105 整除。

同样，对于 $p_ip_jp_kp_h$，第一步通过分别对 p_i、p_j、p_k、p_h 的筛分，已经筛

减了 2×4 个元素；第二步通过分别对 p_ip_j、p_ip_k、p_ip_h、p_jp_k、p_jp_h、p_kp_h 的筛分已经加上 12 个元素；第三步通过分别对 $p_ip_jp_k$、$p_ip_kp_h$、$p_ip_jp_h$、$p_jp_kp_h$ 的筛分，已经减去 8 个元素；而对于每一个 $p_ip_jp_kp_h$ 应该只加 2 个元素，即 $-8+12-8+2=-2$。当 $x \leqslant p_ip_jp_kp_h$ 时，有 8 个元素被 $x \leqslant p_ip_jp_kp_h$ 整除，故 $-8\times\frac{2}{p_ip_jp_kp_h}=-\frac{16}{p_ip_jp_kp_h}$。

以此类推，我们有：

$$\prod_{p_i<N^{\frac{1}{2}}}\frac{p_i-2}{p_i}=1-\sum_{p_i<N^{\frac{1}{2}}}\frac{2}{p_i}+\sum_{p_i,p_j<N^{\frac{1}{2}}}\frac{4}{p_ip_j}-\sum_{p_i,p_j,p_k<N^{\frac{1}{2}}}\frac{8}{p_ip_jp_k}+\sum_{p_i,p_j,p_k,p_h<N^{\frac{1}{2}}}\frac{16}{p_ip_jp_kp_h}-\cdots$$

引理证毕。

在后面的章节讨论中我们将比较多地运用 $\prod_{p<N^{\frac{1}{2}}}\frac{p-2}{p}$ 来解决问题。

同样地，我们在下面的讨论中将采用 $N\prod_{p<N^{\frac{1}{2}}}\left[\frac{p-2}{p}\right]$ 的表示方法：

$$\frac{N}{2}\prod_{p<N^{\frac{1}{2}}}\left[\frac{p-2}{p}\right]=\left[\frac{N}{2}\right]-\sum_{p_i<N^{\frac{1}{2}}}\left[\frac{N}{p_i}\right]+\sum_{p_i,p_j<N^{\frac{1}{2}}}\left[\frac{4N}{p_ip_j}\right]-\sum_{p_i,p_j,p_k<N^{\frac{1}{2}}}\left[\frac{8N}{p_ip_jp_k}\right]+\sum_{p_i,p_j,p_k,p_h<N^{\frac{1}{2}}}\left[\frac{16N}{p_ip_jp_kp_h}\right]-\cdots$$

当我们选 $x^2+1\leqslant 400$ 时，$N=19$，则有：

$$\frac{N}{2}\prod_{\substack{p<N^{\frac{1}{2}}\\ p=4m+1}}\left[\frac{p-2}{p}\right]=\left[\frac{19}{2}\right]-\sum_{5,13,17}\left[\frac{19}{p_i}\right]=9-3-1-1=4$$

即存在 4 个素数：37，101，197，257。

推而广之，一般有下面的推论：

$$\prod_{p_i<N^{\frac{1}{2}}}\left[\frac{p_i-n}{p_i}\right]=1-\sum_{p_i<N^{\frac{1}{2}}}\left[\frac{n}{p_i}\right]+\sum_{p_i,p_j<N^{\frac{1}{2}}}\left[\frac{n^2}{p_ip_j}\right]-\sum_{p_i,p_j,p_k<N^{\frac{1}{2}}}\left[\frac{n^3}{p_ip_jp_k}\right]+\sum_{p_i,p_j,p_k,p_h<N^{\frac{1}{2}}}\left[\frac{n^4}{p_ip_jp_kp_h}\right]-\cdots \tag{1.5}$$

根据引理 4 及其推论，我们在讨论由 n 次幂不可约多项式构成的整数序列时，就可以根据整数序列的性质，灵活地使用 $N\prod_{p_i<N^{\frac{1}{2}}}\left[\frac{p_i-n}{p_i}\right]$ 这一筛法分析

工具。

§1.6.4　降元原理

在后面的分析讨论中，我们经常会遇到对于 $N\prod_{p_i<z}\left[\frac{p_i-n}{p_i}\right]$ 的估计。目前，我们对 $N\prod_{p_i<z}\left[\frac{p_i-n}{p_i}\right]$ 直接估计非常困难，于是我们采用降元的方法来达到对 $N\prod_{p_i<z}\left[\frac{p_i-n}{p_i}\right]$ 的估计。

引理 5：$N\prod_{p_i<z}\left[\frac{p_i-1}{p_i}\right]^2 \sim N\prod_{p_i<z}\left[\frac{p_i-2}{p_i}\right]$　　（1.6）

证明：当 $n=2$ 时，由于 $\left(\frac{p-1}{p}\right)^2=\frac{p-2}{p}+\frac{1}{p^2}$，

即

$$\left(\frac{p-1}{p}\right)^2-\frac{1}{p^2}=\frac{p-2}{p}$$

当 $N\to\infty, p\to N^{\frac{1}{2}}$ 时，$\frac{1}{p^2}\to 0$，故有：

$$N\prod_{p_i<z}\left[\frac{p_i-1}{p_i}\right]^2 \sim N\prod_{p_i<z}\left[\frac{p_i-2}{p_i}\right]$$

引理证毕。

一般地，我们取任意整数 n。

$$\left(\frac{p-1}{p}\right)^n-\frac{k}{p^2}+\cdots=\frac{p-n}{p}$$

$$\left(\frac{p_i-1}{p_i}\right)^n-\left\{\frac{p_i-1}{p_i}\right\}^n=\left[\frac{p_i-1}{p_i}\right]^n$$

展开 $\left\{\frac{p_i-1}{p_i}\right\}^n$ 后得到：

$$\left(\frac{p_i-1}{p_i}\right)^n+\left\{\frac{n}{p_i}\right\}-\left\{\frac{k}{p_i^2}\right\}+\cdots=\left[\frac{p_i-1}{p_i}\right]^n$$

其中 $k=\frac{n(n-1)}{2}$，则有 $\left[\frac{p_i-1}{p_i}\right]^n \sim \frac{p_i-n}{p_i}$。

引理 6：当 n 为任意整数时，则有：

$$N\prod_{p_i<z}\left[\frac{p_i-1}{p_i}\right]^n \sim N\prod_{p_i<z}\left[\frac{p_i-n}{p_i}\right] \tag{1.7}$$

值得注意的是，这里的 $N\prod_{p_i<z}\left[\frac{p_i-1}{p_i}\right]^n$ 展开即为：

$$N\prod_{p_i<z}\left[\frac{p_i-1}{p_i}\right]^n = N\prod_{p_i<z}\left[\frac{p_i-1}{p_i}\right]\otimes\prod_{p_i<z}\left[\frac{p_i-1}{p_i}\right]\otimes\cdots\otimes\prod_{p_i<z}\left[\frac{p_i-1}{p_i}\right]$$

例如，当 $n=2$ 时，则有：

$$N\prod_{p_i<z}\left[\frac{p_i-1}{p_i}\right]^2 = N\prod_{p_i<z}\left[\frac{p_i-1}{p_i}\right]\otimes\prod_{p_i<z}\left[\frac{p_i-1}{p_i}\right]$$

那么对应于估计时，则有：

$$N\prod_{p_i<z}\left[\frac{p_i-1}{p_i}\right]^2 = N\left(\frac{1}{\log N}+o\left(\frac{1}{\log^2 N}\right)\right)^2$$

在我们后面的讨论中将会经常使用这种叙述，甚至直接使用下面这样的表述：

$$N\prod_{p_i<z}\left[\frac{p_i-1}{p_i}\right]\otimes\prod_{p_i<z}\left[\frac{p_i-1}{p_i}\right]$$

运用引理 5 和引理 6 可以使非线性筛法降为线性筛法，起到了降元转化作用，我们称为降元原理。这对于我们后面的讨论非常重要。

§1.6.5 关于 $\prod_{p_i=pm+1}\left[1-\frac{1}{p_i}\right]$

在本书中很多地方需要对 $\prod_{\substack{3\le p_i<N^{\frac{1}{2}}\\ p_i=pm+1}}(1-\frac{1}{p_i})$ 进行估计，但由于笔者目前对 $\prod_{\substack{3\le p_i<N^{\frac{1}{2}}\\ p_i=pm+1}}(1-\frac{1}{p_i})$ 的估计还没有得出一个满意结果。于是我们根据 $\prod_{p<N^{\frac{1}{2}}}\frac{p-1}{p}\ll\frac{1}{\log N^{\frac{1}{2}}}$ 和素数定理 $\pi(N)=\frac{N}{\log N}+o\left(\frac{N}{\log^2 N}\right)$ 来进行估计。

我们认为：如果按照 $pm+1$，$pm+3$，$pm+5$，…可以将所有素数均匀地分为 n 类，则有：

$$\prod_{p_i=pm+1}\left[1-\frac{1}{p_i}\right]=\frac{1}{n\log N^{\frac{1}{2}}}$$

设 $p=4$，则 $4m+1$ 和 $4m+3$ 可以将所有素数分为两类，则有：

引理 7： $$\prod_{\substack{3\leqslant p_i<N^{\frac{1}{2}}\\ p_i=4m+1}}\left[1-\frac{1}{p_i}\right]=\prod_{3\leqslant p_i<N^{\frac{1}{2}}}\left[1-\frac{1}{p_i}\right]^{\frac{1}{2}} \tag{1.8}$$

且

$$\prod_{\substack{3\leqslant p_i<N^{\frac{1}{2}}\\ p_i=4m+1}}\left[1-\frac{1}{p_i}\right]=\frac{1}{2\log N}+o\left(\frac{1}{\log^2 N}\right)$$

证明：由定理 2.3，立即得证。

当然，同样有：

引理 8： $$\prod_{\substack{3\leqslant p_i<N^{\frac{1}{2}}\\ p_i=4m+3}}\left[1-\frac{1}{p_i}\right]=\prod_{3\leqslant p_i<N^{\frac{1}{2}}}\left[1-\frac{1}{p_i}\right]^{\frac{1}{2}} \tag{1.9}$$

$$\prod_{\substack{3\leqslant p_i<N^{\frac{1}{2}}\\ p_i=4m+3}}\left[1-\frac{1}{p_i}\right]=\frac{1}{2\log N}+o\left(\frac{1}{\log^2 N}\right)$$

可见，在一般情况下我们可以视为：

$$\prod_{\substack{p_i<N^{\frac{1}{2}}\\ p_i=4m+1}}\left[1-\frac{1}{p_i}\right]\sim\prod_{\substack{p_i<N^{\frac{1}{2}}\\ p_i=4m+3}}\left[1-\frac{1}{p_i}\right]$$

即

$$\prod_{\substack{p_i<N^{\frac{1}{2}}\\ p_i=4m+1}}\left[1-\frac{1}{p_i}\right]=\prod_{\substack{p_i<N^{\frac{1}{2}}\\ p_i=4m+3}}\left[1-\frac{1}{p_i}\right]=\prod_{p_i<N^{\frac{1}{2}}}\left[1-\frac{1}{p_i}\right]^{\frac{1}{2}}$$

$$\prod_{\substack{3\leqslant p_i<N^{\frac{1}{2}}\\ p_i=4m-1}}\left(1-\frac{1}{p_i}\right)\leqslant\prod_{\substack{3\leqslant p_i<N^{\frac{1}{2}}\\ p_i=4m+1}}\left(1-\frac{1}{p_i}\right)$$

现有研究已经证明，当 N 一定大时，上面的不等式恰好相反。但无论如何，这种分类估计对于一些数论问题的解决起到了非常重要的作用，因此，我们期待对 $\prod\limits_{\substack{3\leqslant p_i<N^{\frac{1}{2}}\\ p_i=4m-1}}\left(1-\frac{1}{p_i}\right)$ 和 $\prod\limits_{\substack{3\leqslant p_i<N^{\frac{1}{2}}\\ p_i=4m+1}}\left(1-\frac{1}{p_i}\right)$ 的估计有一个好的结果。

同样，我们有：

$$\prod_{\substack{3\leqslant p_i<N^{\frac{1}{2}}\\ p_i=6m+1}}\left[1-\frac{1}{p_i}\right]=\prod_{3\leqslant p_i<N^{\frac{1}{2}}}\left[1-\frac{1}{p_i}\right]^{\frac{1}{2}}$$

引理 9： $$\prod_{p_i=pm+1}\left[\frac{p_i-1}{p_i}\right]^{p-1}=\prod_{p_i<N^{\frac{1}{2}}}\left[\frac{p_i-1}{p_i}\right] \tag{1.10}$$

且 $$\prod_{p_i=pm+1}\left[\frac{p_i-1}{p_i}\right]=\frac{1}{(p-1)\log N^{\frac{1}{2}}}+o\left(\frac{1}{\log^2 N}\right)$$

证明：$\prod_{p_i=pm+q_i}\left[\frac{p_i-1}{p_i}\right]\sim\prod_{p_j=pm+q_j}\left[\frac{p_i-1}{p_i}\right]$

其中 q 为奇数，$q_i\not\equiv q_j(\bmod p)$ 。

$$\prod_{p_i<N^{\frac{1}{2}}}\left[\frac{p_i-1}{p_i}\right]=\prod_{p_i=pm+q_1}\left[\frac{p_i-1}{p_i}\right]\otimes\prod_{p_i=pm+q_2}\left[\frac{p_i-1}{p_i}\right]\otimes\cdots$$

即 $$\prod_{p_i<N^{\frac{1}{2}}}\left[\frac{p_i-1}{p_i}\right]=\prod_{p_i=pm+1}\left[\frac{p_i-1}{p_i}\right]^{p-1}$$

§1.6.6 叠加原理（筛函数的积性性质）

给定两个整数序列：

$\mathcal{A}_1$ ：1，3，5，7， 9，11，13，15，17，19，21，23，25，27，29，…

$\mathcal{A}_2$ ：3，5，7，9，11，13，15，17，19，21，23，25，27，29，31，…

每个整数序列的元素个数为 N 个。

首先，从 $\mathcal{A}_1$ 中分别筛去被 3 和 5 整除的元素；同时筛去 $\mathcal{A}_2$ 中对应的元素。设 $\mathcal{A}_1$ 、$\mathcal{A}_2$ 存在的元素个数均为 N' 个：

$$N'=N\prod_{p_i=3,5}\left[\frac{p_i-1}{p_i}\right]$$

这时，$\mathcal{A}_1$ 为原整数序列筛去了 $3m$ 和 $5m$ 的元素；$\mathcal{A}_2$ 为原整数序列筛去了 $3m+2$ 和 $5m+2$ 的元素。根据定理 1.6，$\mathcal{A}_1$ 和 $\mathcal{A}_2$ 均为可筛整数序列。于是，我们可以再对 $\mathcal{A}_2$ 进行筛分，即从 $\mathcal{A}_2$ 中分别筛去被 3 和 5 整除的元素。设 $\mathcal{A}_1$、$\mathcal{A}_2$ 所剩的元素个数均为 N'' 个：

$$N''=N'\prod_{p_i=3,5}\left[\frac{p_i-1}{p_i}\right]$$

即 $$N''=N\prod_{p_i=3,5}\left[\frac{p_i-1}{p_i}\right]\otimes\prod_{p_i=3,5}\left[\frac{p_i-1}{p_i}\right]$$

即 $$S(\mathcal{A}_1,\mathcal{A}_2;\mathcal{B},z)=N\prod_{p_i=3,5}\left[\frac{p_i-1}{p_i}\right]\otimes\prod_{p_i=3,5}\left[\frac{p_i-1}{p_i}\right]$$

当然，这时的 $\mathcal{A}_1$ 和 $\mathcal{A}_2$ 依然都是可筛整数序列。因为它们是原整数序列筛去了 $3m$ 、$5m$ 、$3m+2$ 和 $5m+2$ 元素之后的整数序列。根据定理 1.6，它们仍然是可筛整数序列。因此，筛函数具有积性性质，即 $S(\mathcal{A}_1;\mathcal{B},z)>0$ ，S

$(\mathcal{A}_2;\mathcal{B},z)>0$，则有：

$$S(\mathcal{A}_1;\mathcal{B},z)\otimes S(\mathcal{A}_2;\mathcal{B},z)=S(\mathcal{A}_1,\mathcal{A}_2;\mathcal{B},z)$$

即
$$S(\mathcal{A}_1,\mathcal{A}_2;\mathcal{B},z)=N\prod_{p_i}\left[\frac{p_i-1}{p_i}\right]\otimes\prod_{p_i}\left[\frac{p_i-1}{p_i}\right]$$

但是，筛函数的积性性质并不是像下面这样将两个筛函数直接相乘：

$$S(\mathcal{A}_1,\mathcal{A}_2;\mathcal{B},z)\neq N\prod_{p_i}\left[\frac{p_i-1}{p_i}\right]\times N\prod_{p_i}\left[\frac{p_i-1}{p_i}\right]$$

于是，为了不引起混淆，我们把这种筛分过程称为叠加原理。

显然，我们可以把叠加原理推广到不可约多项式的情况。例设：

$\mathcal{A}_1$ (x^2+1)：2，5，10，17， 26， 37， 50， 65，…

$\mathcal{A}_2$ (x^3+1)：2，9，28，65，126，217，344，513，…

当从 $\mathcal{A}_1$ 中筛去被5整除的元素，并同时筛去 $\mathcal{A}_2$ 中对应的元素时，$\mathcal{A}_1$ 中筛去的是 $5m$ 元素，$\mathcal{A}_2$ 中筛去的是 $5m+3$ 和 $5m+4$ 的元素［$(5m+x^3-x^2)$ 和 $(5m+x^2-x^3)$］。根据定理1.6，所剩整数序列 $\mathcal{A}_1$ 和 $\mathcal{A}_2$ 依然均为可筛整数序列。以此类推。

在筛法中叠加原理是解决多重筛法的有效工具。

于是我们有：

引理10：若 $S(\mathcal{A}_1;\mathcal{B},z)\geqslant 0$，$S(\mathcal{A}_2;\mathcal{B},z)\geqslant 0$，则：

$$S(\mathcal{A}_1;\mathcal{B},z)\otimes S(\mathcal{A}_2;\mathcal{B},z)=S(\mathcal{A}_1,\mathcal{A}_2;\mathcal{B},z)\tag{1.11}$$

证明：设$\mathcal{A}_1$、$\mathcal{A}_2$ 为可筛整数序列，且 $S(\mathcal{A}_1;\mathcal{B},z)\geqslant 0$，$S(\mathcal{A}_2;\mathcal{B},z)\geqslant 0$，当对 $\mathcal{A}_1$ 筛分并筛去 $\mathcal{A}_2$ 中对应元素后，根据定理1.6，$\mathcal{A}_1$、$\mathcal{A}_2$ 仍然是可筛整数序列，即可对 $\mathcal{A}_2$ 继续进行筛分并筛去 $\mathcal{A}_1$ 中对应的元素，则有：

$S(\mathcal{A}_1;\mathcal{B},z)\otimes S(\mathcal{A}_2;\mathcal{B},z)=S(\mathcal{A}_1,\mathcal{A}_2;\mathcal{B},z)$

引理证毕。

§1.6.7　筛分集合的回归原理

筛分集合的最基本形式是 $\mathcal{B}=\{p_i:p_i<z\}$。但是在后面各章节的筛法的应用中，我们经常会使用到诸如 $\mathcal{B}=\{p_i:p_i<z;p_i=4m+1\}$、$\mathcal{B}=\{p_i:p_i<z;p_i\neq q\}$ 等筛分集合，这给我们的估计带来了较大的困难。于是，只有将这种筛分集合通过各种方法使其回归到最基本的筛分集合形式$\mathcal{B}=\{p_i:p_i<z\}$。我们把这种转换称为筛分集合的回归原理。

§1.6.8 关于 $\prod\limits_{\substack{p_i<N^{\frac{1}{2}} \\ \left(\frac{n}{p_i}\right)=1}}\left[\frac{p_i-1}{p_i}\right]$ 的一个假定

我们对 $\prod\limits_{\substack{p_i<N^{\frac{1}{2}} \\ \left(\frac{n}{p_i}\right)=1}}\left[\frac{p_i-1}{p_i}\right]$ 的假设是非常必要的。因此我们猜测：

$$\prod_{\substack{p_i<N^{\frac{1}{2}} \\ \left(\frac{n}{p_i}\right)=1}}\left[\frac{p_i-1}{p_i}\right]\sim\prod_{\substack{p_i<N^{\frac{1}{2}} \\ \left(\frac{n}{p_i}\right)=-1}}\left[\frac{p_i-1}{p_i}\right]$$

其中 $\left(\frac{n}{p_i}\right)=1$ 为 Jacobi 符号。

尽管我们认为它是正确的，但目前还没有严谨地证明它，于是我们假定：

$$\prod_{\substack{p_i<N^{\frac{1}{2}} \\ \left(\frac{n}{p_i}\right)=1}}\left[\frac{p_i-1}{p_i}\right]\sim\prod_{\substack{p_i<N^{\frac{1}{2}} \\ \left(\frac{n}{p_i}\right)=-1}}\left[\frac{p_i-1}{p_i}\right] \tag{1.12}$$

$$\prod_{\substack{p_i<N^{\frac{1}{2}} \\ \left(\frac{n}{p_i}\right)=1}}\left[\frac{p_i-1}{p_i}\right]\sim\frac{1}{2\log N} \tag{1.13}$$

这个假定将使我们的分析讨论更加清晰明了。但是在我们后面对某定理的讨论中，我们还是会给出一个证明，以确保定理证明的充分性。我们也衷心期望读者能够对以上的假定给出一个准确的证明结果。

当然，我们也可以假定：

$$\prod_{\substack{p_i<N^{\frac{1}{2}} \\ \left(\frac{n}{p_i}\right)=1}}\left[\frac{p_i-n}{p_i}\right]\sim\prod_{\substack{p_i<N^{\frac{1}{2}} \\ \left(\frac{n}{p_i}\right)=-1}}\left[\frac{p_i-n}{p_i}\right] \tag{1.14}$$

前面的几个引理也是本书的主要理论基础。在后面各章节运用引理时，我们还会分别详细地讨论一遍。

§1.7 小结

对经典的 Eratosthenes 筛法的改进和完善而产生多重多元筛法的思想，以解决更为复杂的素数分布问题，是本书的终极目的。为此，第一章给出了必要的理论基础，使得经典的素数定理的结果能转化为一重一元筛法的结果，为后面章节使用一重一元筛法的结果解决多重多元筛法问题提供思路。

要点回顾：

（1）建立了筛法三要素：整数序列$\mathcal{A}$、筛分集合$\mathcal{B}$和筛函数$S(\mathcal{A};\mathcal{B},z)$。根据事件建立合理的整数序列，根据整数序列的性质建立筛分集合和筛函数。

（2）给出了可筛整数序列的条件。通过单一整数序列的可筛性，判断多个整数序列组合的可筛性。单一整数序列有各种各样的形式，如自然数序列、不可约多项式整数序列、指数序列等。

（3）筛分集合是依据整数序列而建立的。筛分集合的形式各异，一般形式为$\mathcal{B}=\{p:3\leqslant p<z\}$；但是由于整数序列的要求，有时是$\mathcal{B}=\{p_i:p_i<z;p_i=am+1\}$；甚至有时我们不能以素数为筛分集合，而是以素数的节为筛分集合；还有时根据素数是否以某一数为二次剩余或n次剩余的性质给定筛分集合；等等。

（4）筛函数的乘法运算：

$$S(\mathcal{A}_1;\mathcal{B},z)\otimes S(\mathcal{A}_2;\mathcal{B},z)=S(\mathcal{A}_1,\mathcal{A}_2;\mathcal{B},z)$$

我们将这种运算称为叠加原理。

（5）建立了素数定理与一重一元筛法的关系：

$$N\prod\left[1-\frac{1}{p}\right]\sim\frac{N}{2\log N^{\frac{1}{2}}}+o\left(\frac{N}{\log^2 N}\right)$$

这就是说，我们将素数定理视为一重一元筛法的主要而且非常重要的思路，为后面的多重多元筛法奠定了基础。

（6）建立了$N\prod\limits_{p_i<z}\left[\frac{p_i-1}{p_i}\right]^n\sim N\prod\limits_{p_i<z}\left[\frac{p_i-n}{p_i}\right]$的关系式，为解决多重多元筛法提供了有力的理论依据。

（7）提出了一个假定：

$$\prod_{\substack{p_i<N^{\frac{1}{2}}\\ \left(\frac{n}{p_i}\right)=1}}\left[\frac{p_i-1}{p_i}\right]\sim\prod_{\substack{p_i<N^{\frac{1}{2}}\\ \left(\frac{n}{p_i}\right)=-1}}\left[\frac{p_i-1}{p_i}\right]$$

这个假定为后面的多重多元筛法的主项估计提供了参考。

第二章　一重一元筛法

定义：用一个筛分集合 $\mathcal{B}$ 筛分一个整数序列 $\mathcal{A}$，且筛分集合中每个元素只筛分一次的筛法称为一重一元筛法。

之所以命名为一重一元筛法，是因为在 *Sieve Methods* 一书的第一章就提到了二重筛法和三重筛法的概念，所以我们现在继续沿用这种概念。

一重一元筛法也称为线性筛法，因为它的被筛整数序列是线性的。因此我们还可以给出一个进一步的定义：用一个筛分集合 $\mathcal{B}$ 筛分一个线性既约代数式所产生的整数序列 $\mathcal{A}$ 的筛法称为一重一元筛法。

Eratosthenes 和 Selberg 筛法、大筛法、组合筛法、加权筛法都是基于这样一个思想：给出一个整数序列 $\mathcal{A}$、一个素数集合 $\mathcal{B}$ 和一个充分大的整数 z（$z\geqslant 2$），从$\mathcal{A}$中筛去小于 z 而能被 $\mathcal{B}$ 中某一个元素整除的元素，并计算出整数序列中所剩元素的个数。这就是一重一元筛法的基本思想，也就是说前面所提到的那些筛法都属于一重一元筛法。如求区间［$N^{\frac{1}{2}}$,N］的素数个数问题就是典型的一重一元筛法问题。

§2.1　$\pi(N)$ 与 $N\prod\limits_{p_i<N^{\frac{1}{2}}}\left[1-\frac{1}{p_i}\right]$ 的关系

为了方便后面的讨论，我们先来分析一下 $\pi(N)$ 与 $N\prod\limits_{p_i<N^{\frac{1}{2}}}\left(1-\frac{1}{p_i}\right)$、$N\prod\limits_{p_i<N^{\frac{1}{2}}}\left[1-\frac{1}{p_i}\right]$ 的关系。

给定一个整数序列：1，2，3，4，5，…，49，50。

先画去能被 2 整除的数，再逐一画去能被 3、5、7 整除的数，剩下的数全部是素数，注意这里也包括了单位元素 1，把这个过程写成算式：

$$50-\left(\frac{50}{2}+\left[\frac{50}{3}\right]+\frac{50}{5}+\left[\frac{50}{7}\right]\right)+\left(\left[\frac{50}{6}\right]+\frac{50}{10}+\left[\frac{50}{14}\right]+\left[\frac{50}{15}\right]+\left[\frac{50}{21}\right]+\left[\frac{50}{35}\right]\right)-$$

$$\left(\left[\frac{50}{30}\right]+\left[\frac{50}{42}\right]+\left[\frac{50}{70}\right]+\left[\frac{50}{105}\right]\right)=11$$

于是我们有：

$$\pi(N^{\frac{1}{2}},N)=N-\sum\left[\frac{N}{p_i}\right]+\sum\left[\frac{N}{p_ip_j}\right]-\sum\left[\frac{N}{p_ip_jp_k}\right]+\cdots$$

如果我们用 $\pi(8,50)$ 表示从 8 到 50 之间的素数个数，则有 $\pi(8,50)=11$，同样 $\pi(10,100)=21$。

为了叙述的方便我们简记为：

$$\pi(N^{\frac{1}{2}},N)=N-\sum\left[\frac{N}{p_i}\right]+\sum\left[\frac{N}{p_ip_j}\right]-\sum\left[\frac{N}{p_ip_jp_k}\right]+\cdots$$

$$=N\prod\left[1-\frac{1}{p_i}\right] \tag{2.1}$$

即

$$\pi(N^{\frac{1}{2}},N)=N\prod\left[1-\frac{1}{p_i}\right] \tag{2.2}$$

相应地，我们有：

$$N\prod_{p_i<N^{\frac{1}{2}}}\left(1-\frac{1}{p_i}\right)=N\prod_{p_i<N^{\frac{1}{2}}}\left[1-\frac{1}{p_i}\right]+N\prod_{p_i<N^{\frac{1}{2}}}\left\{1-\frac{1}{p_i}\right\}$$

$$=\pi(N^{\frac{1}{2}},N)+N\prod_{p_i<N^{\frac{1}{2}}}\left\{1-\frac{1}{p_i}\right\}$$

其中，$[a]$ 表示取 a 的整数部分，$\{a\}$ 表示取 a 的小数部分。

由此可知，$\pi(n,n^2)$ 不能直接使用 $n^2\prod_{2<p_i<n}\left(1-\frac{1}{p_i}\right)$ 来计算而得到精确的结果。例如：

$$\pi(8,50)<\frac{50}{2}\prod_{2<p_i<8}\left(1-\frac{1}{p_i}\right)=\frac{50}{2}\times0.4571=11.4$$

$$\pi(10,100)<\frac{100}{2}\prod_{2<p_i<10}\left(1-\frac{1}{p_i}\right)=\frac{100}{2}\times0.4571=22.8$$

更有甚者：

$$\pi(10^4,10^8)=5760226<\frac{10^8}{2}\prod_{2<p_i<10^4}\left(1-\frac{1}{p_i}\right)=\frac{10^8}{2}\times0.121769=6088450$$

上面的叙述也告诉我们，计算小于 N 的素数个数时必须依赖 $N\prod_{p_i<N^{\frac{1}{2}}}\left(1-\frac{1}{p_i}\right)$ 的计算。于是为了叙述的简洁和方便，我们才有如下的计算，分为两个部分进行表述：

$$N\prod_{p_i<N^{\frac{1}{2}}}\left(1-\frac{1}{p_i}\right)=N\prod_{p_i<N^{\frac{1}{2}}}\left[1-\frac{1}{p_i}\right]+N\prod_{p_i<N^{\frac{1}{2}}}\left\{1-\frac{1}{p_i}\right\}$$

第一部分：对 $\sum\frac{N}{p_i},\sum\frac{N}{p_ip_j},\sum\frac{N}{p_ip_jp_k},\cdots$ 的各项取整数；第二部分：对它们取小数。

由于
$$\pi(N)=N\prod_{p_i<N^{\frac{1}{2}}}\left[1-\frac{1}{p_i}\right]+n$$

这里的 n 是 $p_i\leqslant N^{\frac{1}{2}}$ 的素数个数。

而 n 相对于 $\pi(N)$ 来说是比较小的。根据素数定理：

$$n=\pi(N^{\frac{1}{2}})\sim\frac{N^{\frac{1}{2}}}{\log N^{\frac{1}{2}}}$$

即
$$\pi(N)=N\prod_{p_i<N^{\frac{1}{2}}}\left[1-\frac{1}{p_i}\right]+\frac{N^{\frac{1}{2}}}{\log N^{\frac{1}{2}}}$$

又由于
$$\pi(N)=\frac{N}{\log N}+o\left(\frac{N}{\log^2 N}\right)$$

当 $N>\mathrm{e}$ 时，则有：$1<\frac{N^{\frac{1}{2}}}{\log N^{\frac{1}{2}}}<\left(\frac{N^{\frac{1}{2}}}{\log N^{\frac{1}{2}}}\right)^2<\frac{4N}{\log^2 N}$

故总有

$$N\prod_{p_i<N^{\frac{1}{2}}}\left[1-\frac{1}{p_i}\right]\sim\frac{N}{\log N}+o\left(\frac{N}{\log^2 N}\right)$$

于是我们有：

$$\pi(N)>N\prod_{p_i<N^{\frac{1}{2}}}\left[1-\frac{1}{p_i}\right]\sim\frac{N}{\log N}+o\left(\frac{N}{\log^2 N}\right)$$
$$=\frac{N}{2\log N^{\frac{1}{2}}}+o\left(\frac{N}{\log^2 N}\right)$$

这样一来，我们便建立了一个素数定理与 $N\prod_{p_i<N^{\frac{1}{2}}}\left[1-\frac{1}{p_i}\right]$ 之间的关系：

$$N\prod_{p_i<N^{\frac{1}{2}}}\left[1-\frac{1}{p_i}\right]\sim\frac{N}{\log N}+o\left(\frac{N}{\log^2 N}\right) \tag{2.3}$$

即

$$\prod_{p_i<N^{\frac{1}{2}}}\left[1-\frac{1}{p_i}\right]\sim\frac{1}{\log N}+o\left(\frac{1}{\log^2 N}\right)$$

$$=\frac{1}{2\log N^{\frac{1}{2}}}+o\left(\frac{1}{\log^2 N}\right) \tag{2.4}$$

我们把这种关系称为转换原理，即把素数定理的结果，转化为一重一元筛法的结果的方法。

$$\prod_{p_i<N^{\frac{1}{2}}}\left[1-\frac{1}{p_i}\right]\sim\frac{1}{\log N}+o\left(\frac{N}{\log^2 N}\right)=\frac{1}{2\log N^{\frac{1}{2}}}+o\left(\frac{1}{\log^2 N}\right)$$

即

$$S(\mathcal{A};\mathcal{B},z)\geqslant\frac{N}{2\log N^{\frac{1}{2}}}+o\left(\frac{N}{\log^2 N}\right)$$

以上称为筛法的转换原理。

关系式 $N\prod_{p_i<N^{\frac{1}{2}}}\left[1-\frac{1}{p_i}\right]\sim\frac{N}{\log N}$ 的建立对我们后面的讨论起到重要作用。

在下面的章节中我们将沿用筛法的主项、余项表述习惯：

$$\pi(N)=\frac{N}{\log N}+o\left(\frac{N}{\log^2 N}\right)$$

根据上面的分析讨论，我们认为素数定理就是一重一元筛法最好的结果，或者说运用转换原理将素数定理的结果转换为一重一元筛法的结果是实现一重一元筛法的主要理论基础。

§2.2　一重一元筛法及其应用

一重一元筛法的经典实例是计算 $N^{\frac{1}{2}}<p<N$ 的素数个数问题，而素数定理是计算 $p<N$ 的最好的结果，因此，我们说素数定理也是一重一元筛法的最好结果。

§2.2.1　一重一元筛法的基本要素

（1）整数序列 $\mathcal{A}$：所有 $\leqslant N=z^2=x$ 的自然数整数 n，即 $\mathcal{A}$：1，2，3，

4，5，…，N。

根据定理 1.1，这个整数系列是可筛整数序列。

（2）筛分集合 $\mathcal{B}$，所有 $p < N^{\frac{1}{2}}$ 的素数集合：

$$\mathcal{B} = \{p : p < N^{\frac{1}{2}}\}$$

$$P(N^{\frac{1}{2}}) = \prod_{p_i < N^{\frac{1}{2}}} p_i$$

这是最基本的筛分集合，它具有筛分集合的最基本性质。

（3）筛函数：

$$\begin{aligned} S(\mathcal{A};\mathcal{B},z) &= S(\{n : n \leqslant x\};\mathcal{B},z) \\ &= \{n : n \leqslant x, (n, \prod_{p<z} p) = 1\} \end{aligned}$$

§2.2.2 筛分过程和结果

根据第一章的定理，我们给出的整数序列是可筛整数序列，于是我们可以用筛分集合的元素逐一进行筛分。例如：用 p_i 逐一进行筛分后，整数序列所剩元素个数 $g(N)$ 为：

$$\begin{aligned} g(N) &> N \prod_{p_i < N^{\frac{1}{2}}} \left[1 - \frac{1}{p_i}\right] = N - \sum_{p_i \in P(z)} \left[\frac{N}{p_i}\right] + \sum_{p_i p_j \in P(z)} \left[\frac{N}{p_i p_j}\right] - \sum_{\substack{p_i p_j p_k \in P(z) \\ p_i p_j p_k \leqslant z}} \left[\frac{N}{p_i p_j p_k}\right] + \\ &\quad \sum_{\substack{p_i p_j p_k p_l \in P(z) \\ p_i p_j p_k p_l < z}} \left[\frac{N}{p_i p_j p_k p_l}\right] - \cdots \\ &= N \prod_{p_i < N^{\frac{1}{2}}} \left(1 - \frac{1}{p_i}\right) + \sum_{p_i \in P(z)} \left\{\frac{N}{p_i}\right\} - \sum_{p_i p_j \in P(z)} \left\{\frac{N}{p_i p_j}\right\} + \sum_{\substack{p_i p_j p_k \in P(z) \\ p_i p_j p_k \leqslant z}} \left\{\frac{N}{p_i p_j p_k}\right\} - \\ &\quad \sum_{\substack{p_i p_j p_k p_l \in P(z) \\ p_i p_j p_k p_l \leqslant z}} \left\{\frac{N}{p_i p_j p_k p_l}\right\} + \cdots \end{aligned}$$

这里 [ ] 表示其整数部分，{ } 表示其非整数部分。

则
$$\begin{aligned} g(N) &> N \prod_{p_i < N^{\frac{1}{2}}} \left(1 - \frac{1}{p_i}\right) + \sum_{p_i \in P(z)} \left\{\frac{N}{p_i}\right\} - \sum_{p_i p_j \in P(z)} \left\{\frac{N}{p_i p_j}\right\} + \\ &\quad \sum_{\substack{p_i p_j p_k \in P(z) \\ p_i p_j p_k \leqslant z}} \left\{\frac{N}{p_i p_j p_k}\right\} - \sum_{\substack{p_i p_j p_k p_l \in P(z) \\ p_i p_j p_k p_l \leqslant z}} \left\{\frac{N}{p_i p_j p_k p_l}\right\} \end{aligned}$$

由于
$$\sum_{p_i \in P(z)} \left\{\frac{N}{p_i}\right\} = \sum_{p_i \in P(z)} \frac{\Delta p_i}{p_i}, \; N \equiv \Delta p_i \pmod{p_i}$$

根据素数定理、筛法转换原理和关系式（2.3）：

$$\pi(N) \sim N\prod_{p_i<N^{\frac{1}{2}}}\left[1-\frac{1}{p_i}\right] \sim \frac{N}{\log N}$$

即 $\mathcal{S}(\mathcal{A};\mathcal{B},z) = \mathcal{S}(\{n:n\leqslant x\};\mathcal{B},z) = \{n:n\leqslant x,(n,\prod_{p<z}p)=1\}$

$$= N\prod_{p_i<N^{\frac{1}{2}}}\left[1-\frac{1}{p_i}\right] \sim \frac{N}{\log N}$$

§2.2.3　在自然数序列中的素数个数问题

从上面所述，我们立即得到：

定理 2.1：素数在自然数序列中的素数个数为：

$$\mathcal{S}(\mathcal{A};\mathcal{B},z) = \mathcal{S}(\{n:n\leqslant x\};\mathcal{B},z) = \{n:n\leqslant x,(n,\prod_{p<z}p)=1\}$$

$$= N\prod_{p_i<N^{\frac{1}{2}}}\left[1-\frac{1}{p_i}\right] \sim \frac{N}{\log N}$$

或

$$\mathcal{S}(\mathcal{A};\mathcal{B},z) = \frac{N}{\log N} + o\left(\frac{N}{\log^2 N}\right) \tag{2.5}$$

在这里我们实际上是直接把素数定理转换为一重一元筛法。我认为，这是一重一元筛法最好的结果。所以可以这样形容：素数定理是数论之母，是素数分布理论之母，是筛法理论的基础。

推论：在整数序列 $\{\mathcal{A}=2n+1:1,3,5,7,9,\cdots\}$ 中存在无穷多个素数。实际上，这个整数序列是自然数序列减去偶数元素而得到的。

§2.3　素数在算数级数中的分布

一重一元筛法要解决的另一个问题就是素数在算术级数中的分布问题。下面给定一个算术级数：

$$bn+d$$

其中 $(b,d)=1, n=1,2,3,4,\cdots, b>1, d\geqslant 1$，求这个算数级数中的素数个数。

如果我们取 $b=d=1$，则该问题转化为素数在自然数序列中的分布问题，也就是说素数定理是此问题的一个特例。我们知道，素数在算术级数中的分布问题有经典的 Dirichlet（狄利克雷）定理。下面我们运用筛法的思想予以讨论。

1. 整数序列

给定一个整数序列 $bn + d$：

$$\mathcal{A}:\{7n+1:1,8,15,22,29,36,43,\cdots\}$$

或

$$\mathcal{A}:\{7n+5:5,12,19,26,33,40,47,\cdots\}$$

根据定理1.2，这个整数序列具有有限性、均匀性、规律性和有序性，因此它是一个可筛的整数序列。

2. 筛分集合

这里的筛分集合为一定范围的素数，例如：

$\mathcal{B} = \{p:p < z\}$

为了叙述方便，引入

$$P(z) = \prod_{\substack{p_i < z \\ p_i \in \mathcal{B} \\ p_i \mid b}} p_i$$

从整数序列中，我们发现 $b = 7$ 不整除整数序列中的任何一个元素。

3. 筛函数

根据整数序列和筛分集合建立我们所需的筛函数：

$$\begin{aligned} S(\mathcal{A};\mathcal{B},N^{\frac{1}{2}}) &= S(\{n:n \leqslant N\};\mathcal{B},N^{\frac{1}{2}}) \\ &= \sum_{\substack{n \in \mathcal{A}, n \leqslant N \\ (n,P(N^{\frac{1}{2}}))=1}} 1 = N' \prod_{p_i \in P(N^{\frac{1}{2}})} \left[1 - \frac{1}{p_i}\right] \end{aligned}$$

这里 N' 的取值由以下因素确定，其一为整数序列的元素个数，应该取 $\frac{N}{b}$；其二是由于整数序列中不含有被 b 这个素数因子整除的整数，而 $\prod_{p_i \in P(N^{\frac{1}{2}})} \left(1 - \frac{1}{p_i}\right) = \prod_{p_i \in P(N^{\frac{1}{2}})} \frac{p_i - 1}{p_i}$ 是个所有小于 $N^{\frac{1}{2}}$ 的素数。故满足我们要求的应为：

$$N' = \frac{N}{b_1 b_2} \prod_{\substack{p_j \mid b \\ p_j < N^{\frac{1}{2}}}} \frac{p_j}{p_j - 1}$$

其中 $b=b_1b_2$ ，$b_1=\prod\limits_{\substack{p_j \mid b \\ p_j<N^{\frac{1}{2}}}} p_j^{\ m}$ ，$b_2=\prod\limits_{\substack{p_j \mid b \\ p_j>N^{\frac{1}{2}}}} p_j^{\ n}$ 。

由于 $\prod\limits_{\substack{p_j \mid b \\ p_j>N^{\frac{1}{2}}}} \frac{p_j}{p_j-1} \approx 1$

$$N' \approx \frac{N}{b}\prod_{\substack{p_j \mid b \\ p_j<N^{\frac{1}{2}}}} \frac{p_j}{p_j-1}\prod_{\substack{p_j \mid b \\ p_j>N^{\frac{1}{2}}}} \frac{p_j}{p_j-1}$$

$$N' \approx \frac{N}{b}\prod_{p_j \mid b} \frac{p_j}{p_j-1}$$

故 $N' \approx \frac{Nb}{b\varphi(b)}=\frac{N}{\varphi(b)}$

根据转换原理我们得到：

$$\begin{aligned} S(\mathcal{A};\mathcal{B},N^{\frac{1}{2}}) &= S(\{n:n \leqslant N\};\mathcal{B},N^{\frac{1}{2}}) \\ &\sim \frac{N}{b}\prod_{p_j \mid b} \frac{p_j}{p_j-1}\prod_{p_i \in P(N^{\frac{1}{2}})}\left[\frac{p_i-1}{p_i}\right] \\ &\sim \frac{N}{\varphi(b)}\prod_{p_i \in P(N^{\frac{1}{2}})}\left[\frac{p_i-1}{p_i}\right] \end{aligned}$$

根据定理 2.1 得到。

定理 2.2：给定一个算术级数：$bn+d$ ，其中 b、d 是任意给定的两个整数，$(b,d)=1,n=1,2,3,4,\cdots,b>1,d\geqslant 1$ ，设 $p_i \mid b$ ，且 $p_i<N^{\frac{1}{2}}$ ，$N\to\infty$。则在算数级数中的素数个数为：

$$S(\mathcal{A};\mathcal{B},N^{\frac{1}{2}}) = S(\{n:n \leqslant N\};\mathcal{B},N^{\frac{1}{2}}) \sim \frac{N}{\varphi(b)\log(N)}+o\left(\frac{N}{\log^2 N}\right) \tag{2.6}$$

证明：设 $\mathcal{B}=\{p:p<z\}$ ，$P(z)=\prod\limits_{\substack{p_i<z \\ p_i \in \mathcal{B}}} p_i$ 。给定一个整数序列：

$$\mathcal{A}: a_1,a_2,a_3,a_4,\cdots,bn+d\cdots$$

其中 $(b,d)=1,n=1,2,3,4,\cdots,b>1,d\geqslant 1$ 。

（1）根据定理 1.3，此整数序列是可筛整数序列。

（2）设 $g(N)$ 为整数序列的元素个数。观察整数序列我们可知，整数序

列中没有被 b 整除的元素，即整个整数序列的元素个数为：$g(N) = \frac{N}{b}$。

（3）变更筛分集合后：

$$g(N) \sim \frac{N}{b} \prod_{\substack{p_i \in P(N^{\frac{1}{2}}) \\ p_i \nmid b}} \left[\frac{p_i - 1}{p_i}\right]$$

（4）回归筛分集合后：

$$g(N) \sim \frac{N}{b} \prod_{p_j \mid b} \left[\frac{p_j}{p_j - 1}\right] \otimes \prod_{p_i \in P(N^{\frac{1}{2}})} \left[\frac{p_i - 1}{p_i}\right]$$

$$g(N) \sim \frac{N}{b} \frac{b}{\varphi(b)} \prod_{p_i \in P(N^{\frac{1}{2}})} \left[\frac{p_i - 1}{p_i}\right]$$

$$g(N) \sim \frac{N}{\varphi(b)} \prod_{p_i \in P(N^{\frac{1}{2}})} \left[\frac{p_i - 1}{p_i}\right]$$

（5）根据定理2.1、第一章引理3：

$$g(N) > \frac{N}{\varphi(b)\log N} + o\left(\frac{N}{\log^2 N}\right)$$

或

$$g(N) \sim \frac{N}{\varphi(b)\log N}$$

即得到：

$$S(\mathcal{A};\mathcal{B},N^{\frac{1}{2}}) = S(\{n:n \leqslant N\};\mathcal{B},N^{\frac{1}{2}}) \geqslant \frac{N}{\varphi(b)\log N} + o\left(\frac{N}{\log^2 N}\right)$$

可知，在 $bn + d$ 生成的整数序列中存在无穷多的素数。

定理证毕。

这便是素数在算数级数中的分布问题的筛法结果。如果 b 的素因子 p_j 皆有 $p_j < N^{\frac{1}{2}}$，则定理2.2与Dirichlet定理是一致的；当 $p_j > N^{\frac{1}{2}}$，$p_j \mid b$ 时，定理2.2的结果为：

$$S(\mathcal{A};\mathcal{B},N^{\frac{1}{2}}) = \frac{N}{\varphi(b_1)b_2\log N} + o\left(\frac{N}{\log^2 N}\right)$$

这个结果与Dirichlet定理稍有不同（其中 $b = b_1b_2$，$b_1 = \prod_{\substack{p_j \mid b \\ p_j < N^{\frac{1}{2}}}} p_j^{\ m}$，$b_2 = \prod_{\substack{p_j \mid b \\ p_j > N^{\frac{1}{2}}}} p_j^{\ n}$）。好在我们的定理中已经设置为 N 是无穷大的，因此总有 $p_j < N^{\frac{1}{2}}$，

说明在定理的条件限制下不存在这种情况。

定理 2. 3：线性代数式 $4n+1$ 生成的整数序列中存在无穷多的素数。

证明：给定一个整数序列：

$$\mathcal{A}:1,5,9,13,17,21,25,29,33,37,\cdots$$

根据定理 1. 6 可知，此整数序列是可筛整数序列。

根据定理 2. 2 可知，

$$S(\mathcal{A};\mathcal{B},N^{\frac{1}{2}}) \geqslant \frac{N}{\varphi(4)\log N} + o\left(\frac{N}{\log^2 N}\right)$$
$$\geqslant \frac{N}{2\log N} + o\left(\frac{N}{\log^2 N}\right)$$

显然，当 $N \to \infty$时，$S(\mathcal{A};\mathcal{B},N^{\frac{1}{2}}) \to \infty$。

定理证毕。

定理 2. 4：线性代数式 $4n+3$ 生成的整数序列中存在无穷多的素数。

证明：根据定理 2. 2 可知，

$$S(\mathcal{A};\mathcal{B},N^{\frac{1}{2}}) \geqslant \frac{N}{\varphi(4)\log N} + o\left(\frac{N}{\log^2 N}\right)$$
$$\geqslant \frac{N}{2\log N} + o\left(\frac{N}{\log^2 N}\right)$$

定理证毕。

推论：$\prod\limits_{\substack{p_i=4m+1 \\ p_i<N^{\frac{1}{2}}}}\left[\frac{p_i-1}{p_i}\right] \sim \prod\limits_{\substack{p_i=4m+3 \\ p_i<N^{\frac{1}{2}}}}\left[\frac{p_i-1}{p_i}\right]$

证明：由于在整数序列 $\mathcal{A}:1,5,9,13,17,21,25,29,33,37,\cdots$ 中，$4m-1$ 型的素数因子都是以合数形式出现，不可能单一出现，说明我们所求的素数全部为 $4m+1$ 型。故由第一章引理 2 及定理 2. 3、定理 2. 4 立即得到此定理。

同样我们还有线性代数式 $6m+1$（或 $6m-1$）生成的整数序列中存在无穷多的素数。且

$$S(\mathcal{A};\mathcal{B},N^{\frac{1}{2}}) \geqslant \frac{N}{\varphi(6)\log N} + o\left(\frac{N}{\log^2 N}\right)$$
$$\geqslant \frac{N}{2\log N} + o\left(\frac{N}{\log^2 N}\right)$$

又
$$\prod_{\substack{p_i=6m+1\\p_i<N^{\frac{1}{2}}}}\left[\frac{p_i-1}{p_i}\right]\sim\prod_{\substack{p_i=6m+5\\p_i<N^{\frac{1}{2}}}}\left[\frac{p_i-1}{p_i}\right]$$

定理 2.5：设 p 为素数，$p<N^{\frac{1}{2}}$，线性代数式 $pm+1$ 生成的整数序列中存在无穷多的素数。

证明：由定理 2.2，我们有：

$$S(\mathcal{A};\mathcal{B},N^{\frac{1}{2}})\geqslant\frac{N}{\varphi(p)\log N}+o\left(\frac{N}{\log^2 N}\right)$$
$$\geqslant\frac{N}{(p-1)\log N}+o\left(\frac{N}{\log^2 N}\right)$$

当 $N\to\infty$ 时，$S(\mathcal{A};\mathcal{B},N^{\frac{1}{2}})\to\infty$。

定理证毕。

同样我们也有下面的推论：

若 $a\neq b$，则有：

$$\prod_{\substack{p_i=pm+a\\p_i<N^{\frac{1}{2}}}}\left[\frac{p_i-1}{p_i}\right]\sim\prod_{\substack{p_i=pm+b\\p_i<N^{\frac{1}{2}}}}\left[\frac{p_i-1}{p_i}\right]$$

证明略。

由定理 2.5，我们推测得到：$pm+a$ 可将素数分为 $p-1$ 类，而且它们的素数个数几乎相等。

定理 2.6：$\prod_{\substack{p_i=4m+1\\p_i<N^{\frac{1}{2}}}}\left[\frac{p_i-1}{p_i}\right]^2\sim\prod_{p_i<N^{\frac{1}{2}}}\left[\frac{p_i-1}{p_i}\right]$

证明：由于 $\prod_{\substack{p_i=4m+1\\p_i<N^{\frac{1}{2}}}}\left[\frac{p_i-1}{p_i}\right]\sim\prod_{\substack{p_i=pm+b\\p_i<N^{\frac{1}{2}}}}\left[\frac{p_i-1}{p_i}\right]$

则 $\prod_{\substack{p_i=4m+1\\p_i<N^{\frac{1}{2}}}}\left[\frac{p_i-1}{p_i}\right]^2\sim\prod_{\substack{p_i=4m+1\\p_i<N^{\frac{1}{2}}}}\left[\frac{p_i-1}{p_i}\right]\otimes\prod_{\substack{p_i=pm+b\\p_i<N^{\frac{1}{2}}}}\left[\frac{p_i-1}{p_i}\right]$

则 $\prod_{\substack{p_i=4m+1\\p_i<N^{\frac{1}{2}}}}\left[\frac{p_i-1}{p_i}\right]^2\sim\prod_{p_i<N^{\frac{1}{2}}}\left[\frac{p_i-1}{p_i}\right]$

定理证毕。

同样地，从定理 2.5 我们可以推出：

定理 2.7：$\prod\limits_{\substack{p_i = pm+a \\ p_i < N^{\frac{1}{2}}}} \left[\frac{p_i - 1}{p_i}\right]^{p-1} \sim \prod\limits_{p_i < N^{\frac{1}{2}}} \left[\frac{p_i - 1}{p_i}\right]$

证明略。

§2.4　平方之间的素数个数问题

有一个非常经典的关于一重一元筛法的问题是：n^2 到 $(n+1)^2$ 之间是否总是存在素数？下面我们运用一重一元筛法对这个问题进行讨论，并给出一个比较满意的结果。

定理 2.8：当 $n \geqslant 2$ 时，n^2 到 $(n+1)^2$ 之间总是存在至少一个素数。若以 $X(n)$ 表示 n^2 到 $(n+1)^2$ 之间的素数个数，则 $X(n)$ 为：

$$X(n) \sim \frac{2n}{\log(n^2 + 2n)} + o\left(\frac{2n}{\log^2(n^2 + 2n)}\right)$$

证明：设 $p(n) = \prod\limits_{p_i < n} p_i$ 。

(1) 整数序列：

$\mathcal{A}: n^2 + 1, n^2 + 2, n^2 + 3, \cdots, (n+1)^2 - 1$

可知整数序列的元素个数是 $2n$ 。

根据定理 1.1，这个整数序列是可筛整数序列。

(2) 筛分集合：$\mathcal{B} = \{p : p < n\}$

(3) 筛函数：

$$\begin{aligned} S(\mathcal{A};\mathcal{B},z) &= S(\{a : a \leqslant n^2 + 2n\};\mathcal{B},z) \\ &= \sum_{\substack{a \in \mathcal{A}, \\ (a,P(n))=1}} 1 \end{aligned}$$

(4) 筛分过程：使用筛分集合对整数序列进行筛分，根据转换原理和关系式 (2.3) 得到：

$$\begin{aligned} S(\mathcal{A};\mathcal{B},n) &= \sum_{\substack{a \in \mathcal{A}, \\ (a,P(n))=1}} 1 \\ &= 2n \prod_{p_i < n} \left[\frac{p_i - 1}{p_i}\right] \end{aligned}$$

$$S(\mathcal{A};\mathcal{B},n)\sim\frac{2n}{\log(n^2+2n)}+o\left(\frac{2n}{\log^2(n^2+2n)}\right)$$

即
$$X(n)\sim\frac{2n}{\log(n^2+2n)}+o\left(\frac{2n}{\log^2(n^2+2n)}\right)$$

当 $n\geqslant 2$ 时，总有 $2n>\log(n^2+2n)$。

定理证毕。

当我们选择 $n=10$ 时，整数序列为：

$\mathcal{A}$：101，102，103，…，120。

我们计算出的 100 到 120 之间的素数为 4 个，实际存在的素数是 5 个：101，103，107，109 和 113。

当选择 $n=100$ 时，计算出 10000 到 10200 区间中的素数为 21 个，实际存在的素数是 23 个：10007，10009，10037，10039，10061，10067，10069，10079，10091，10093，10099，10103，10111，10133，10139，10141，10151，10159，10163，10160，10177，10181，10193。

§2.5 主项和余项估计

前面讨论的一重一元筛法，完全是采用素数定理，其主项和余项的估计是显然的。这里不再讨论。

§2.6 小结

本章讨论的是一重一元筛法。从两种情形分析一重一元筛法，即自然数序列中的素数个数问题和算数级数中的素数个数问题。

要点回顾：

（1）确立了筛法转换原理：$\pi(N)>N\prod_{p_i<N^{\frac{1}{2}}}\left[1-\frac{1}{p_i}\right]>\frac{N}{\log N}$ 的关系式。

（2）根据（1）确立了通过素数定理的结果计算自然数序列中素数个数的结果，即一重一元筛法的结果。这使得素数定理与筛法理论紧密相连。由于运用了素数定理：$\pi(N)=\frac{N}{\log N}+o\left(\frac{N}{\log^2 N}\right)$，筛法的主项和余项的估计更加清晰明了。这在后面的章节中显得越来越重要。

（3）证明了素数在算数级数中的个数是无穷的，其结果与 Dirichlet 定理是一致的。

（4）推导出了 $\prod\limits_{\substack{p_i=pm+a \\ p_i<N^{\frac{1}{2}}}}\left[\frac{p_i-1}{p_i}\right]^{p-1} \sim \prod\limits_{p_i<N^{\frac{1}{2}}}\left[\frac{p_i-1}{p_i}\right]$，这对于我们后面的讨论有非常大的帮助。

由此我们认为，素数定理是筛法的根本，而一重一元筛法的结果是解决多重多元筛法的基础。

第三章　二重一元筛法及其应用

我们前面讨论的筛法主要是使用一个素数集合筛分一个整数序列，通过筛函数计算或者估计整数序列 $\mathcal{A}$ 中符合一定条件的元素个数。之前，人们改进筛法理论的途径主要是改进估计方法，使用这种改进的估计方法在解决比较容易的问题时没有多大困难，但是在解决孪生素数等问题时，就没那么容易了，以至于尽管我们想尽一切办法来改进这种估计，仍然不能彻底解决问题。于是，我们想到既然通过改进估计的方法不能改进筛法结果，那么能不能换一种途径，通过改进筛法的结构来简化这种估计，使问题进一步初等化呢？这样，我们便想到了二重一元筛法。

二重一元筛法是由两个并列的整数序列组来体现一个数学事件，用一个或多个筛分集合分别对两个整数序列进行筛分，再通过叠加原理得到筛分结果。

定义：用一个或多个筛分集合 $\mathcal{B}$ 同时对两个或两个以上的整数序列 $\mathcal{A}_1$，$\mathcal{A}_2,\mathcal{A}_3\cdots$ 进行筛分，且每次筛去的是每个整数序列中的一个元素的筛法称为多重一元筛法。

那么，用一个或两个筛分集合 $\mathcal{B}$ 同时对两个整数序列 $\mathcal{A}_1,\mathcal{A}_2$ 进行筛分，且每次筛去的是每个整数序列中的一个元素的筛法称为二重一元筛法。

显然，我们前面所列举的都是一重一元筛法，而且是传统筛法。一重一元筛法最适合、最典型的应用是计算算术级数中的素数个数（含自然数列）问题，但在使用一重一元筛法解决孪生素数之类的问题时，就显得非常困难了。

二重一元筛法最适宜解决孪生素数问题（$p+2k=p'$）、Goldbach 问题，即素数在一元一次代数式生成的两个整数序列中的素数分布等问题。本章主要讨论二重一元筛法，围绕 Goldbach 问题和孪生素数问题进行讨论。

二重一元筛法的基本思路是运用一重一元筛法的结果，通过叠加原理实现二重一元筛法。为了更加直观地了解二重一元筛法，下面通过一个简单的实例阐明二重一元筛法思路。

给定偶数 $N = 22$ ，于是我们可以建立两个整数序列：

$\mathcal{A}_1$ ：1，2，3，4，5，6，7，8，9，10，11，12，13，14，15，16，17，18，19，20，21，22。

$\mathcal{A}_2$ ：1，2，3，4，5，6，7，8，9，10，11，12，13，14，15，16，17，18，19，20，21，22。

首先画去第一个整数序列 $\mathcal{A}_1$ 中被 2、3 整除的元素，并同时画去第二个整数序列 $\mathcal{A}_2$ 中对应的元素；接着画去第二个整数序列 $\mathcal{A}_2$ 中被 2、3 整除的元素，并同时画去第一个整数序列 $\mathcal{A}_1$ 中对应的元素。这时两个整数序列分别由所剩元素组成：

$\mathcal{A}_1$ ：7，13，19。

$\mathcal{A}_2$ ：5，11，17。

这就是说，在 $22^{\frac{1}{2}}$ 到 22 之间存在 3 对孪生素数组。这就是二重一元筛法的分析思路。

从这个实例不难看出，二重一元筛法仍然存在整数序列、筛分集合和筛函数三要素。

§3.1　二重一元筛法的筛分集合

二重一元筛法的筛分集合与一重一元筛法的筛分集合相同，同样具有如下性质：

（1）无重复性。在筛分集合 $\mathcal{B}$ 中不能有重复元素出现。

（2）有序性。在筛分集合 $\mathcal{B}$ 中元素是按照从小到大的顺序排列的。

（3）可跳跃性。在筛分集合 $\mathcal{B}$ 中，不一定是 $\leqslant z$ 的全部素数集合，可以跳过一个或多个元素。

（4）有限性。筛分集合 $\mathcal{B}$ 的元素一般都是有限个。

例如：$\mathcal{B} = \{p : p < z\}$

$$\mathcal{B} = \mathcal{B}_k = \{p : p < z, p \nmid k\}$$

于是我们为了表述便利，引入

$$P(z) = \prod_{\substack{p<z \\ p\in\mathcal{B}}} p$$

其中 z 是一个 $\geqslant 2$ 的实数。

一般我们选择的 z 为一个整数的平方根，即 $N^{\frac{1}{2}}$ ，这是由于我们所讨论的问题都与这个整数有关。因此我们有：

$$P(z) = P(N^{\frac{1}{2}}) = \prod_{\substack{p\leqslant N^{\frac{1}{2}} \\ p\in\mathcal{B}}} p$$

§3.2 二重一元筛法的整数序列

一重一元筛法的整数序列是一个由一元一次代数式产生的整数序列，二重一元筛法的整数序列是由两个一元一次代数式产生的整数序列并列组成的，且每一个整数序列都是可筛的整数序列。其特殊情况是两个完全相同的整数序列，例如前面讲到的孪生素数问题的整数序列就是 $\mathcal{A}_1: = n_i, i = 1,2,3,\cdots$ 和 $\mathcal{A}_2: = n_i + 2, i = 1,2,3,\cdots$ 两个相同的并列的整数序列。

二重一元筛法的整数序列同样必须具有如下的性质：

（1）有限性。整数序列是由有限个元素组成的。

（2）均匀性。均匀性是指这个整数序列被任何一个整数整除后元素分布均匀，假设这个整数序列的元素个数为 x ，被素数 p_i 整除后的元素个数一定是 $\left[\frac{x}{p_i}\right]$ 个。

（3）无重复性。整数序列中的元素是按照一定规律出现的，没有重复。

（4）元素分布的有序性。

不同的是，二重一元筛法的整数序列除具有上述性质外，还必须具有如下性质：

（5）一致性。两个整数序列均为不可约的一元一次多项式生成的整数序列。

定义：两个整数序列如果均具有上述五条性质，则称为可筛整数序列。

下面列举两个实例：

(1) $N = p_1 + p_2$ 的问题。

设 $N = 46$ ，我们观察下面两个整数序列：

$\mathcal{A}_1$ ： 1， 3， 5， 7， 9，11，13，15，17，19，…，43 ，45。

$\mathcal{A}_2$ ：45，43，41，39，37，35，33，31，29，27，…， 3 ， 1。

实际上这是 n_i 和 $N - n_i$ 两个几乎相同的整数序列，只是排列顺序颠倒了而已，这对我们的分析没有影响。它们皆具有上述所说的五个性质，因此是二重一元可筛整数序列。

(2) $p_1 + 2 = p_2$ 的问题。

$\mathcal{A}_1$ ：1，3，5，7，9，11 ，13，15，17，19，21，…，N 。

$\mathcal{A}_2$ ：　　1，3，5，7， 9 ，11，13，15，17，19，21，…，N 。

这是 n_i 和 $n_i + 2$ 两个相同的整数序列，只是排列的位置有所不同，因此它们也都是可筛整数序列。

§3.3　二重一元筛法的筛函数

§3.3.1　筛函数的定义

使用一个或两个筛分集合$\mathcal{B}$分别对两个整数序列$\mathcal{A}_1$、$\mathcal{A}_2$ 进行筛分，所建立的筛函数称为二重一元筛法筛函数。二重一元筛法筛函数与一重一元筛法筛函数并没有大的区别，只是被筛的整数序列是两个。我们仍然沿用 H. Halberstam 和 H. – E. Richert 在 *Sieve Methods* 中的表述，例如：

(1) $N = p_1 + p_2$ 的问题。

$$S(\mathcal{A}_1, \mathcal{A}_2; \mathcal{B}, N^{\frac{1}{2}}) = \sum_{\substack{a_1 + a_2 = N, a_1 \in \mathcal{A}_1, a_2 \in \mathcal{A}_2 \\ (a_1 a_2, P(N^{\frac{1}{2}})) = 1, a_1 \nmid N, a_2 \nmid N}} 1$$

这里 $P(N^{\frac{1}{2}}) = \prod_{p \leqslant N^{\frac{1}{2}}} p$

(2) $p_1 + 2 = p_2$ 的问题。

$$S(\mathcal{A}_1, \mathcal{A}_2; \mathcal{B}, N^{\frac{1}{2}}) = \sum_{\substack{a_1 + 2 = a_2, \\ a_1 \in \mathcal{A}_1, a_2 \in \mathcal{A}_2 \\ (a_1 a_2, P(N^{\frac{1}{2}})) = 1}} 1$$

这里 $P(N^{\frac{1}{2}}) = \prod_{p \leqslant N^{\frac{1}{2}}} p$

§3.3.2 筛函数的叠加原理（筛函数的积性性质）

若 $S(\mathcal{A}_1;\mathcal{B},z) \geqslant 0$，$S(\mathcal{A}_2;\mathcal{B},z) \geqslant 0$，则 $S(\mathcal{A}_1;\mathcal{B},z) \otimes S(\mathcal{A}_2;\mathcal{B},z) = S(\mathcal{A}_1,\mathcal{A}_2;\mathcal{B},z)$

证明：设 $\mathcal{A}_1$、$\mathcal{A}_2$ 为可筛整数序列，且 $S(\mathcal{A}_1;\mathcal{B},z) \geqslant 0$，$S(\mathcal{A}_2;\mathcal{B},z) \geqslant 0$。当对 $\mathcal{A}_1$ 筛分并筛去 $\mathcal{A}_2$ 中对应元素后，根据定理1.6，$\mathcal{A}_1$、$\mathcal{A}_2$ 仍然是可筛整数序列。同样继续对 $\mathcal{A}_2$ 进行筛分并筛去 $\mathcal{A}_1$ 中对应的元素。即有：

$S(\mathcal{A}_1;\mathcal{B},z) \otimes S(\mathcal{A}_2;\mathcal{B},z) = S(\mathcal{A}_1,\mathcal{A}_2;\mathcal{B},z)$

证毕。

值得注意的是，这里说的筛函数积性性质表示如下：

$$S(\mathcal{A}_1,\mathcal{A}_2;\mathcal{B},z) = N\prod_p\left[\frac{p-1}{p}\right]\otimes\prod_p\left[\frac{p-1}{p}\right]$$

而 $S(\mathcal{A}_1,\mathcal{A}_2;\mathcal{B},z) \neq N\prod_p\left[\frac{p-1}{p}\right]\otimes N\prod_p\left[\frac{p-1}{p}\right]$

对于上面的两个实例，它们都有 $S(\mathcal{A}_1;\mathcal{B},z) \geqslant 0$，$S(\mathcal{A}_2;\mathcal{B},z) \geqslant 0$，故它们具有筛函数的积性，都可以运用筛函数的叠加原理进行运算。

在本书中，为了不引起混淆，我们把这种筛分过程称为叠加原理，但它们不是加法的运算。

§3.4 筛分过程

筛法是一种初等数论解析方法，一般来说都是使用渐近方式获得筛函数的值。因此，建立简洁而精确的筛函数不等式是解决筛函数主项和余项估计困难的一个有效途径。

下面我们来建立上述两个实例的筛分过程：

1. $N = p_1 + p_2$ 的问题

首先，取 $N = 46$，我们观察下面两个整数序列 $\mathcal{A}_1$ 和 $\mathcal{A}_2$，是否具有我们所要求的性质？

$\mathcal{A}_1$：1，2，3，4，5，6，7，8，9，10，11，…，45。

$\mathcal{A}_2$：45，44，43，42，41，40，39，38，37，36，35，…，1。

首先，我们不难判断，这两个整数序列皆是可筛序列。我们来建立如下的筛分思想：

（1）从 $\mathcal{A}_1$ 中分别筛去被 2、3、5 整除的元素，从 $\mathcal{A}_2$ 中筛去对应的元素。此时，两个整数序列所剩元素分别为：

$\mathcal{A}_1$：1，7，11，13，17，19，23，29，31，37，41，43。

$\mathcal{A}_2$：45，39，35，33，29，27，23，17，15，9，5，3。

（2）从 $\mathcal{A}_2$ 中筛去被 3 和 5 整除的元素，从 $\mathcal{A}_1$ 中筛去对应的元素。此时，两个整数序列剩下的元素分别为：

$\mathcal{A}_1$：17，23，29。

$\mathcal{A}_2$：29，23，17。

经过两次筛分，每个整数序列所剩元素个数为：

$$23-2\times\left[\frac{23}{3}\right]-2\times\left[\frac{23}{5}\right]+2\times\left[\frac{23}{15}\right]=3\text{（个）}$$

这就是说，46 起码有 $\left[\frac{3}{2}\right]$ 种表法表为两个素数之和。

为了使结果更加清楚一些，我们再看一个实例，取 $N=78$，建立整数序列 $\mathcal{A}_1$ 和 $\mathcal{A}_2$ 的筛分过程。

$\mathcal{A}_1$：0，1，2，3，4，5，6，7，8，9，10，11，…，77，78。

$\mathcal{A}_2$：78，77，76，75，74，73，72，71，70，69，68，67，…，1，0。

（1）由于 $78=2\times3\times13$，2 和 3 小于 $[78^{\frac{1}{2}}]=8$，$13>8$。从 $\mathcal{A}_1$、$\mathcal{A}_2$ 中直接筛除被 2 和 3 整除的元素后得到：

$\mathcal{A}_1$：1，5，7，11，13，17，19，23，…，77。

$\mathcal{A}_2$：77，73，71，67，65，61，59，55，…，1。

每个整数序列剩下元素个数为：

$$78-39-13=26=\varphi(6)\times13$$

（2）再从 $\mathcal{A}_1$ 中筛除被 5 和 7 整除的元素，并同时筛除在 $\mathcal{A}_2$ 中的对应元素后得到：

$\mathcal{A}_1$：1，11，13，17，19，23，29，31，37，41，43，47，…，73。

$\mathcal{A}_2$：77，67，65，61，59，55，49，47，41，37，35，31，…，5。

每个整数序列剩下的元素个数为：

$$26-\left[\frac{26}{5}\right]-\left[\frac{26}{7}\right]+\left[\frac{26}{35}\right]=18$$

（3）同样地，从 $\mathcal{A}_2$ 中筛除被 5 和 7 整除的元素，并同时筛除在 $\mathcal{A}_1$ 中的对应元素后得到：

$\mathcal{A}_1$：11，17，19，31，37，41，47，59，61，67。

$\mathcal{A}_2$：67，61，59，47，41，37，31，19，17，11。

值得注意的是，由于 $\mathcal{A}_1$ 和 $\mathcal{A}_2$ 中对应的两个元素是互素的，因此，这时从 $\mathcal{A}_2$ 中筛去的元素个数与上面从 $\mathcal{A}_1$ 中筛去的元素个数是一样的。于是，这时每个整数序列的元素个数为：

$$18-\left[\frac{26}{5}\right]-\left[\frac{26}{7}\right]+\left[\frac{26}{35}\right]=10$$

即 78 有 5 种不同的表法表为两个素数之和。

这里我们注意到，$26-2\times\left[\frac{26}{5}\right]-2\times\left[\frac{26}{7}\right]+2\times\left[\frac{26}{35}\right]=10$。

2. $p_1+2=p_2$ 的问题

同样，我们先来观察两个整数序列：

$\mathcal{A}_1$：1，2，3，4，5，6，7，8，9，…，45。

$\mathcal{A}_2$：　　　1，2，3，4，5，6，7，8，9，…，45。

两个整数序列筛除偶元素后变为：

$\mathcal{A}_1$：1，3，5，7，9，11，13，15，17，19，21，23，25，27，29，31，33，35，37，39，41，43，45。

$\mathcal{A}_2$：　　1，3，5，7，9，11，13，15，17，19，21，23，25，27，29，31，33，35，37，39，41，43，45。

每一个整数序列的元素个数为 23 个，但有效元素为 22 个。

（1）我们从整数序列 $\mathcal{A}_1$ 中分别筛去被 3 和 5 整除的元素，从 $\mathcal{A}_2$ 中筛去对应的元素，剩下的元素组成两个新的整数序列：

$\mathcal{A}_1$：1，7，11，13，17，19，23，29，31，37，41，43。

$\mathcal{A}_2$：　　5，9，11，15，17，21，27，29，35，39，41，43。

$\mathcal{A}_1$、$\mathcal{A}_2$ 中所剩元素个数各为：

$$(23-1)-\left[\frac{23}{3}\right]-\left[\frac{23}{5}\right]+\left[\frac{23}{15}\right]=12$$

这里减去“1”是因为在计算整数序列 $\mathcal{A}_1$ 时将 1 计算在内，又因为 $\mathcal{A}_1$ 中的元素 1 在 $\mathcal{A}_2$ 中没有对应元素，所以我们应减去 1（但是在后面的筛分计算过程中已经忽略）。

（2）根据定理 1.5，$\mathcal{A}_2$ 仍然是可筛整数序列。于是我们同样从 $\mathcal{A}_2$ 中筛去被 3 和 5 整除的元素和在 $\mathcal{A}_1$ 中的对应元素，剩下的元素组成两个整数序列：

$\mathcal{A}_1$：1，13，19，31，43。

$\mathcal{A}_2$：　11，17，29，41，43。

$\mathcal{A}_1$、$\mathcal{A}_2$ 中所剩元素个数各为：

$$(12-1)-\left[\frac{12}{3}\right]-\left[\frac{12}{5}\right]=5$$

值得注意的是，这里与前一个实例不同的是：第二步从 $\mathcal{A}_2$ 中筛去的个数与第一步从 $\mathcal{A}_1$ 中筛去的元素个数是不同的。

最后所得的两个整数序列的元素个数各为：

$$5-1=4$$

也就是说在［5，46］这个区间存在 4 对孪生素数。

§3.5　筛分不等式和主项、余项的估计

在筛分过程中，我们不难建立筛分不等式和对主项、余项进行估计。

首先，使用筛分集合中的全部元素 p_i 对第一个整数序列 $\mathcal{A}_1$ 进行筛分，并从第二个整数序列 $\mathcal{A}_2$ 中筛去对应元素。设 $P(N^{\frac{1}{2}})=\prod\limits_{\substack{i=1\\p_i\leqslant N^{\frac{1}{2}}}}p_i$，根据一重一元筛法中的结论即素数定理得出，整数序列 $\mathcal{A}_1$ 和 $\mathcal{A}_2$ 所剩元素个数皆为：

$$g_1(N)\geqslant\frac{N}{\log N}+o\left(\frac{1}{\log^2 N}\right)$$

根据定理 1.6，$\mathcal{A}_1$ 和 $\mathcal{A}_2$ 仍然是可筛整数序列。于是，我们再用筛分集合中的全部元素 p_i 对第二个整数序列 $\mathcal{A}_2$ 进行筛分，并筛去第一个整数序列 $\mathcal{A}_1$ 中的对应元素。根据叠加原理即引理 10，$\mathcal{A}_1$ 和 $\mathcal{A}_2$ 所剩元素个数 $g(N)$ 皆为：

$$g(N)\geqslant\frac{\left(\frac{N}{\log N}+o\left(\frac{N}{\log^2 N}\right)\right)}{\log N}$$

即 $$g(N) \geqslant \frac{cN}{\log^2 N} + o\left(\frac{N}{\log^3 N}\right)$$

即 $$g(N) \sim \frac{N}{\log^2 N} + o\left(\frac{N}{\log^3 N}\right)$$

由此可以看出，运用素数定理，使得筛法的主项和余项的估计非常简单和明了。这对我们简化主项、余项的计算起到了至关重要的作用。在后面的讨论中我们将不再一一表述。

现在我们来总结一下筛分过程，任意给定两个可筛整数序列，各个整数序列的元素个数均为 N 个。

（1）对第一个整数序列进行筛分 $N\prod\left[\frac{p-1}{p}\right]$，同时筛去第二个整数序列中的对应元素，则根据一重一元筛法的结论 1：$\pi(N) = \frac{N}{\log N} + o\left(\frac{1}{\log^2 N}\right)$，两个整数序列分别剩下的元素个数为：

$$N' = \frac{N}{\log N}$$

（2）再对第二个整数序列进行筛分 $N'\prod\left[\frac{p-1}{p}\right]$，同时筛去第一个整数序列中对应的元素，则根据引理 10，两个整数序列所剩的元素个数均为：

$$\frac{N}{\log^2 N}$$

（3）同样的道理，我们可以将此原理扩展到同类型的多重筛法情况。假设还有三个、四个、n 个整数序列，我们仍然可以对第三个、第四个、第 n 个整数序列进行筛分，得到的结果为：

$$\frac{N}{\log^3 N}, \frac{N}{\log^4 N}, \cdots, \frac{N}{\log^n N}$$

为了叙述方便和简洁，我们在下面的讨论中引入符号 $\prod\left[\frac{p-1}{p}\right]\otimes\prod\left[\frac{p-1}{p}\right]$，将这个筛分过程用下式表示：

$$\begin{aligned} S(\mathcal{A}_1, \mathcal{A}_2; \mathcal{B}, N^{\frac{1}{2}}) &= \sum 1 \\ &= N\prod\left[\frac{p-1}{p}\right]\otimes\prod\left[\frac{p-1}{p}\right]\otimes\prod\left[\frac{p-1}{p}\right]\cdots \end{aligned}$$

这里需要说明的是：

（1）$N\prod\left[\frac{p-1}{p}\right]$ 是指对整个函数求整数，而不是对 $\frac{p-1}{p}$ 求整数。例如 $N\prod_{p=7,5}\left[\frac{p-1}{p}\right]=N-\left[\frac{N}{5}\right]-\left[\frac{N}{7}\right]+\left[\frac{N}{35}\right]$。

（2）根据素数定理，我们这里使用的 $N\prod\left[\frac{p-1}{p}\right]>\frac{N}{\log N}$，而不是 $N\prod\left[\frac{p-1}{p}\right]=\frac{N}{\log N^{\frac{1}{2}}}$。

（3）符号 $\otimes$ 与 $\times$ 相似但不相同。$\otimes$ 表示的是两个事件的重复或叠加，而不是两个数字直接相乘。

于是我们有了多重筛法筛函数的性质：

① $S(\mathcal{A};\mathcal{B},2)=|\mathcal{A}|$。

② $S(\mathcal{A};\mathcal{B},z)\geqslant 0$。

③ $S(\mathcal{A};\mathcal{B},z_1)\geqslant S(\mathcal{A};\mathcal{B},z_2)$，$2\leqslant z_1\leqslant z_2$。

④叠加原理（积性性质）。在多重筛法的筛分过程中，对于所有 i 都有 $S(\mathcal{A}_i;\mathcal{B},z)\geqslant 0$，则 $S(\mathcal{A}_1,\mathcal{A}_2,\mathcal{A}_3,\cdots,\mathcal{A}_n;\mathcal{B},z)=N\prod_{i=1}^{n}S(\mathcal{A}_i;\mathcal{B},z)$。

我们将筛函数的这种乘法运算（运算符号为$\otimes$）称为叠加原理。

⑤当 $\mathcal{A}_1$ 与 $\mathcal{A}_2$ 相同，且 $\mathcal{B}$ 也相同时，则有：

$$S(\mathcal{A}_1,\mathcal{A}_2;\mathcal{B},z_1)=N\prod\left[\frac{p-1}{p}\right]\otimes\prod\left[\frac{p-1}{p}\right]=N\prod\left[\frac{p-1}{p}\right]^2$$

那么，对于 $N=p_1+p_2$ 问题有下面的筛分不等式：

$$\begin{aligned}
S(\mathcal{A}_1,\mathcal{A}_2;\mathcal{B},N^{\frac{1}{2}}) &= \sum_{\substack{a_1+a_2=N,a_1\in\mathcal{A}_1,a_2\in\mathcal{A}_2\\(a_1a_2,P(N^{\frac{1}{2}}))=1,a_1\nmid N,a_2\nmid N}} 1\\
&\geqslant \varphi(N)\prod_{\substack{i=1\\p_i\in P(N^{\frac{1}{2}})\\p_i\nmid N}}^{n}\left[\frac{p_i-1}{p_i}\right]\otimes\prod_{\substack{i=1\\p_i\in P(N^{\frac{1}{2}})\\p_i\nmid N}}^{n}\left[\frac{p_i-1}{p_i}\right]\\
&= N\prod_{\substack{i=1\\p_i\in P(N^{\frac{1}{2}})}}^{n}\left[\frac{p_i-1}{p_i}\right]\otimes\prod_{\substack{i=1\\p_i\in P(N^{\frac{1}{2}})}}^{n}\left[\frac{p_i-1}{p_i}\right]\\
&= N\prod_{\substack{i=1\\p_i\in P(N^{\frac{1}{2}})}}^{n}\left[\frac{p_i-1}{p_i}\right]^2
\end{aligned}$$

这里 $P(N^{\frac{1}{2}}) = \prod_{\substack{i=1 \\ p_i \leqslant N^{\frac{1}{2}}}}^{n} p_i$。

同样，对于 $p_1 + 2 = p_2$ 问题有下面的筛分不等式：

$$S(\mathcal{A}_1, \mathcal{A}_2; \mathcal{B}, N^{\frac{1}{2}}) = \sum_{\substack{a_1 + 2 = a_2, \\ a_1 \in \mathcal{A}_1, a_2 \in \mathcal{A}_2 \\ (a_1 a_2, P(N^{\frac{1}{2}})) = 1}} 1$$

$$\geqslant \frac{1}{2} N \prod_{\substack{i=1 \\ p_i \in P(N^{\frac{1}{2}})}}^{n} \left[\frac{p_i - 1}{p_i}\right] \otimes \prod_{\substack{i=1 \\ p_i \in P(N^{\frac{1}{2}})}}^{n} \left[\frac{p_i - 1}{p_i}\right]$$

即 $S(\mathcal{A}_1, \mathcal{A}_2; \mathcal{B}, N^{\frac{1}{2}}) = \sum_{\substack{a_1 + 2 = a_2, \\ a_1 \in \mathcal{A}_1, a_2 \in \mathcal{A}_2 \\ (a_1 a_2, P(N^{\frac{1}{2}})) = 1}} 1$

$$\geqslant N \prod \left[\frac{p - 1}{p}\right] \otimes \prod \left[\frac{p - 1}{p}\right]$$

$$\geqslant N \prod \left[\frac{p - 1}{p}\right]^2$$

$$\geqslant \frac{cN}{\log^2 N} + o\left(\frac{N}{\log^3 N}\right)$$

在二重一元筛法中，由于我们是对两个整数序列进行筛分，可能存在一列元素同素的问题。例如，在对 $N = p_1 + p_2$ 的问题进行筛分中，设 $N = 100$，$\mathcal{A}_1 = \{n\}$，$\mathcal{A}_2 = \{N - n\}$，即

$\mathcal{A}_1$：1，3，5，7，9，11，13，15，17，19，21，23，25，…

$\mathcal{A}_2$：99，97，95，93，91，89，87，85，83，81，79，77，75，…

$\mathcal{A}_1$ 中被 5 整除的元素与 $\mathcal{A}_2$ 中对应的元素就存在同素于 5 的情况。在这种情况下，当用筛分集合中的 5 对 $\mathcal{A}_1$ 进行筛分时，同时筛去了 $\mathcal{A}_2$ 中被 5 整除的元素；当用元素 5 对 $\mathcal{A}_2$ 进行筛分时，再一次被筛去了。这样一来便重复筛了一次。因此，必须冲减重复筛分的元素。于是，我们得出下面的定理 3.1。

定理 3.1：消除同素原理。任意给定两个整数序列 $\mathcal{A}_1$、$\mathcal{A}_2$，设 $a \subset \mathcal{A}_1$，$b \subset \mathcal{A}_2$，若在两个整数序列中的某一列元素存在 $a \equiv b \pmod{p}$，则在计算筛分结果时，应乘以：

$$\prod \frac{p - 1}{p - 2} \tag{3.1}$$

证明：在对 $\mathcal{A}_1$ 进行筛分时已经将 $\mathcal{A}_2$ 中的被素数 p 整除的元素全部筛去，即剩余元素为 $\frac{p-1}{p}N$ 个，在对 $\mathcal{A}_2$ 进行筛分时又筛一次，剩余元素为 $\frac{p-2}{p}N$ 个，故必须减去重复筛去的部分。由于 $\frac{p-1}{p}=\frac{p-2}{p}\frac{p-1}{p-2}$，故在求所剩元素个数时，上式右边应该乘以 $\frac{p-1}{p-2}$。

定理证毕。

我们把这种操作方法称为消除同素原理。值得注意的是，这里所述的“p”仅指奇素数。

§3.6　二重一元筛法的应用

现在，我们可以完整地表述一下前面两个应用问题。

（1）对于任意一个充分大的偶数 N，均可以表示为两个素数之和。

（2）存在无穷多的素数 p，使得 $p+2$ 亦为素数。

§3.6.1　Goldbach 问题

Goldbach 问题是一个经典的数论问题。德国数学家 Goldbach 在分析整数分拆时发现每一个偶数都能表示为两个素数之和，他想给出一个证明，却没有成功。于是在 1742 年 6 月 7 日，他写信给 Euler：

（1）每一个偶数是两个素数之和。

（2）每一个奇数是一个或三个素数之和。

Euler 对此确信无疑，说这是一个完全正确的定理，但他也证明不了。于是人们便称为 Goldbach 猜想。

在 1920 年前后，挪威数学家 Brown 运用自己改进的筛法——Brown 筛法对此进行证明：

每一个偶数等于两个数之和，这两个数的每一个数的素因子不超过 9 个，简表为（9 +9）。即每一个偶数可表示为两个殆素数之和。殆素数是指素因子个数很少或在一个很小的范围的情况。

从此，Goldbach 猜想的研究进入了一个殆素数时期。命题的表述为：

对于一个充分大的偶数均能表示为两个殆素数之和。

在此期间，数学家们做了大量的工作，将筛法等数论分析工具和解析数论理论发展到了新的阶段，对 Goldbach 猜想的证明也达到了一个高度：

1924 年，德国数学家拉特马赫证明了“7 +7”；

1932 年，英国数学家埃斯特曼证明了“6 +6”；

1937 年，意大利数学家蕾西证明了“5 +7”“4 +9”“3 +15”“2 +366”；

1938 年，苏联数学家布赫夕太勃证明了“4 +4”；

1948 年，匈牙利数学家瑞尼证明了“1 + c”，其中 c 是一个很大的自然数；

1956—1957 年，中国数学家王元证明了“3 +4”“2 +3”；

1962 年，中国数学家潘承洞、苏联数学家巴尔巴恩各自独立证明了“1 +5”；

1962 年，中国数学家王元证明了“1 +4”；

1965 年，苏联数学家布赫夕太勃与小维诺格拉多夫，以及意大利数学家朋比利证明了“1 +3”；

1966 年，中国数学家陈景润证明了“1 +2”。

这就是人们常说的 Goldbach 猜想研究的一个辉煌的历史过程。

下面我们运用二重筛法予以讨论。

定理 3.2：任何一个充分大的偶数都能够表示为两个素数之和。如果设 N 为任意给定的一个充分大的偶数，p' 和 p'' 为素数，且 $N^{\frac{1}{2}} \leqslant p', p'' < N$，设 $g(n)$ 为 $N = p' + p''$ 的各不相同表示方法的个数，则有：

$$g(n) \geqslant \frac{cN}{2\log^2 N} + o\left(\frac{N}{\log^3 N}\right) \tag{3.2}$$

其中 $c = \prod\limits_{\substack{p_0 < N^{\frac{1}{2}} \\ p_0 \mid N}} \frac{p_0 - 1}{p_0 - 2}$。

证明：设 $P(N^{\frac{1}{2}}) = \prod\limits_{3 \leqslant p \leqslant N^{\frac{1}{2}}} p$，$N = \prod p_0$。

给出两个整数序列：

$\mathcal{A}_1$：1，2，3，4，…，$N-1$。

$\mathcal{A}_2$：$N-1$，$N-2$，$N-3$，$N-4$，…，1。

实际 $\mathcal{A}_1$ 和 $\mathcal{A}_2$ 都是自然数序列，只是 $\mathcal{A}_2$ 将一个自然数序列的次序颠倒了而已。根据定理 1. 1，它们是可筛整数序列。

筛分集合：$\mathcal{B} = \{p : p < z\}$ ，$\mathcal{B}_k = \{p : p < z, p \nmid N\}$ ，它们都具有筛分集合的最基本性质。

筛函数：

$$S(\mathcal{A}_1, \mathcal{A}_2; \mathcal{B}, N^{\frac{1}{2}}) = \sum_{\substack{a_1 + a_2 = N, a_1 \in \mathcal{A}_1, a_2 \in \mathcal{A}_2 \\ (a_1 a_2, P(N^{\frac{1}{2}})) = 1, a_1 \nmid N, a_2 \nmid N}} 1$$

筛分过程：首先，使用筛分集合 $P(N^{\frac{1}{2}})$ 对 $\mathcal{A}_1$ 进行筛分，并筛去第二个整数序列 $\mathcal{A}_2$ 中对应的元素，根据定理 2. 1，这时 $\mathcal{A}_1$ 、$\mathcal{A}_2$ 中的元素个数 $g(N)'$ 均为：

$$g(N)' \geqslant N \prod_{p_i < N^{\frac{1}{2}}} \left[\frac{p_i - 1}{p_i}\right]$$

即
$$g(N)' \geqslant \frac{N}{2\log N^{\frac{1}{2}}} + o\left(\frac{N}{\log^2 N}\right)$$

$$g(N)' \geqslant \frac{N}{\log N} + o\left(\frac{N}{\log^2 N}\right)$$

实际上，这就是定理 2. 1 的结果。

再根据定理 1. 6，在可筛整数序列 $\mathcal{A}_2$ 中减去有限个整数序列 $p_j n + b_j$，所剩元素组成的整数序列 $\mathcal{A}_2$ 仍然是可筛整数序列。于是我们可以使用筛分集合 $\mathcal{B}_k = \{p : p < z, p \nmid N\}$ 对 $\mathcal{A}_2$ 进行筛分，并筛去 $\mathcal{A}_1$ 中对应的元素，根据引理 10，这时 $\mathcal{A}_1$ 、$\mathcal{A}_2$ 中的元素个数 $g(N)$ 均为：

$$g(N) \geqslant g(N)' \prod_{\substack{p_i < N^{\frac{1}{2}} \\ p_i \neq p_0}} \left[\frac{p_i - 1}{p_i}\right]$$

即
$$g(N) \geqslant N \prod_{p_i < N^{\frac{1}{2}}} \left[\frac{p_i - 1}{p_i}\right] \otimes \prod_{\substack{p_i < N^{\frac{1}{2}} \\ p_i \neq p_0}} \left[\frac{p_i - 1}{p_i}\right]$$

这里我们必须注意，如果在上式 $\prod_{\substack{p_i < N^{\frac{1}{2}} \\ p_i \neq p_0}} \left[\frac{p_i - 1}{p_i}\right]$ 中删去条件 $p_i \neq p_0$ ，根据定理 3. 1 应该乘以一个系数 $\prod_{\substack{p_0 < N^{\frac{1}{2}} \\ p_0 \mid N}} \frac{p_0 - 1}{p_0 - 2}$ 。这是因为在对第一个整数序列 $\mathcal{A}_1$ 进

行筛分时，已经将第二个整数序列 $\mathcal{A}_2$ 中的被 $p_0 < N^{\frac{1}{2}}$ 整除的元素全部筛去，故在对第二个整数序列 $\mathcal{A}_2$ 进行筛分时，它已经没有被 $p_0 < N^{\frac{1}{2}}$ 整除的元素了。也就是重复筛去一遍被 $p_0 < N^{\frac{1}{2}}$ 整除的元素。例如 $p_0 \mid N$，在对 $\mathcal{A}_1$ 进行筛分时筛去一遍，那么在对 $\mathcal{A}_2$ 进行筛分时又筛去一遍。在第一次筛分时，它所剩元素个数为 N'；在第二次筛分时，每 $p-1$ 个元素中再减去一个，则所剩元素个数为 $N'\left(\frac{p-2}{p-1}\right)$。所以，我们在对 $\mathcal{A}_2$ 进行筛分时，上式的右边应该乘以一个系数 $\prod\limits_{\substack{p_0 < N^{\frac{1}{2}} \\ p_0 \mid N}} \frac{p_0 - 1}{p_0 - 2}$，即：

$$g(N) \geqslant N \prod_{\substack{p_0 < N^{\frac{1}{2}} \\ p_0 \mid N}} \frac{p_0 - 1}{p_0 - 2} \prod_{p_i < N^{\frac{1}{2}}} \left[\frac{p_i - 1}{p_i}\right] \otimes \prod_{p_i < N^{\frac{1}{2}}} \left[\frac{p_i - 1}{p_i}\right]$$

$$g(N) \geqslant cN \prod_{p_i < N^{\frac{1}{2}}} \left[\frac{p_i - 1}{p_i}\right] \otimes \prod_{p_i < N^{\frac{1}{2}}} \left[\frac{p_i - 1}{p_i}\right]$$

根据叠加原理：

$$g(N) \geqslant cN \prod_{p_i < N^{\frac{1}{2}}} \left[\frac{p_i - 1}{p_i}\right]^2$$

其中 $c = \prod\limits_{\substack{p_0 < N^{\frac{1}{2}} \\ p_0 \mid N}} \frac{p_0 - 1}{p_0 - 2}$。

这里计算的是每个整数序列中所剩元素个数，我们计算 $p_1 + p_2 = N$ 的素数对时应该是：

$$g(N) \geqslant \frac{cN}{2} \prod_{p_i < N^{\frac{1}{2}}} \left[\frac{p_i - 1}{p_i}\right] \otimes \prod_{p_i < N^{\frac{1}{2}}} \left[\frac{p_i - 1}{p_i}\right]$$

其中 $c = \prod\limits_{\substack{p_0 < N^{\frac{1}{2}} \\ p_0 \mid N}} \frac{p_0 - 1}{p_0 - 2}$。

于是，依据前面的讨论，我们有：

$$S(\mathcal{A}_1, \mathcal{A}_2; \mathcal{B}, N^{\frac{1}{2}}) = \sum_{\substack{a_1 + a_2 = N, a_1 \in \mathcal{A}_1, a_2 \in \mathcal{A}_2 \\ (a_1 a_2, P(N^{\frac{1}{2}})) = 1, a_1 \nmid N, a_2 \nmid N}} 1$$

$$\geqslant \frac{1}{2}N \prod_{\substack{i=1 \\ p_i \in P(N^{\frac{1}{2}})}}^{n} \left[\frac{p_i - 1}{p_i}\right]^2$$

$$\geqslant \frac{cN}{2} \prod_{p_i < N^{\frac{1}{2}}} \left[\frac{p_i - 1}{p_i}\right] \otimes \prod_{p_i < N^{\frac{1}{2}}} \left[\frac{p_i - 1}{p_i}\right]$$

其中 $c = \prod\limits_{\substack{p_0 < N^{\frac{1}{2}} \\ p_0 \mid N}} \frac{p_0 - 1}{p_0 - 2}$。

即 $$S(\mathcal{A}_1, \mathcal{A}_2; \mathcal{B}, N^{\frac{1}{2}}) \geqslant \frac{cN}{2} \prod_{p_i < N^{\frac{1}{2}}} \left[\frac{p_i - 1}{p_i}\right] \otimes \prod_{p_i < N^{\frac{1}{2}}} \left[\frac{p_i - 1}{p_i}\right]$$

由于 $$N \prod \left[\frac{p - 1}{p}\right] \sim \frac{N}{\log N}, \prod \left[\frac{p - 1}{p}\right] \sim \frac{1}{\log N}$$

即 $$S(\mathcal{A}_1, \mathcal{A}_2; \mathcal{B}, N^{\frac{1}{2}}) \geqslant \frac{cN}{2\log^2 N} + o\left(\frac{N}{\log^3 N}\right)$$

其中 $c = \prod\limits_{\substack{p_0 < N^{\frac{1}{2}} \\ p_0 \mid N}} \frac{p_0 - 1}{p_0 - 2}$。

即 $$S(\mathcal{A}_1, \mathcal{A}_2; \mathcal{B}, N^{\frac{1}{2}}) \geqslant \frac{cN}{2} \prod_{p_i < N^{\frac{1}{2}}} \left[\frac{p_i - 1}{p_i}\right] \otimes \prod_{p_i < N^{\frac{1}{2}}} \left[\frac{p_i - 1}{p_i}\right]$$

$$\geqslant \frac{c}{2} \frac{\frac{N}{\log N} + o\left(\frac{N}{\log^2 N}\right)}{\log N}$$

$$> \frac{cN}{2\log^2 N} + o\left(\frac{N}{\log^3 N}\right)$$

可见，当 $N \to \infty$时，$S(\mathcal{A}_1, \mathcal{A}_2; \mathcal{B}, N^{\frac{1}{2}}) \to \infty$。

定理证毕。

我们通过验算可以看到，结果虽然不够精确，但是正确的。如表 3－1 所示。

表 3－1　　$N = p' + p''$的实际表法个数与计算结果对照表

N	$g(n) = \frac{cN}{2\log^2 N}$	实际 (p_1, p_2) 个数
100	3	6
1000	13	28
10000	78	128

其中 $c = \frac{4}{3}$。

§3.6.2　孪生素数问题

素数间距是指自然数序列中两个相邻素数的距离。1849 年，法国数学家 Alphonse de Polignac 提出了一般性的问题：

对于所有自然数 k，存在无穷多个素数对 $(p,p+2k)$。

1900 年，Hilbert 在国际数学家大会上将这个一般性问题作为第八个问题正式提出，并将其称为 Hilbert 第八问题：

存在无穷多的素数 p，使得 $p+2$ 是素数，素数对 $(p,p+2)$ 被称为孪生素数。

这种孪生素数对有多少呢？这是我们下面讨论的问题。

定理 3.3：存在无穷多对素数组：$p'+2=p''$。

设 p' 和 p'' 均为素数，且 $N^{\frac{1}{2}} \leqslant p',p'' < N$，$N$ 为充分大的偶数，$l(N)$ 为各不相同的小于 N 的 $p'+2=p''$ 素数对个数，则有：

$$l(N) \geqslant \frac{N}{\log^2 N} + o\left(\frac{N}{\log^3 N}\right) \tag{3.3}$$

证明：设 $P(N^{\frac{1}{2}}) = \prod_{2 \leqslant p \leqslant N^{\frac{1}{2}}} p$。

整数序列：设给定的正整数为 N，给出两个整数序列：

$\mathcal{A}_1$：1，2，3，4，5，6，7，8，9，10，11，12，13，14，15，…，N。

$\mathcal{A}_2$：　　1，2，3，4，5，6，7，8，9，10，11，12，13，15，…，N。

两个整数序列的有效长度应该是 $N-2$，即有 $N-2$ 组元素对。每个整数序列的元素个数应记为 $N-2$ 个，但为了叙述和书写方便简洁，我们仍然记为 $(N-2 \sim N)$ N 个。而实际上，我们可以将两个整数序列表述为：

$\mathcal{A}_1$：3，4，5，6，7，8，9，10，11，12，13，14，15，…，N。

$\mathcal{A}_2$：1，2，3，4，5，6，7，8，9，10，11，12，13，…，$N-2$。

在后面的 n 生素数组等其他各种问题的讨论分析中均默认为 N 个。

根据定理 1.1，上述整数序列是可筛整数序列。

筛分集合：$\mathcal{B} = \{p : p < z\}$

筛函数：$S(\mathcal{A}_1,\mathcal{A}_2;\mathcal{B},N^{\frac{1}{2}}) = \sum\limits_{\substack{a_1+2=a_2,\\ a_1\in\mathcal{A}_1,a_2\in\mathcal{A}_2\\ (a_1a_2,P(N^{\frac{1}{2}}))=1}} 1$

筛分过程：先使用筛分集合 $P(N^{\frac{1}{2}}) = \prod\limits_{2\leqslant p\leqslant N^{\frac{1}{2}}} p$，从 $\mathcal{A}_1$ 中筛去被筛分集合中的元素整除的元素，并筛去在 $\mathcal{A}_2$ 中的对应元素，则每个整数序列中所剩的元素个数 $g(N)'$ 为：

$$g(N)' \geqslant N\prod_{\substack{i=1\\ p_i\in P(N^{\frac{1}{2}})}}^{n}\left[\frac{p_i-1}{p_i}\right]$$

根据定理 2. 1 得到：

$$g(N)' \geqslant \frac{N}{\log N}+o\left(\frac{N}{\log^2 N}\right)$$

然后，根据定理 1. 6 和定理 1. 8，$\mathcal{A}_1$ 和 $\mathcal{A}_2$ 分别减去了 n 个 mp_i 和 mp_i+2n 的算数级数，$\mathcal{A}_1$ 和 $\mathcal{A}_2$ 仍然是可筛整数序列。于是，我们再次使用筛分集合 $P(N^{\frac{1}{2}}) = \prod\limits_{2\leqslant p\leqslant N^{\frac{1}{2}}} p$，在 $\mathcal{A}_2$ 中筛去被筛分集合中的元素整除的元素，并筛去在 $\mathcal{A}_1$ 中的对应元素。这里要注意，经过第一次筛分后，第二个整数序列已经没有偶数元素了，所以这时在计算所剩元素个数时必须乘以 $\frac{p-1}{p-2}$，当 $p=2$ 时，即乘以 1。如此通过对第二个整数序列筛分，根据引理 10，则每个整数序列中所剩的元素个数 $g(N)$ 为：

$$g(N) \geqslant N\prod_{\substack{i=1\\ p_i\in P(N^{\frac{1}{2}})}}^{n}\left[\frac{p_i-1}{p_i}\right]\otimes\prod_{\substack{i=1\\ p_i\in P(N^{\frac{1}{2}})}}^{n}\left[\frac{p_i-1}{p_i}\right]$$

即孪生素数对为：

$$l(N) \geqslant N\prod_{\substack{i=1\\ p_i\in P(N^{\frac{1}{2}})}}^{n}\left[\frac{p_i-1}{p_i}\right]\otimes\prod_{\substack{i=1\\ p_i\in P(N^{\frac{1}{2}})}}^{n}\left[\frac{p_i-1}{p_i}\right]$$

由于整数序列 $\mathcal{A}_2$ 与 $\mathcal{A}_1$ 是相同的，根据叠加原理和定理 2. 1 则有：

$$l(N) \geqslant N\left[\frac{1}{\log N}\right]\otimes\left[\frac{1}{\log N}\right]$$

即

$$S(\mathcal{A}_1,\mathcal{A}_2;\mathcal{B},N^{\frac{1}{2}}) = \sum_{\substack{a_1+2=a_2,\\ a_1\in\mathcal{A}_1,a_2\in\mathcal{A}_2\\ (a_1a_2,P(N^{\frac{1}{2}}))=1}} 1$$

$$\geqslant N \prod_{\substack{i=1 \\ p_i \in P(N^{\frac{1}{2}})}}^{n} \left[\frac{p_i - 1}{p_i}\right] \otimes \prod_{\substack{i=1 \\ p_i \in P(N^{\frac{1}{2}})}}^{n} \left[\frac{p_i - 1}{p_i}\right]$$

即
$$S(\mathcal{A}_1, \mathcal{A}_2; \mathcal{B}, N^{\frac{1}{2}}) = \sum_{\substack{a_1+2=a_2, \\ a_1 \in \mathcal{A}_1, a_2 \in \mathcal{A}_2 \\ (a_1a_2, P(N^{\frac{1}{2}}))=1}} 1$$

$$\geqslant \frac{\frac{N}{\log N} + o\left(\frac{N}{\log^2 N}\right)}{\log N}$$

$$\geqslant \frac{N}{\log^2 N} + o\left(\frac{N}{\log^3 N}\right)$$

即
$$l(N) \geqslant \frac{N}{\log^2 N} + o\left(\frac{N}{\log^3 N}\right)$$

从上式可以看出，当 $N \to \infty$时，$l(N) \to \infty$。

定理证毕。

资料显示：

10^4 以内的孪生素数对为：205，我们的计算结果为：117；

10^5 以内的孪生素数对为：1224，我们的计算结果为：754；

10^6 以内的孪生素数对为：8169，我们的计算结果为：5239；

10^7 以内的孪生素数对为：58980，我们的计算结果为：38492；

10^8 以内的孪生素数对为：440312，我们的计算结果为：294705；

10^{10} 以内的孪生素数对为：27412679，我们的计算结果为：18861169；

10^{13} 以内的孪生素数对为：15834664872，我们的计算结果为：11164452383。

从上面的结果可以看出，我们的估计是比较接近的。

§3.6.3　$p' + 2k = p''$的问题

把上面的问题推而广之：是否也存在无穷多的素数对，它们的相邻间距为 $2k$，其中 $k > 2$ 呢？

Hardy – Littlewood 猜想：小于 n 且相差偶数 k 的素数对的个数 $P(n)$ 为：

$$P(n) \sim \frac{2cn}{(\ln n)^2} \prod_{p \mid k} \frac{p-1}{p-2}$$

而我们的计算结果几乎与 Hardy 和 Littlewood 的猜想相近。可想前辈数学家们的数学思想是多么敏锐。

定理 3.4：给定一个偶数 $2k$，存在无穷多个素数对：

$$p' + 2k = p''$$

这里 p'、p''为素数，且 $N^{\frac{1}{2}} \leqslant p', p'' < N$，$(p'p'', k) = 1$。如果用 $l(N)$ 表示各不相同的 $p' + 2k = p''$ 素数对个数，则有：

$$l(N) \geqslant \frac{P(2k)N}{\log^2 N} \tag{3.4}$$

这里 $P(2k) = \prod_{\substack{2 \leqslant p_i \mid k \\ p_i \leqslant N^{\frac{1}{2}}}} \frac{p_i - 1}{p_i - 2}$，$p_i$ 为 $2k$ 的素数因子。例如 $k = 18$ 时，$P(2k) = 2$。

证明：设 $P(N^{\frac{1}{2}}) = \prod_{2 \leqslant p_i \leqslant N^{\frac{1}{2}}} p_i$，其 p_i 的个数为 n 个，$P(2k) = \prod_{\substack{2 \leqslant p_i \mid k \\ p_i \leqslant N^{\frac{1}{2}}}} \frac{p_i - 1}{p_i - 2}$。

整数序列：以 $2k = 18$ 为例给定两个整数序列：

$\mathcal{A}_1$：1，2，3，4，5，6，…，m，…，$N-18$。

$\mathcal{A}_2$：19，20，21，22，23，24，…，$m+18$，…，N。

根据定理 1.1，上述两个整数序列是可筛整数序列。

我们仍然默认每个整数序列的元素个数为 N 个。

筛分集合：$\mathcal{B} = \{p : p < z\}$，$\mathcal{B}_k = \{p : p < z, p \nmid 2k\}$

筛函数：$S(\mathcal{A}_1, \mathcal{A}_2; \mathcal{B}, N^{\frac{1}{2}}) = \sum_{\substack{a_1 + 2 = a_2, \\ a_1 \in \mathcal{A}_1, a_2 \in \mathcal{A}_2 \\ (a_1 a_2, P(N^{\frac{1}{2}})) = 1}} 1$

筛分过程：先使用筛分集合 $\mathcal{B} = \{p : p < z\}$ 对 $\mathcal{A}_1$ 进行筛分，并筛去 $\mathcal{A}_2$ 中对应的元素，每个整数序列所剩元素个数 $g(N)'$ 为：

$$g(N)' \geqslant N \prod_{\substack{i=1 \\ p_i \in P(N^{\frac{1}{2}})}}^{n} \left[\frac{p_i - 1}{p_i}\right]$$

根据定理 1.8 和定理 1.9，经过筛分后所剩元素组成的整数序列仍然是可筛整数序列。于是我们可以使用筛分集合 $\mathcal{B}_k = \{p : p < z, p \nmid 2k\}$ 对 $\mathcal{A}_2$ 进行筛分，并筛去 $\mathcal{A}_1$ 中对应的元素。注意，在对第一个整数序列筛分时已经筛去了第二个整数序列中被 p_i 整除的元素，故在计算整数序列所剩元素个数时应该

消除同素，即乘以 $\prod_{\substack{2\leqslant p_i \mid k \\ p_i\leqslant N^{\frac{1}{2}}}} \frac{p_i - 1}{p_i - 2}$。根据引理10，这时每个整数序列所剩元素个数 $g(N)$ 为：

$$g(N) \geqslant g(N)' \prod_{\substack{2\leqslant p_i \mid k \\ p_i\leqslant N^{\frac{1}{2}}}} \frac{p_i - 1}{p_i - 2} \prod_{\substack{i=1 \\ p_i \in P(N^{\frac{1}{2}})}}^{n} \left[\frac{p_i - 1}{p_i}\right]$$

即 $$g(N) \geqslant N \prod_{\substack{2\leqslant p_i \mid k \\ p_i\leqslant N^{\frac{1}{2}}}} \frac{p_i - 1}{p_i - 2} \prod_{\substack{i=1 \\ p_i \in P(N^{\frac{1}{2}})}}^{n} \left[\frac{p_i - 1}{p_i}\right] \otimes \prod_{\substack{i=1 \\ p_i \in P(N^{\frac{1}{2}})}}^{n} \left[\frac{p_i - 1}{p_i}\right]$$

即 $$S(\mathcal{A}_1, \mathcal{A}_2; \mathcal{B}, N^{\frac{1}{2}}) = \sum_{\substack{a_1+2k=a_2, \\ a_1\in \mathcal{A}_1, a_2\in \mathcal{A}_2 \\ (a_1a_2, P(N^{\frac{1}{2}}))=1 \\ (a_1a_2, k)=1}} 1$$

$$\geqslant P(2k)\frac{N}{\log^2 N} + o\left(\frac{1}{\log^3 N}\right)$$

即 $$l(N) \geqslant \frac{P(2k)N}{\log^2 N}$$

这里 $P(2k) = \prod_{\substack{2\leqslant p_i \mid k \\ p_i\leqslant N^{\frac{1}{2}}}} \frac{p_i - 1}{p_i - 2}$。

因此，当 $N \to \infty$时，$l(N) \to \infty$。

定理证毕。

为什么要乘以系数 $P(2k)$ 呢？因为 $2k$ 的小于 $N^{\frac{1}{2}}$ 的素因子在第一个整数序列中被筛去时，对应于第二个整数序列中的同类元素全部被筛除；在对第二个整数序列筛分时又重复筛去一次，故应乘以系数 $P(2k)$，以减去重复筛去的元素个数。而 $2k$ 中大于 $N^{\frac{1}{2}}$ 的 p_j 不需考虑，因为若两个整数序列中相对应的两个元素都被 p_j 整除，则只有两种情况：或 $N = p_j + p_j$，或二者之一被 $P(N^{\frac{1}{2}}) = \prod_{2\leqslant p_i\leqslant N^{\frac{1}{2}}} p_i$ 中元素筛除。根据定理3.1，必须消除同素。

例如，我们取 $k = 9$，当 $N = 2000$ 时，计算结果为69个，而实际个数为116个；当 $N = 5000$ 时，我们计算的结果是137个，而实际的素数对是231个；当 $N = 10000$ 时，我们计算的结果是235个，而实际是408个。如表3－2所示。

表 3－2　　在不同 k 值下 $p'+2k=p''$ 的实际个数与计算结果对照表

	N	$\frac{P(2k)N}{\log^2 N}$	$l(N)$
取 $k=9$	2000	69	116
	5000	137	231
	10000	235	408
取 $k=5$	2000	46	82
	5000	91	161
	10000	157	267
取 $k=3$	2000	69	127
	5000	137	239
	10000	235	405

从定理 3.4，我们不难推出：

定理 3.5：任意给定一个充分大的偶数 $2k$，总可以表述为两素数之差；而且其表法个数无穷。

定理 3.6：设 N 为充分大的整数。当 p_1、$p_2 \leqslant N$ 时，m 为给定的偶整数，$3 \nmid m$。孪生素数组（$p_1=mk+1$，$p_2=mk+3$）个数无穷。若以 $X(N)$ 表示 $\leqslant N$ 的孪生素数组（$p_1=mk+1$，$p_2=mk+3$）的个数，则有：

$$X(N) \sim \prod_{p_j \mid m} \frac{p_j-1}{p_j-2} \frac{N}{\log^2 N} + o\left(\frac{N}{\log^3 N}\right) \tag{3.5}$$

证明：给定下面两个整数序列。

$\mathcal{A}_1$：$1, m+1, 2m+1, \cdots$

$\mathcal{A}_2$：$3, m+3, 2m+3, \cdots$

可知，每个整数序列都是可筛的。每个整数序列中的元素不含有被 m 的素因子整除的元素。

筛分集合：$\mathcal{B}=\{p_i : 3<p_i<N^{\frac{1}{2}}, p_i \nmid m\}$

或
$$P(N^{\frac{1}{2}}) = \prod_{\substack{p_i<N^{\frac{1}{2}} \\ p_i \nmid m}} p_i$$

筛函数：$\mathcal{S}(\mathcal{A}_1,\mathcal{A}_2;\mathcal{B},N^{\frac{1}{2}})=\sum_{\substack{mk+1=a_1,mk+3=a_2,\\ a_1\in\mathcal{A}_1,a_2\in\mathcal{A}_2,\\ (a_1a_2,P(N^{\frac{1}{2}}))=1\\ a_i<N}}1$

筛分过程：我们先对整数序列 $\mathcal{A}_1$ 进行筛分，并筛去整数序列 $\mathcal{A}_2$ 中对应的元素。根据定理 2.2，若以 $X_1(N)$ 表示各个整数序列筛分后的元素个数，则 $X_1(N)$ 为：

$$
\begin{aligned}
X_1(N) &= \mathcal{S}(\mathcal{A}_1;\mathcal{B},N^{\frac{1}{2}})\,\mathcal{S}(\{n:n\leqslant N\};\mathcal{B},N^{\frac{1}{2}})\\
&= \sum_{\substack{mk+1=a_1,\\ (a_1,P(N^{\frac{1}{2}}))=1\\ 2\nmid a_1,3\nmid a_1}}1\\
&\sim \frac{N}{\varphi(m)\log(N)}+o\left(\frac{N}{\log^2 N}\right)
\end{aligned}
$$

即
$$X_1(N)\sim\frac{N}{\varphi(m)\log(N)}+o\left(\frac{N}{\log^2 N}\right)$$

也就是说每个整数序列所剩元素个数约为 $\dfrac{N}{\varphi(m)\log(N)}$ 个。

根据定理 1.8，所剩元素构成的整数序列依然是可筛整数序列。于是，我们在对 $\mathcal{A}_2$ 进行筛分时并筛去整数序列 $\mathcal{A}_1$ 中的对应元素。根据引理 10 和定理 3.1，这时，若以 $X(N)$ 表示各个整数序列筛分后的元素个数，则有：

$$
\begin{aligned}
X(N) &\sim \prod_{p_j\mid m}\frac{p_j-1}{p_j-2}\frac{X_1(N)}{\log N}\sim\prod_{p_j\mid m}\frac{p_j-1}{p_j-2}\left(\frac{\dfrac{N}{2\log N}}{\log N}\right)+o\left(\frac{\dfrac{N}{\log^2 N}}{\log N}\right)\\
&=\prod_{p_j\mid m}\frac{p_j-1}{p_j-2}\frac{N}{\log^2 N}+o\left(\frac{N}{\log^3 N}\right)
\end{aligned}
$$

即
$$X(N)\sim\prod_{p_j\mid m}\frac{p_j-1}{p_j-2}\frac{N}{\log^2 N}+o\left(\frac{N}{\log^3 N}\right)$$

此时各个整数序列的所剩元素个数约为 $\prod_{p_j\mid m}\dfrac{p_j-1}{p_j-2}\dfrac{N}{\log^2 N}$ 个。

当 $N\to\infty$ 时，$X(N)\to\infty$。

定理证毕。

例如，当 $m=10$ 时，$X(N)\sim\dfrac{4}{3}\dfrac{N}{\log^2 N}+o\left(\dfrac{N}{\log^3 N}\right)$。

定理 3.7：设 N 为充分大的整数。当 p_1、$p_2 \leqslant N$ 时，存在无穷多个孪生素数组（$p_1 = 6k-1, p_2 = 6k+1$）。若以 $X(N)$ 表示 p_1、$p_2 \leqslant N$ 的孪生素数组（$p_1 = 6k-1, p_2 = 6k+1$）的个数，则 $X(N)$ 为：

$$X(N) = \frac{N}{\log^2 N} + o\left(\frac{N}{\log^3 N}\right) \tag{3.6}$$

证明：

给定下面两个整数序列：

$\mathcal{A}_1$：5，11，17，23，29，35，41，…

$\mathcal{A}_2$：7，13，19，25，31，37，43，…

可知，每一个整数序列均是算术级数整数序列，且是可筛的。两个整数序列的每一个元素都不被 3 整除。

筛分集合：$\mathcal{B} = \{p_i : 3 < p_i < N^{\frac{1}{2}}\}$

或

$$P(N^{\frac{1}{2}}) = \prod_{3 < p_i < N^{\frac{1}{2}}} p_i$$

筛函数：

$$S(\mathcal{A}_1, \mathcal{A}_2; \mathcal{B}, N^{\frac{1}{2}}) = \sum_{\substack{6k-1 = a_1, 6k+1 = a_2, \\ a_1 \in \mathcal{A}_1, a_2 \in \mathcal{A}_2, \\ (a_1 a_2, P(N^{\frac{1}{2}})) = 1 \\ a_i < N}} 1$$

筛分过程：我们先对整数序列 $\mathcal{A}_1$ 进行筛分，并筛去第二个整数序列中的对应元素。根据定理 2.2，若以 $X_1(N)$ 表示各个整数序列筛分后的元素个数，则有：

$$\begin{aligned}
X_1(N) &= S(\mathcal{A}_1; \mathcal{B}, N^{\frac{1}{2}}) = S(\{n : n \leqslant N\}; \mathcal{B}, N^{\frac{1}{2}}) \\
&= \sum_{\substack{6k+5 = a_1, \\ (a_1, P(N^{\frac{1}{2}})) = 1 \\ 2 \nmid a_1, 3 \nmid a_1}} 1 \\
&\sim \frac{N}{\varphi(b)\log(N)} + o\left(\frac{N}{\log^2 N}\right) \\
&= \frac{N}{2\log N} + o\left(\frac{N}{\log^2 N}\right)
\end{aligned}$$

即每个整数序列所剩元素个数约为 $\frac{N}{2\log N}$ 个。

根据定理 1.8，所剩元素构成的整数序列依然是可筛整数序列。于是，我

们在对 $\mathcal{A}_2$ 进行筛分时并筛去第一个整数序列中的对应元素。根据引理 10 和定理 3.1，这时，若以 $X(N)$ 表示各个整数序列筛分后的元素个数，则 $X(N)$ 为：

$$X(N) \sim \frac{2}{1}\frac{X_1(n)}{\log N} \sim \frac{2}{1}\left(\frac{\frac{N}{2\log N}}{\log N}\right) + o\left(\frac{\frac{N}{\log^2 N}}{\log N}\right)$$

$$= \frac{N}{\log^2 N} + o\left(\frac{N}{\log^3 N}\right)$$

即此时各个整数序列的所剩元素个数约为 $\frac{N}{\log^2 N}$ 个。

这里使用了叠加原理和消除同素原理。

可以看到，当 $N \to \infty$时，$X(N) \to \infty$。

定理证毕。

§3.6.4　奇数 Goldbach 问题

奇数 Goldbach 问题即三素数定理早已于 1937 年由苏联数学家解决。当然我们在证明了偶数 Goldbach 问题后，也就已经证明了奇数 Goldbach 问题。因为一个充分大的奇数可以化为一个很小的素数与一个偶数之和。下面我们给出的定理也是基于此思路。

定理 3.8：每一个充分大的奇数均可以表示为三个素数之和。

证明：此问题的存在性，实际上是定理 3.1 的一个推论。

当给定一个充分大的奇数时，我们减去一个较小的素数，其差仍是一个充分大的偶数，根据定理 3.1，一个充分大的偶数可以表示为有限个素数之和，故一个充分大的奇数可以表示为三素数之和。

下面是我们粗略的估计过程。

设 Q 为给定的充分大的奇数，N 为偶数，p'、p''、p'''均为素数，$\pi(Q)$ 表示小于 Q 的素数个数，$X(Q)$ 表示 $Q = p' + p'' + p'''$ 的不同表示方法的个数。根据定理 3.1，则有：

$$X(Q) > \sum_{3 \leqslant p_i \leqslant \frac{Q}{3}} S(\mathcal{A}_1, \mathcal{A}_2; \mathcal{B}, (Q - p_i)^{\frac{1}{2}})$$

$$\geqslant \sum_{3 \leqslant p_i \leqslant \frac{Q}{3}} \frac{Q - p_i}{\log^2(Q - p_i)}$$

取 $N = Q - p_i \approx \frac{2Q}{3}$，则有：

$$\sum_{3 \leqslant p_i \leqslant \frac{Q}{3}} \frac{Q - p_i}{\log^2(Q - p_i)} \geqslant \sum_{3 \leqslant p_i \leqslant \frac{Q}{3}} \frac{\frac{2}{3}Q}{\log^2 \frac{2}{3}Q}$$

$$\geqslant \sum_{3 \leqslant p_i \leqslant \frac{Q}{3}} \frac{\frac{2}{3}Q}{\log^2 Q}$$

$$\geqslant \frac{\frac{1}{3}Q}{\log \frac{1}{3}Q} \frac{\frac{2}{3}Q}{\log^2 Q}$$

$$\geqslant \frac{\frac{1}{3}Q}{\log Q} \frac{\frac{2}{3}Q}{\log^2 Q}$$

$$\geqslant \frac{2}{9} \frac{Q^2}{\log^3 Q} \tag{3.7}$$

当 $Q \to \infty$时，$X(Q) \to \infty$。

定理证毕。

§3.7　小结

本章主要讨论了二重一元筛法。二重一元筛法是使用一个筛分集合同时筛分两个相同且并列的整数序列的一种方法。因此根据定义，它是二重一元筛法的一种特殊情形，是比较单一或比较简单的二重一元筛法。对于使用两个不同的筛分集合筛分两个不同的整数序列等筛法在后面的章节我们会讨论。

主要思路：在一重一元筛法的基础上，通过叠加原理，实现二重一元筛法。

要点回顾：

（1）可筛性。两个整数序列都属于自然数序列，具有有限性、均匀性、无重复性、有序性和一致性，是可筛整数序列。

（2）筛函数的乘法运算（叠加原理）。

设 $S(\mathcal{A}_1;\mathcal{B},z_1)>0$，$S(\mathcal{A}_2;\mathcal{B},z_1)>0$，则筛函数为：

$S(\mathcal{A}_1,\mathcal{A}_2;\mathcal{B},z_1)=S(\mathcal{A}_1;\mathcal{B},z_1)\otimes S(\mathcal{A}_2;\mathcal{B},z_1)$

（3）筛函数的平方原理。若 $\mathcal{A}_1$ 与 $\mathcal{A}_2$ 相同，且 $\mathcal{B}$ 相同。则有：

$$S(\mathcal{A}_1,\mathcal{A}_2;\mathcal{B},z_1)=N\prod\left[\frac{p-1}{p}\right]\otimes\prod\left[\frac{p-1}{p}\right]=N\prod\left[\frac{p-1}{p}\right]^2$$

（4）消除同素。若两个整数序列的一列元素同素于 p_i，则应该消除重复筛去的元素个数，即乘以系数 $\prod\limits_{p_i}\frac{p_i-1}{p_i-2}$。

（5）给出了 Goldbach 问题的一个较好的结果。

（6）证明了孪生素数及 $p_1+2k=p_2$ 的存在性问题。

（7）给出了一个较弱的奇数 Goldbach 问题的一个结果。

这一章，我们给出的 Goldbach 问题和 $p_1+2k=p_2$ 问题的证明，都属于线性情况。我们不妨称为经典问题。在第十一章和第十二章我们会推广到广义的 Goldbach 问题和孪生素数问题，进行充分讨论。

第四章　三重一元筛法及其应用

与二重一元筛法相似，我们把三重一元筛法定义为：使用一个筛分集合筛分三个整数序列，且每次筛分只筛去一个元素的筛法。

下面我们以 p，$p+2l_1=p'$，$p+2l_2=p''$问题为例，说明三重一元筛法的构造和应用。

§4.1　三重一元筛法的整数序列

三重一元筛法的整数序列也必须具有第三章中所述的五个性质，即有限性、无重复性、均匀性、有序性和各整数序列之间的一致性。例如取 $l_1=1$，$l_2=3$，则三个整数序列分别为：

$\mathcal{A}_1$：1，2，3，4，5，6，7，8，9，10，11，12，13，14，15，16，…

$\mathcal{A}_2$：3，4，5，6，7，8，9，10，11，12，13，14，15，16，…

$\mathcal{A}_3$：7，8，9，10，11，12，13，14，15，16，…

由此可见，三个整数序列均具有上述五个性质。

为了叙述方便，我们设 $a_i \in \mathcal{A}_1$，$b_i \in \mathcal{A}_2$，$c_i \in \mathcal{A}_3$。在三个整数序列中任意选取一列元素组，则这一列元素组是下面的三种情况之一：

（1）$a_j \equiv b_j \equiv c_j \pmod 3$；

（2）$a_j \not\equiv b_j \equiv c_j \pmod 3$ 或 $a_j \equiv b_j \not\equiv c_j \pmod 3$ 或 $a_j \equiv c_j \not\equiv b_j \pmod 3$；

（3）三个元素两两互不同余（mod 3）。

第（1）种情况，说明每连续三列元素组中有 2 列元素组是 $3 \nmid a_jb_jc_j$，我们记为 $\Omega=2$；第（2）种情况，说明每连续三列元素组中只有 1 列元素组是

$3 \nmid a_j b_j c_j$ ，我们记为 $\Omega = 1$；第（3）种情况是每一列元素都是元素3加3的一个完全剩余系，即每列元素组之积均被3整除，则有 $3 \mid a_j b_j c_j$ ，我们记为 $\Omega = 0$。可知，我们所讨论的是第（1）（2）种情况。因为第（3）种情况属于3加3的完全剩余系，即每一列元素组都有一个元素被3整除，是无意义的。

按照我们上面给出的 $l_1 = 1$, $l_2 = 3$ 的三个整数序列的排列方法，它们属于第（2）种情况，每一列都有两个元素相互同余 mod 3。

在这里，我们有必要提到一个多重筛法的整数序列可筛的必要条件，即对于 k 重筛法，从 k 个整数序列的每一列元素 a，$a + l_1$，$a + l_2$，$a + l_3$，…，$a + l_{k-1}$ 中任意取 $p - 1$ 个 l_i，必须不构成任意一个素数 p 的完全剩余系。例如素数7，在 $k - 1$ 个 l_i 中，任取6个元素，不能构成素数7的完全剩余系。同样，在三重一元筛法中，l_i 不能构成3的完全剩余系。

§4.2 三重一元筛法的筛分集合 $\mathcal{B}$ 及筛函数

我们在筛分集合 $\mathcal{B} = (p:p < N^{\frac{1}{2}})$ 中引入 $P(N^{\frac{1}{2}}) = \prod_{p < N^{\frac{1}{2}}} p$ ，则此时 $\mathcal{B}$ 可写作：

$$\mathcal{B} = (p:p \in P(N^{\frac{1}{2}}))$$

下面我们以 p，$p + 2 = p'$，$p + 6 = p''$ 问题为例，建立一个筛函数：

$$S(\mathcal{A}_1, \mathcal{A}_2, \mathcal{A}_3; \mathcal{B}, N^{\frac{1}{2}}) = \sum_{\substack{a_1 + 2 = a_2, a_2 + 4 = a_3 \\ a_1 \in \mathcal{A}_1, a_2 \in \mathcal{A}_2, a_3 \in \mathcal{A}_3 \\ (a_1 a_2 a_3, P(N^{\frac{1}{2}})) = 1}} 1$$

当然，我们还可以对更一般性的问题 p , $p + 2l_1 = p'$,$p' + 2l_2 = p''$ 建立下面的筛函数：

$$S(\mathcal{A}_1, \mathcal{A}_2, \mathcal{A}_3; \mathcal{B}, N^{\frac{1}{2}}) = \sum_{\substack{a_1 + 2l_1 = a_2, a_1 + 2l_2 = a_3 \\ a_1 \in \mathcal{A}_1, a_2 \in \mathcal{A}_2, a_3 \in \mathcal{A}_3 \\ (a_1 a_2 a_3, P(N^{\frac{1}{2}})) = 1}} 1$$

其中 $P(N^{\frac{1}{2}}) = \prod_{2 \leqslant p \leqslant N^{\frac{1}{2}}} p$ 。

我们将三重一元筛法的筛函数连续叠加，若 $S(\mathcal{A}_1; \mathcal{B}, z) \geqslant 0$, $S(\mathcal{A}_2; \mathcal{B},$

$z) \geqslant 0$, $S(\mathcal{A}_3;\mathcal{B},z) \geqslant 0$ ，则有：

$$S(\mathcal{A}_1;\mathcal{B},z) \otimes S(\mathcal{A}_2;\mathcal{B},z) \otimes S(\mathcal{A}_3;\mathcal{B},z)$$
$$= S(\mathcal{A}_1,\mathcal{A}_2,\mathcal{A}_3;\mathcal{B},z) \geqslant 0$$

即 $S(\mathcal{A}_1,\mathcal{A}_2,\mathcal{A}_3;\mathcal{B},z) = N\prod_{p_i}\left[\frac{p_i - 1}{p_i}\right]\otimes \prod_{p_i}\left[\frac{p_i - 1}{p_i}\right]\otimes \prod_{p_i}\left[\frac{p_i - 1}{p_i}\right]$

§4.3　三重一元筛法的筛分思想和筛分过程

给定三个可筛整数序列：

$\mathcal{A}_1$ ：　1，2，3，4，5，6，7，8，9，10，11，12，…

$\mathcal{A}_2$ ：　1，2，3，4，5，6，7，8，9，10，11，12，13，14，…

$\mathcal{A}_3$ ：1，2，3，4，5，6，7，8，9，10，11，12，13，14，15，16，17，18，…

首先，我们在 $\mathcal{A}_1$ 中筛去被 2 整除的元素及 $\mathcal{A}_2$ 、$\mathcal{A}_3$ 中的对应元素，则所剩元素个数为 $\left[\frac{N}{2}\right]$ 个（实际上有效个数为 $\left[\frac{N-6}{2}\right]$ ，为了计算和叙述简洁，我们仍然取 $\left[\frac{N}{2}\right]$ ）。

接着，我们在 $\mathcal{A}_1$ 中筛去被 3 整数的全部元素及另外两个整数序列中的对应元素，则剩下的元素组成的整数序列为：

$\mathcal{A}_1$ ：　1，5，7，11，13，17，19，23，25，…

$\mathcal{A}_2$ ：　1，3，7，9，13，15，19，21，25，…

$\mathcal{A}_3$ ：1，3，5，7，11，13，17，19，23，25，…

我们可以看出，筛去的元素的个数为 1/3，剩下的只有 2/3。设原来每个整数序列的元素个数为 N ，则现在每个整数序列剩下的元素个数为 $\left[\frac{N}{2}\right] - \left[\frac{N}{6}\right]$ 个。

根据定理 1.2，所剩整数序列仍然是可筛整数序列。现在，我们继续在

$\mathcal{A}_1$ 中筛去被 5 整除的元素及另外两个整数序列中的对应元素，则剩下的元素组成的整数序列为：

$\mathcal{A}_1$：　　　1， 7，11，13，17，19，23，29，…

$\mathcal{A}_2$：　　1，3， 9，13，15，19，21，25，…

$\mathcal{A}_3$：1，3，5，7，13，17，19，23，25，…

根据第二章（§2.1），每个整数序列剩下的元素个数 $l_3(N)$ 为：

$$\left[\frac{N}{2}\right]-\left[\frac{N}{6}\right]-\left[\frac{\frac{2}{6}N}{5}\right]$$

以此类推，继续以 $p_3,p_4,\cdots$ 进行筛分，得到每个整数序列所剩的元素个数为：

$$\begin{aligned} l_3(N) &= N\prod_{\substack{i=1\\ P\leqslant N^{\frac{1}{2}}}}^{n}\frac{p_i-1}{p_i}-\sum_{i=1}^{n-1}\frac{\Delta p_i}{p_i}\prod_{j=i+1}^{n}\frac{p_j-1}{p_j}-\frac{\Delta p_n}{p_n} \\ &= N\prod_{\substack{i=1\\ P\leqslant N^{\frac{1}{2}}}}^{n}\left[\frac{p_i-1}{p_i}\right]+N\prod_{\substack{i=1\\ P\leqslant N^{\frac{1}{2}}}}^{n}\left\{\frac{p_i-1}{p_i}\right\} \\ &\geqslant \frac{N}{\log N}+o\left(\frac{1}{\log^2 N}\right) \end{aligned}$$

其中 n 为小于 $N^{\frac{1}{2}}$ 的素数的个数。

接着，我们用同样的方法分别对第二个整数序列进行筛分，根据引理 10 和定理 3.3，得到各个整数序列的所剩元素个数为：

$$\begin{aligned} l_3(N) &\geqslant \frac{\frac{N}{\log N}+o\left(\frac{1}{\log^2 N}\right)}{\log N} \\ &> \frac{N}{\log^2 N}+o\left(\frac{1}{\log^3 N}\right) \end{aligned}$$

再对第三个整数序列进行筛分，根据筛函数的叠加原理得到各个整数序列的元素个数为：

$$\begin{aligned} l_3(N) &\geqslant \frac{\frac{N}{\log^2 N}+o\left(\frac{N}{\log^3 N}\right)}{\log N} \\ &> \frac{\frac{N}{\log^2 N}}{\log N}+o\left(\frac{N}{\log^4 N}\right) \end{aligned}$$

$$= \frac{N}{\log^3 N} + o\left(\frac{N}{\log^4 N}\right)$$

即
$$l_3(N) \geqslant \frac{N}{\log^3 N} + o\left(\frac{N}{\log^4 N}\right)$$

由于 $\mathcal{A}_1$ 与 $\mathcal{A}_3$ 整数序列中每3组元素有一组同素于3，故上式右边应乘以 $\frac{3-1}{3-2}$，则有：

$$l_3(N) \geqslant \frac{2N}{\log^3 N} + o\left(\frac{N}{\log^4 N}\right)$$

§4.4　三重一元筛法的应用

前面我们讨论了孪生素数，下面讨论一个三重素数问题。三重素数指的是 p、$p+2$、$p+6$ 都是素数组合，它们在自然数序列中是否也存在很多呢?

§4.4.1　经典的三重素数问题

对于 p、$p+2$、$p+6$ 这样的素数组合，我们称为三重素数，有人也称为三生素数。这种素数组合是否存在无穷多个呢? 答案是肯定的。下面我们来证明一下。

从上面的讨论我们立即得到：

定理4.1：任意给定一个自然数 N，p、p'、p''均为素数，且均小于 N，则 p、$p+2=p'$、$p'+4=p''$三重素数组的个数 $l(N)$ 为：

$$l(N) = N\prod\left[\frac{p_i-1}{p_i}\right]\otimes\prod\left[\frac{p_i-1}{p_i}\right]\otimes\prod\left[\frac{p_i-1}{p_i}\right]$$

$$\geqslant \frac{2N}{\log^3 N} + o\left(\frac{1}{\log^4 N}\right) \quad (4.1)$$

可知，当 N 趋于无穷大时，存在无穷多个这样的三重素数。

证明：给定下面三个整数序列。

$\mathcal{A}_1$：　1，2，3，4，5，6，7，8，9，10，11，12，…

$\mathcal{A}_2$：　1，2，3，4，5，6，7，8，9，10，11，12，13，

14，…

$\mathcal{A}_3$：1，2，3，4，5，6，7，8，9，10，11，12，13，14，15，16，17，18，…

显然，$l_1=1, l_2=3$，不构成3的完全剩余系。根据定理1.1，这三个整数序列均为可筛的整数序列。

筛分集合：$\mathcal{B}=\{p:p<z\}$

筛函数：$S(\mathcal{A}_1,\mathcal{A}_2,\mathcal{A}_3;\mathcal{B},N^{\frac{1}{2}})=\sum\limits_{\substack{a_1+2l_1=a_2,a_1+2l_2=a_3\\ a_1\in\mathcal{A}_1,a_2\in\mathcal{A}_2,a_3\in\mathcal{A}_3\\ (a_1a_2a_3,P(N^{\frac{1}{2}}))=1}} 1$

筛分过程：首先，我们对 $\mathcal{A}_1$ 进行筛分，根据定理2.1，整数序列所剩元素个数为：

$$l_3(N)\geqslant\frac{N}{\log N}+o\left(\frac{1}{\log^2 N}\right)$$

由定理1.6可知，所剩元素组成的三个整数序列都是可筛整数序列。

接着，我们用同样的方法分别对第二个整数序列进行筛分，根据引理10和定理3.3，得到各个整数序列的所剩元素个数为：

$$l_3(N)\geqslant\frac{\frac{N}{\log N}+o\left(\frac{1}{\log^2 N}\right)}{\log N}$$

$$>\frac{N}{\log^2 N}+o\left(\frac{1}{\log^3 N}\right)$$

同样，根据定理1.8和定理1.9，所剩三个整数序列仍然都是可筛整数序列。

再对第三个整数序列进行筛分，根据筛函数的叠加原理得到各个整数序列的元素个数为：

$$l_3(N)\geqslant\frac{\frac{N}{\log^2 N}+o\left(\frac{N}{\log^3 N}\right)}{\log N}$$

$$>\frac{\frac{N}{\log^2 N}}{\log N}+o\left(\frac{N}{\log^4 N}\right)$$

$$=\frac{N}{\log^3 N}+o\left(\frac{N}{\log^4 N}\right)$$

即
$$l_3(N) \geqslant \frac{N}{\log^3 N} + o\left(\frac{N}{\log^4 N}\right)$$

由于 $\mathcal{A}_1$ 与 $\mathcal{A}_3$ 整数序列中每 3 组元素有一组同素于 3，故在对 $\mathcal{A}_3$ 进行筛分时应该消除同素，即上式右边应乘以 $\frac{3-1}{3-2}$，则有：

$$l_3(N) \geqslant \frac{2N}{\log^3 N} + o\left(\frac{N}{\log^4 N}\right)$$

可知，当 $N \to \infty$, $l_3(N) \to \infty$。

定理证毕。

例如，当我们取 $N = 5000$ 时，计算得到的三重素数组为 16 个，实际是 40 个。如表 4－1 所示。

表 4－1　三重素数（p，p+2，p+6）的实际个数与计算结果对照表

N	$\frac{2N}{\log^3 N}$	$l(N)$
10000	25	53
5000	16	40
2000	9	24

定理 4.2：存在无穷多的素数组：$\{p_1 = 6k+1, p_2 = 6k+5, p_3 = 6k+7\}$。若以 $X(N)$ 表示小于 N 的此素数组的个数，则有：

$$X(N) \sim \frac{2N}{\log^3 N} + o\left(\frac{N}{\log^4 N}\right) \tag{4.2}$$

证明：给定下面三个整数序列。

$\mathcal{A}_1$：1，7，13，19，25，31，37，43，49，55，61，67，…

$\mathcal{A}_2$：5，11，17，23，29，35，41，47，53，59，65，71，…

$\mathcal{A}_3$：7，13，19，25，31，37，43，49，55，61，67，73，…

这是一个三重一元筛法的整数序列组。每个整数序列都是由一个一元一次方程 $6k+b$ 产生的，这在第二章中已经讨论过了。

根据定理 1.1，它是一组可筛整数序列，一组不含被 2 和 3 整除的元素的整数序列。

筛分集合：$\mathcal{B} = \{p_i : 3 < p_i < N^{\frac{1}{2}}\}$

筛函数：$S(\mathcal{A}_1,\mathcal{A}_2,\mathcal{A}_3;\mathcal{B},N^{\frac{1}{2}})=\sum\limits_{\substack{6k+1=a_1,a_1+4=a_2,a_1+6=a_3\\ a_1\in\mathcal{A}_1,a_2\in\mathcal{A}_2,a_3\in\mathcal{A}_3\\ (a_1a_2a_3,P(N^{\frac{1}{2}}))=1\\ a_i<N}}1$

筛分过程：我们首先对整数序列 $\mathcal{A}_1$ 进行筛分，并筛去其他两个整数序列的对应元素。根据定理 2.2，若以 $X_1(N)$ 表示各个整数序列筛分后的元素个数，则 $X_1(N)$ 为：

$$X_1(N)=S(\mathcal{A}_1;\mathcal{B},N^{\frac{1}{2}})=S(\{n:n\leqslant N\};\mathcal{B},N^{\frac{1}{2}})=\sum_{\substack{6k+1=a_1,\\ (a_1,P(N^{\frac{1}{2}}))=1\\ 2\nmid a_1,3\nmid a_1}}1$$

$$\sim\frac{N}{\varphi(b)\log(N)}+o\left(\frac{N}{\log^2N}\right)$$

$$=\frac{N}{2\log N}+o\left(\frac{N}{\log^2N}\right)$$

由此可知，各个整数序列所剩元素个数约为 $\frac{N}{2\log N}$ 个。

根据定理 1.8，所剩元素构成的整数序列依然是可筛整数序列。于是，我们再对 $\mathcal{A}_2$ 进行筛分，并筛去其他两个整数序列中的对应元素。根据引理 10 和定理 3.1，此时若以 $X_2(N)$ 表示各个整数序列筛分后的元素个数，则 $X_2(N)$ 为：

$$X_2(N)\sim\frac{2}{1}\frac{X_1(N)}{\log N}\sim\frac{2}{1}\left(\frac{\frac{N}{2\log N}}{\log N}\right)+o\left(\frac{\frac{N}{\log^2N}}{\log N}\right)$$

$$=\frac{N}{\log^2N}+o\left(\frac{N}{\log^3N}\right)$$

可见，此时各个整数序列中所剩元素个数约为 $\frac{N}{\log^2N}$ 个。

这里使用了叠加原理和消除同素原理。

最后，我们再对 $\mathcal{A}_3$ 进行筛分，并筛去其他两个整数序列中的对应元素。同样地，根据引理 10 和定理 3.1，若以 $X(N)$ 表示各个整数序列筛分后的元素个数，则 $X(N)$ 为：

$$X(N)\sim\frac{2}{1}\frac{X_2(N)}{\log N}\sim\frac{2}{1}\left(\frac{\frac{N}{\log^2N}}{\log N}\right)+o\left(\frac{\frac{N}{\log^3N}}{\log N}\right)$$

$$= \frac{2N}{\log^3 N} + o\left(\frac{N}{\log^4 N}\right)$$

即

$$X(N) \sim \frac{2N}{\log^3 N} + o\left(\frac{N}{\log^4 N}\right)$$

当 $N \to \infty$时，存在无穷多个素数组 $\{p_1 = 6k+1, p_2 = 6k+5, p_3 = 6k+7\}$。

定理证毕。

定理 4.3：存在无穷多的素数组：$\{p_1 = 6k-1, p_2 = 6k+1, p_3 = 6k+5\}$。若以 $X(N)$ 表示小于 N 的此素数组的个数，则有：

$$X(N) \sim \frac{2N}{\log^3 N} + o\left(\frac{N}{\log^4 N}\right) \tag{4.3}$$

证明：给定下面三个整数序列。

$\mathcal{A}_1$： 5，11，17，23，29，35，…

$\mathcal{A}_2$： 7，13，19，25，31，37，…

$\mathcal{A}_3$：11，17，23，29，35，41，…

根据定理 1.1，它是一组可筛整数序列，一组不含被 2 和 3 整除的元素的整数序列。

筛分集合：$\mathcal{B} = \{p_i : 3 < p_i < N^{\frac{1}{2}}\}$

筛函数：$S(\mathcal{A}_1, \mathcal{A}_2, \mathcal{A}_3; \mathcal{B}, N^{\frac{1}{2}}) = \sum\limits_{\substack{6k-1=a_1, 6k+1=a_2, 6k+5=a_3 \\ a_1 \in \mathcal{A}_1, a_2 \in \mathcal{A}_2, a_3 \in \mathcal{A}_3 \\ (a_1 a_2 a_3, P(N^{\frac{1}{2}}))=1 \\ a_i < N}} 1$

筛分过程：根据对孪生素数对（$p_1 = 6k-1, p_2 = 6k+1$）的讨论可知，

$S(\mathcal{A}_1, \mathcal{A}_2; \mathcal{B}, N^{\frac{1}{2}}) = \sum\limits_{\substack{6k-1=a_1, 6k+1=a_2 \\ a_1 \in \mathcal{A}_1, a_2 \in \mathcal{A}_2 \\ (a_1 a_2, P(N^{\frac{1}{2}}))=1 \\ a_i < N}} 1 = \frac{N}{\log^2 N} + o\left(\frac{N}{\log^3 N}\right)$。

根据定理 1.8，所剩元素构成的整数序列依然是可筛整数序列。于是，我们再对 $\mathcal{A}_3$ 进行筛分，并筛去其他两个整数序列中的对应元素。同样地，根据引理 10 和定理 3.1，这时，若以 $X(N)$ 表示各个整数序列筛分后的元素个数，则 $X(N)$ 为：

$$X(N) \sim \frac{2}{1} \frac{X_2(N)}{\log N}$$

$$\sim \frac{2}{1}\left(\frac{\frac{N}{\log^2 N}}{\log N}\right)+o\left(\frac{\frac{N}{\log^3 N}}{\log N}\right)$$

$$=\frac{2N}{\log^3 N}+o\left(\frac{N}{\log^4 N}\right)$$

即

$$X(N)\sim \frac{2N}{\log^3 N}+o\left(\frac{N}{\log^4 N}\right)$$

当 $N\to\infty$ 时，存在无穷多个素数组 $\{p_1=6k-1, p_2=6k+1, p_3=6k+5\}$。

定理证毕。

§4.4.2 其他类型的三重素数问题

上述讨论的是常见的，也是经典的三重素数问题。除此之外，还有很多的三重素数组值得我们讨论。下面我们举几个特例进行讨论。

定理4.4：设 $N^{\frac{1}{2}}\leqslant p_j\leqslant N$，$N$ 为充分大的整数，p_1，$p_1+6=p_2$，$p_1+12=p_3$ 为素数。则这样的素数组个数 $l(N)$ 为：

$$l(N)\geqslant \frac{4N}{\log^3 N}+o\left(\frac{N}{\log^4 N}\right) \tag{4.4}$$

证明：设 $P(N^{\frac{1}{2}})=\prod\limits_{2\leqslant p<N^{\frac{1}{2}}} p$，$N$ 为充分大的整数，$N^{\frac{1}{2}}\leqslant p_1,p_2,p_3\leqslant N$。给出下面三个整数序列：

$\mathcal{A}_1$：1，2，3，4，5，6，7，8，9，10，11，…

$\mathcal{A}_2$：7，8，9，10，11，12，13，14，15，16，17，…

$\mathcal{A}_3$：13，14，15，16，17，18，19，20，21，22，23，…

根据定理1.1，上述三个整数序列均是可筛整数序列。

虽然每个整数序列的元素个数为 $N-p_3$ 个，但我们在分析计算时仍然取N个。

筛分集合：$\mathcal{B}=\{p_i:3<p_i<N^{\frac{1}{2}}\}$

筛函数：$S(\mathcal{A}_1,\mathcal{A}_2,\mathcal{A}_3;\mathcal{B},N^{\frac{1}{2}})=\sum\limits_{\substack{a_1+6=a_2,a_1+12=a_3\\ a_1\in\mathcal{A}_1,a_2\in\mathcal{A}_2,a_3\in\mathcal{A}_3\\ (a_1a_2a_3,P(N^{\frac{1}{2}}))=1}} 1$

筛分过程：首先，我们使用筛分集合 $P(N^{\frac{1}{2}})=\prod\limits_{2\leqslant p<N^{\frac{1}{2}}} p$ 对 $\mathcal{A}_1$ 进行筛分，

并同时筛去其他两个整数序列中的对应元素。根据定理2.1和素数定理，每个整数序列所剩元素个数 $l(N)$ 为：

$$l(N) \geqslant \frac{N}{\log N} + o\left(\frac{N}{\log^2 N}\right)$$

根据定理1.8和定理1.9，所剩元素组成的三个整数序列均是可筛整数序列。

再使用筛分集合 $P(N^{\frac{1}{2}}) = \prod_{2 \leqslant p < N^{\frac{1}{2}}} p$ 对 $\mathcal{A}_2$ 进行筛分，并筛去其他两个整数序列中对应的元素。根据叠加原理及定理3.3（孪生素数定理），每个整数序列所剩元素个数 $l(N)$ 为：

$$l(N) \geqslant \frac{N}{\log^2 N} + o\left(\frac{N}{\log^3 N}\right)$$

但是，在对 $\mathcal{A}_1$ 进行筛分时已经将 $\mathcal{A}_2$ 中的被3整除的元素全部筛去，即剩余元素为 $\frac{p-1}{p}N$ 个；在对 $\mathcal{A}_2$ 进行筛分时又筛了一次，剩余元素为 $\frac{p-2}{p}N$ 个，故必须减去重复筛去的部分。由于 $\frac{p-1}{p} = \frac{p-2}{p}\frac{p-1}{p-2}$，所以在求所剩元素个数时，应该消除同素，上式右边应该乘以 $\frac{p-1}{p-2}$。则 $l(N)$ 应为：

$$\begin{aligned} l(N) &\geqslant \frac{3-1}{3-2}\frac{N}{\log^2 N} + o\left(\frac{N}{\log^3 N}\right) \\ &\geqslant \frac{2N}{\log^2 N} + o\left(\frac{N}{\log^3 N}\right) \end{aligned}$$

同样，根据定理1.8和定理1.9，所剩元素组成的三个整数序列均是可筛整数序列。

最后，我们仍然使用筛分集合 $P(N^{\frac{1}{2}}) = \prod_{2 \leqslant p < N^{\frac{1}{2}}} p$ 对 $\mathcal{A}_3$ 进行筛分，并筛去其他两个整数序列中的对应元素。同样在对 $\mathcal{A}_1$ 进行筛分时已经将 $\mathcal{A}_3$ 中的被3整除的元素全部筛去，根据叠加原理和消除同素原理，我们可以得出：

$$l(N) \geqslant \frac{4N}{\log^3 N} + o\left(\frac{N}{\log^4 N}\right)$$

定理证毕。

我们经过验算可以看到，结果不够精确，如表4－2所示。

表 4-2　三重素数（p，$p+6$，$p+12$）的实际个数与计算结果对照表

N	$\frac{4N}{\log^3 N}$	$l(N)$
10000	51	107
5000	32	72
2000	18	46

定理 4.5：设 $N^{\frac{1}{2}} \leqslant p_j \leqslant N$，$N$ 为充分大的整数，p_1，$p_1+2=p_2$，$p_1+12=p_3$ 为素数。则这样的素数组个数 $l(N)$ 为：

$$l(N) \geqslant \frac{8N}{3\log^3 N} + o\left(\frac{N}{\log^4 N}\right) \tag{4.5}$$

证明：设 $P(N^{\frac{1}{2}}) = \prod\limits_{2 \leqslant p < N^{\frac{1}{2}}} p$，$N$ 为充分大的整数，$N^{\frac{1}{2}} \leqslant p_1, p_2, p_3 \leqslant N$。给定下面两个整数序列：

$\mathcal{A}_1$：1，2，3，4，5，6，7，8，9，10，…

$\mathcal{A}_2$：3，4，5，6，7，8，9，10，11，12，…

$\mathcal{A}_3$：13，14，15，16，17，18，19，20，21，22，…

根据定理 1.1 可知，三个整数序列均是可筛整数序列。

筛分集合：$\mathcal{B} = \{p : p < z\}$

筛函数：$S(\mathcal{A}_1, \mathcal{A}_2, \mathcal{A}_3; \mathcal{B}, N^{\frac{1}{2}}) = \sum\limits_{\substack{a_1+2=a_2,\, a_1+12=a_3 \\ a_1 \in \mathcal{A}_1,\, a_2 \in \mathcal{A}_2,\, a_3 \in \mathcal{A}_3 \\ (a_1a_2a_3,\, P(N^{\frac{1}{2}}))=1}} 1$

筛分过程：首先，我们使用筛分集合 $P(N^{\frac{1}{2}}) = \prod\limits_{2 \leqslant p < N^{\frac{1}{2}}} p$ 对 $\mathcal{A}_1$ 进行筛分，并筛去其他两个整数序列中的对应元素。根据素数定理，每个整数序列所剩元素个数 $l(N)$ 为：

$$l(N) \geqslant \frac{N}{\log N} + o\left(\frac{N}{\log^2 N}\right)$$

根据定理 1.8 和定理 1.9，所剩元素组成的三个整数序列均是可筛整数序列。再使用筛分集合 $P(N^{\frac{1}{2}}) = \prod\limits_{2 \leqslant p < N^{\frac{1}{2}}} p$ 对 $\mathcal{A}_2$ 进行筛分，并筛去其他两个整数序列中对应的元素。根据引理 10 或定理 3.3（孪生素数定理），每个整数序列所剩元素个数 $l(N)$ 为：

$$l(N) \geqslant \frac{N}{\log^2 N} + o\left(\frac{N}{\log^3 N}\right)$$

同理，根据定理 1.8 和定理 1.9，所剩元素组成的三个整数序列均是可筛整数序列。

最后，我们仍然使用筛分集合 $P(N^{\frac{1}{2}}) = \prod_{2 \leqslant p < N^{\frac{1}{2}}} p$ 对 $\mathcal{A}_3$ 进行筛分，并筛去其他两个整数序列中对应的元素。值得注意的是，在对 $\mathcal{A}_1$ 进行筛分时已经将 $\mathcal{A}_3$ 中被 3 整除的元素筛去，在对 $\mathcal{A}_2$ 进行筛分时已经将 $\mathcal{A}_3$ 中被 5 整除的元素全部筛去，所以在计算剩余元素个数时必须减去重复筛去的元素个数。根据在第三章中的讨论，在对 $\mathcal{A}_3$ 进行筛分时，根据叠加原理，每个整数序列所剩元素个数 $l(N)$ 为：

$$l(N) \geqslant \prod_{p_j = 2,3,5} \frac{p_j - 1}{p_j - 2} \frac{N}{\log^3 N} + o\left(\frac{N}{\log^4 N}\right)$$

即

$$l(N) \geqslant \frac{8}{3} \frac{N}{\log^3 N} + o\left(\frac{N}{\log^4 N}\right)$$

由此可知，当 $N \to \infty$时，$l(N) \to \infty$。

定理证毕。

例如，当我们取 $N = 5000$ 时，计算得到的三重素数组为 21 个，实际是 61 个。如表 4－3 所示。

表 4－3　三重素数（p，$p+2$，$p+12$）的实际个数与计算结果对照表

N	$\frac{8}{3} \frac{N}{\log^3 N}$	$l(N)$
10000	34	87
5000	21	61
2000	12	32

定理 4.6：设 $N^{\frac{1}{2}} \leqslant p \leqslant N$，$N$ 为充分大的整数。任意给定两个偶数 $2l_1$、$2l_2$，满足 $p_1 + 2l_1 = p_2$，$p_1 + 2l_2 = p_3$，且任意一列元素组 p_1、p_2、p_3 不构成 3 加 3 的完全剩余系的条件，则使得 p_1、p_2、p_3 均为素数的三重素数组的个数 $l(N)$ 为：

$$l(N) \geqslant \frac{cN}{\log^3 N} + o\left(\frac{N}{\log^4 N}\right) \tag{4.6}$$

其中 $c = \prod_{j=1}^{n} \frac{p_j - 1}{p_j - 2}$。

证明：设 $P(N^{\frac{1}{2}}) = \prod_{2 \leqslant p < N^{\frac{1}{2}}} p$，$N$ 为充分大的整数，$N^{\frac{1}{2}} \leqslant p_1, p_2, p_3 \leqslant N$。给定下面两个整数序列：

$\mathcal{A}_1$：a_1，a_2，a_3，a_4，…，a_k，…，N。

$\mathcal{A}_2$：b_1，b_2，b_3，b_4，…，b_k，…，N。

$\mathcal{A}_3$：c_1，c_2，c_3，c_4，…，c_k，…，N。

根据定理 1.3 可知，上述三个整数序列都是可筛的。

筛分集合：$\mathcal{B} = \{p : p < N^{\frac{1}{2}}\}$

筛函数：$S(\mathcal{A}_1, \mathcal{A}_2, \mathcal{A}_3; \mathcal{B}, N^{\frac{1}{2}}) = \sum_{\substack{a_1 + 2l_1 = a_2, a_1 + 2l_2 = a_3 \\ a_1 \in \mathcal{A}_1, a_2 \in \mathcal{A}_2, a_3 \in \mathcal{A}_3 \\ (a_1 a_2 a_3, P(N^{\frac{1}{2}})) = 1}} 1$

筛分过程：首先，我们对第一个整数序列进行筛分，并筛去第二、第三个整数序列的对应元素，根据素数定理，每个整数序列剩余元素个数 $l(N)$ 为：

$$l(N) \geqslant \left(\frac{N}{\log N}\right) + o\left(\frac{1}{\log^2 N}\right)$$

根据定理 1.8 和定理 1.9，所剩元素组成的三个整数序列均是可筛整数序列。

接着，对第二个整数序列进行筛分，并筛去第一、第三个整数序列中对应的元素，根据孪生素数定理和叠加原理，每个整数序列所剩元素个数为 $l(N)$：

$$l(N) \geqslant \frac{c_1 N}{\log^2 N} + o\left(\frac{1}{\log^3 N}\right)$$

同样地，根据定理 1.8 和定理 1.9，所剩元素组成的三个整数序列均是可筛整数序列。于是我们对第三个整数序列进行筛分，并筛去第一、第二个整数序列中对应的元素。根据叠加原理，各个整数序列所剩元素个数 $l(N)$ 为：

$$l(N) \geqslant \frac{1}{2} c_2 \frac{\frac{c_1 N}{\log^2 N}}{\log N^{\frac{1}{2}}} + o\left(\frac{N}{\log^4 N}\right)$$

$$l(N) \geqslant \frac{c_1 c_2 N}{\log^3 N} + o\left(\frac{N}{\log^4 N}\right)$$

即
$$l(N) \geqslant \frac{cN}{\log^3 N} + o\left(\frac{N}{\log^4 N}\right)$$

为了叙述方便，我们把这一筛分过程写成以下形式：

$$S(\mathcal{A}_1, \mathcal{A}_2, \mathcal{A}_3; \mathcal{B}, N^{\frac{1}{2}}) = \sum_{\substack{a_1+2l_1=a_2, a_1+2l_2=a_3 \\ a_1\in\mathcal{A}_1, a_2\in\mathcal{A}_2, a_3\in\mathcal{A}_3 \\ (a_1a_2a_3, P(N^{\frac{1}{2}}))=1}} 1$$
$$\geqslant cN \prod_{p_i \leqslant N^{\frac{1}{2}}} \left[\frac{p_i - 1}{p_i}\right] \otimes \prod_{p_i \leqslant N^{\frac{1}{2}}} \left[\frac{p_i - 1}{p_i}\right] \otimes \prod_{p_i \leqslant N^{\frac{1}{2}}} \left[\frac{p_i - 1}{p_i}\right]$$
$$\geqslant \frac{c_1 c_2 N}{\log^3 N} + o\left(\frac{N}{\log^4 N}\right)$$
$$\geqslant \frac{cN}{\log^3 N} + o\left(\frac{N}{\log^4 N}\right)$$

这里关于 c_1、c_2、c 的计算，可选任意一列元素 a_i、b_i、c_i，如果存在 n 个素数 p_j，使得 $a_i \equiv b_i \pmod{p_j}$，则有：

$$c_1 = \prod_{j=1}^{n} \frac{p_j - 1}{p_j - 2}$$

如果存在 m 个素数 p_k，使得 $a_i \equiv c_i \pmod{p_k}$ 或 $b_i \equiv c_i \pmod{p_k}$，则有：

$$c_2 = \prod_{k=1}^{m} \frac{p_k - 1}{p_k - 2}$$

进一步得到

$$c = c_1 c_2 = \prod_{j=1}^{n} \frac{p_j - 1}{p_j - 2} \prod_{k=1}^{m} \frac{p_k - 1}{p_k - 2}$$

可知，当 $N \to \infty$时，$l(N) \to \infty$。

定理证毕。

下面我们讨论一个与 Carmichael 数（卡迈克尔数）有关的三重一元筛法问题。

定理 4.7：存在无穷多个素数组：$(6k+1, 12k+1, 18k+1)$。若 $X(N)$ 为小于 N 的素数组 $(6k+1, 12k+1, 18k+1)$ 的个数，则有：

$$X(N) > \frac{2}{3} \frac{3N}{\log^3 3N} + o\left(\frac{3N}{\log^4 3N}\right)$$

证明：设 $P(N^{\frac{1}{2}}) = \prod\limits_{p_i < N^{\frac{1}{2}}} p_i$，给出下面三个整数序列。

$\mathcal{A}_1$：1，19，37，55，…，$18k+1$。

$\mathcal{A}_2$：1，13，25，37，…，$12k+1$。

$\mathcal{A}_3$：1，7，13，19，…，$6k+1$。

可知，在三个整数序列中均没有素因子 2 和 3 出现；每个整数序列都是可筛整数序列。

筛分集合：$\mathcal{B}=\{p_i:3<p_i<N^{\frac{1}{2}}\}$

筛函数：

$$S(\mathcal{A}_1,\mathcal{A}_2,\mathcal{A}_3;\mathcal{B},N^{\frac{1}{2}})=\sum_{\substack{6k+1=a_1,12k+1=a_2,18k+1=a_3\\ a_1\in\mathcal{A}_1,a_2\in\mathcal{A}_2,a_3\in\mathcal{A}_3\\ (a_1a_2a_3,P(N^{\frac{1}{2}}))=1\\ a_i<N}}1$$

筛分过程：我们先来确定 N，依据命题可知，$N\leqslant 6k+1$，$2N\leqslant 12k+1$，$3N\leqslant 18k+1$。整数序列的元素个数为 k 个。我们先对整数序列 $\mathcal{A}_1$ 进行筛分，并筛去第二、第三个整数序列的对应元素。根据定理 2.2，若以 $X_1(N)$ 表示各个整数序列筛分后的元素个数，则 $X_1(N)$ 为：

$$X_1(N)=\frac{N}{\varphi(18)}\prod_{p_i<(3N)^{\frac{1}{2}}}\left[\frac{p_i-1}{p_i}\right]$$

根据定理 1.8，所剩元素构成的整数序列依然是可筛整数序列。于是，我们再对 $\mathcal{A}_2$ 进行筛分，并筛去第一个和第三个整数序列中的对应元素。根据引理 10 和定理 3.1，这时，若以 $X_2(N)$ 表示各个整数序列筛分后的元素个数，则有：

$$X_2(N)=\frac{N}{\varphi(18)}\frac{2}{1}\prod_{p_i<(3N)^{\frac{1}{2}}}\left[\frac{p_i-1}{p_i}\right]\otimes\prod_{p_i<(2N)^{\frac{1}{2}}}\left[\frac{p_i-1}{p_i}\right]$$

最后，我们对第三个整数序列进行筛分，同时筛去第一、第二个整数序列中的对应元素。则有：

$$X(N)=\frac{N}{\varphi(18)}\frac{2}{1}\frac{2}{1}\prod_{p_i<(3N)^{\frac{1}{2}}}\left[\frac{p_i-1}{p_i}\right]\otimes\prod_{p_i<(2N)^{\frac{1}{2}}}\left[\frac{p_i-1}{p_i}\right]\otimes\prod_{p_i<N^{\frac{1}{2}}}\left[\frac{p_i-1}{p_i}\right]$$

如果按照上式分别计算，可得出一个较精确的结果，但根据筛分集合的不等式性质，$X(N)$ 则有：

$$X(N)>\frac{N}{\varphi(18)}\frac{2}{1}\frac{2}{1}\prod_{p_i<(3N)^{\frac{1}{2}}}\left[\frac{p_i-1}{p_i}\right]\otimes\prod_{p_i<(3N)^{\frac{1}{2}}}\left[\frac{p_i-1}{p_i}\right]\otimes\prod_{p_i<(3N)^{\frac{1}{2}}}\left[\frac{p_i-1}{p_i}\right]$$

即 $$X(N)>\frac{2}{3}\frac{3N}{\log^3 3N}+o\left(\frac{3N}{\log^4 3N}\right)$$

这里使用了叠加原理和消除同素原理。

可以看到，当 $N \to \infty$时，$X(N) \to \infty$。

定理证毕。

实际上，当选 $3N = 5000$ 时，实际存在这样的素数组为 14 个，而我们计算的结果为 5 个；选 $3N = 10000$ 时，实际有素数组 20 个，我们的计算结果为 8 个。误差较大的主要原因在于我们选择的筛分集合为 $N^{\frac{1}{2}} = (18k+1)^{\frac{1}{2}}$，假如我们选择 $3N = 10000$，对于第三个整数序列而言，它的筛分集合应该是 $p_i < 58$，而我们实际使用的是 $p_i < 100$。这就是说第一个整数序列与第三个整数序列之间存在差值，有较大的误差。但无论如何，这对我们的分析没有丝毫影响。

推论： Carmichael 数存在无穷多个。

证明：根据 Carmichael 数的性质，当 $p_1 = 6k+1$，$p_2 = 12k+1$，$p_3 = 18k+1$ 都为素数时，p_1、p_2、p_3 一定是 Carmichael 数。根据上述定理，素数组 $p_1 = 6k+1$，$p_2 = 12k+1$，$p_3 = 18k+1$ 存在无穷多个，即存在无穷多个 Carmichael 数。

证毕。

§4.5　小结

三重一元筛法主要用于解决线性的三重素数组的问题。

要点回顾：

（1）三重一元筛法的整数序列的任意一列元素不能是 3 加 3 的完全剩余系。

（2）三重一元筛法的筛函数存在连续叠加的运算：

$$S(\mathcal{A}_1;\mathcal{B},z) \otimes S(\mathcal{A}_2;\mathcal{B},z) \otimes S(\mathcal{A}_3;\mathcal{B},z)$$
$$= S(\mathcal{A}_1,\mathcal{A}_2,\mathcal{A}_3;\mathcal{B},z)$$

（3）三重一元筛法的整数序列可能存在一列元素的同素问题，即存在重复筛分，这时必须运用 $\prod_{j=1}^{n} \frac{p_j - 1}{p_j - 2}$ 消除重复的筛分。

（4）讨论与 Carmichael 数有关的三重一元筛法问题。

第五章　四重、五重及 n 重一元筛法及其应用

如果把孪生素数推广到 n 重素数，结果是什么呢？我们猜测一般情况下是可行的，但其结果是非常复杂的。下面我们就四重素数、五重素数等情况做一些探讨。

§5.1　四重一元筛法的应用

显然，四重一元筛法是通过四个并列的整数序列组来体现一个数学事件，由一个或多个筛分集合分别对四个整数序列进行筛分，再通过叠加原理得到筛分结果的。

1. 整数序列

给定一个四重素数的整数序列，$p_1+4=p_2$，$p_1+10=p_3$，$p_1+18=p_4$：

$\mathcal{A}_1$：1，2，3，4，5，6，7，8，9，10，11，12，13，…

$\mathcal{A}_2$：5，6，7，8，9，10，11，12，13，14，15，16，17，…

$\mathcal{A}_3$：11，12，13，14，15，16，17，18，19，20，21，22，23，…

$\mathcal{A}_4$：19，20，21，22，23，24，25，26，27，28，29，30，31，…

这四个整数序列的任意一个整数序列元素的任意三个元素不构成 3 加 3 的完全剩余系。设这四个整数序列的序列元素个数为 N。由于它们都是一个自然数序列，所以是可筛整数序列。

设四个整数序列的任意一个整数序列元素分别为 a,b,c,d；$a\in\mathcal{A}_1$，$b\in\mathcal{A}_2$，$c\in\mathcal{A}_3$，$d\in\mathcal{A}_4$。从这四个整数序列可以看出：

（1）$a\equiv d \pmod 3$；

（2）$b \equiv c(\bmod 3)$；

（3）$a \equiv c(\bmod 5)$；

（4）$b \equiv d(\bmod 7)$。

2. 筛分集合

筛分集合我们仍然沿用 $\mathscr{B} = \{p : p < N^{\frac{1}{2}}\}$，$P(N^{\frac{1}{2}}) = \prod\limits_{2 \leqslant p \leqslant N^{\frac{1}{2}}} p$。

3. 筛函数

$$S(\mathscr{A}_1, \mathscr{A}_2, \mathscr{A}_3, \mathscr{A}_4; \mathscr{B}, N^{\frac{1}{2}}) = \sum_{\substack{a+2l_1=b, a+2l_2=c, a+2l_3=d \\ a \in \mathscr{A}_1, b \in \mathscr{A}_2, c \in \mathscr{A}_3, d \in \mathscr{A}_4 \\ (a_1a_2a_3a_4, P(N^{\frac{1}{2}}))=1}} 1$$

4. 筛分过程

首先，我们使用筛分集合 $P(N^{\frac{1}{2}}) = \prod\limits_{p < N^{\frac{1}{2}}} p$ 对 $\mathscr{A}_1$ 进行筛分，并筛去其他三个整数序列中对应的元素。根据定理 2.1，每个整数序列所剩元素个数 $l(N)$ 为：

$$l(N) \geqslant \frac{N}{\log N} + o\left(\frac{N}{\log^2 N}\right)$$

根据定理 1.8 和定理 1.9，所剩元素组成的四个整数序列均是可筛整数序列。

其次，我们再使用筛分集合 $\mathscr{B} = \{p : p < N^{\frac{1}{2}}\}$，$P(N^{\frac{1}{2}}) = \prod\limits_{p < N^{\frac{1}{2}}} p$ 对 $\mathscr{A}_2$ 进行筛分，并筛去 $\mathscr{A}_1$、$\mathscr{A}_3$、$\mathscr{A}_4$ 中对应的元素。根据叠加原理或引理 10，每个整数序列所剩元素个数 $l(N)$ 为：

$$l(N) \geqslant \frac{N}{\log^2 N} + o\left(\frac{N}{\log^3 N}\right)$$

根据定理 1.8 和定理 1.9，所剩元素组成的四个整数序列均是可筛整数序列。

再次，我们使用筛分集合 $\mathscr{B} = \{p : p < N^{\frac{1}{2}}\}$，$P(N^{\frac{1}{2}}) = \prod\limits_{p < N^{\frac{1}{2}}} p$ 对 $\mathscr{A}_3$ 进行筛分，并筛去 $\mathscr{A}_1$、$\mathscr{A}_2$、$\mathscr{A}_4$ 中对应的元素。根据引理 10，每个整数序列所剩元素个数 $l(N)$ 为：

$$l(N) \geqslant \frac{cN}{\log^3 N} + o\left(\frac{N}{\log^4 N}\right)$$

同样，根据定理 1.8 和定理 1.9，所剩元素组成的四个整数序列均是可筛整数序列。

最后，我们再使用筛分集合 $\mathcal{B}=\{p:p<N^{\frac{1}{2}}\}$ ，$P(N^{\frac{1}{2}})=\prod_{p<N^{\frac{1}{2}}}p$ 对 $\mathcal{A}_4$ 进行筛分，并筛去 $\mathcal{A}_1$ 、$\mathcal{A}_2$ 、$\mathcal{A}_3$ 中对应的元素。根据叠加原理，每个整数序列所剩元素个数 $l(N)$ 为：

$$l(N)\geqslant\frac{\frac{cN}{\log^3 N}}{\log N}+o\left(\frac{N}{\log^5 N}\right)$$

$$\geqslant\frac{cN}{\log^4 N}+o\left(\frac{N}{\log^5 N}\right)$$

根据上述给出的整数序列和定理3.1，$c=\prod_{p=3,3,5,7}\frac{p-1}{p-2}=6.4$ 。于是，我们立即得出下面的定理。

定理5.1：存在无穷多的四重素数组：p_1 ，$p_1+4=p_2$ ，$p_1+10=p_3$ ，$p_1+18=p_4$ 。设 N 是充分大的整数，$P(N^{\frac{1}{2}})=\prod_{p<N^{\frac{1}{2}}}p$ ，$p_1+4=p_2$ ，$p_1+10=p_3$ ，$p_1+18=p_4$ 四重素数组的个数 $l(N)$ 为：

$$l(N)\geqslant\frac{96}{15}\frac{N}{\log^4 N}+o\left(\frac{N}{\log^5 N}\right)\qquad(5.1)$$

证明略（见以上证明过程）。

与三重一元筛法一样，我们亦可给出其他类型的四重一元筛法。例如下列四重素数组（p_1,p_2,p_3,p_4）的整数序列，$p_1=14k-1$，$p_2=14k+1$，$p_3=14k+5$，$p_4=14k+11$ 。

$\mathcal{A}_1$：13，27，41，55，69，83，97，111，125，139，153，…

$\mathcal{A}_2$：15，29，43，57，71，85，99，113，127，141，155，…

$\mathcal{A}_3$；19，33，47，61，75，89，103，117，131，145，159，…

$\mathcal{A}_4$：25，39，53，67，81，95，109，123，137，151，165，…

它的证明与三重素数组的证明基本相同，这里不再赘述。但是，随着素数组的重数的增加，这种素数组的出现越来越稀少了。

§5.2 五重一元筛法的应用

同样，五重一元筛法是通过五个并列的整数序列组来体现一个数学事件，由一个或多个筛分集合分别对五个整数序列进行筛分，再通过叠加原理得到筛分结果的。

我们来看一个五重素数的整数序列：

$\mathcal{A}_1$ ：1，2，3，4，5，6，7，8，9，10，11，…

$\mathcal{A}_2$ ：3，4，5，6，7，8，9，10，11，12，13，…

$\mathcal{A}_3$ ：7，8，9，10，11，12，13，14，15，16，17，…

$\mathcal{A}_4$ ：13，14，15，16，17，18，19，20，21，22，23，…

$\mathcal{A}_5$ ：21，22，23，24，25，26，27，28，29，30，31，…

这五个整数序列的任意一个整数序列元素不构成5 加5 的完全剩余系，也不构成3 加3 的完全剩余系。五个整数序列都是自然数列，因此是可筛整数序列。

筛去偶数元素后，每个整数序列有 $\frac{N}{2}$ 个元素，而且各整数序列之间存在如下关系。设五个整数序列中的任意一个整数序列元素组为 a,b,c,d,e 。$a \in \mathcal{A}_1$ ，$b \in \mathcal{A}_2$ ，$c \in \mathcal{A}_3$ ，$d \in \mathcal{A}_4$ ，$e \in \mathcal{A}_5$ 。

（1）$a \equiv c(\bmod 3)$ ，$a \equiv d(\bmod 3)$ ，$a \equiv e(\bmod 5)$ ；

（2）$b \equiv e(\bmod 3)$ ，$b \equiv d(\bmod 5)$ ；

（3）$c \equiv d(\bmod 3)$ ，$c \equiv e(\bmod 7)$ 。

根据定理3. 1 可知，系数 c 为：

$$c = \frac{3-1}{3-2} \times \frac{3-1}{3-2} \times \frac{3-1}{3-2} \times \frac{3-1}{3-2} \times \frac{5-1}{5-2} \times \frac{5-1}{5-2} \times \frac{7-1}{7-2} = \frac{2^9}{15}$$

下面我们来进行筛分：

第一步，我们使用筛分集合 $\mathcal{B} = \{p : p < N^{\frac{1}{2}}\}$ ，$P(N^{\frac{1}{2}}) = \prod_{p < N^{\frac{1}{2}}} p$ 对 $\mathcal{A}_1$ 进行筛分，并筛去其他四个整数序列中对应的元素。根据定理2. 1，每个整数序列所剩元素个数 $l(N)$ 为：

$$l(N) \geqslant \frac{N}{\log N} + o\left(\frac{N}{\log^2 N}\right)$$

根据定理1. 8 和定理1. 9，所剩元素组成的五个整数序列均是可筛整数序列。

第二步，我们再使用筛分集合 $\mathcal{B} = \{p : p < N^{\frac{1}{2}}\}$ ，$P(N^{\frac{1}{2}}) = \prod_{p < N^{\frac{1}{2}}} p$ 对 $\mathcal{A}_2$ 进行筛分，并筛去 $\mathcal{A}_1$ 、$\mathcal{A}_3$ 、$\mathcal{A}_4$ 、$\mathcal{A}_5$ 中对应的元素。根据引理10，每个整数序列所剩元素个数 $l(N)$ 为：

$$l(N) \geqslant \frac{N}{\log^2 N} + o\left(\frac{N}{\log^3 N}\right)$$

根据定理 1.8 和定理 1.9，所剩元素组成的五个整数序列均是可筛整数序列。

第三步，我们再使用筛分集合 $\mathcal{B} = \{p : p < N^{\frac{1}{2}}\}$，$P(N^{\frac{1}{2}}) = \prod\limits_{p < N^{\frac{1}{2}}} p$ 对 $\mathcal{A}_3$ 进行筛分，并筛去 $\mathcal{A}_1$、$\mathcal{A}_2$、$\mathcal{A}_4$、$\mathcal{A}_5$ 中对应的元素。根据引理 10，每个整数序列所剩元素个数 $l(N)$ 为：

$$l(N) \geqslant \frac{cN}{\log^3 N} + o\left(\frac{N}{\log^4 N}\right)$$

根据定理 1.8 和定理 1.9，所剩元素组成的五个整数序列依然是可筛整数序列。

第四步，我们再使用筛分集合 $\mathcal{B} = \{p : p < N^{\frac{1}{2}}\}$，$P(N^{\frac{1}{2}}) = \prod\limits_{p < N^{\frac{1}{2}}} p$ 对 $\mathcal{A}_4$ 进行筛分，并筛去 $\mathcal{A}_1$、$\mathcal{A}_2$、$\mathcal{A}_3$、$\mathcal{A}_5$ 中对应的元素。根据叠加原理，每个整数序列所剩元素个数 $l(N)$ 为：

$$l(N) \geqslant \frac{cN}{\log^4 N} + o\left(\frac{N}{\log^5 N}\right)$$

同样，根据定理 1.8 和定理 1.9，所剩元素组成的五个整数序列均是可筛整数序列。

第五步，我们再使用筛分集合 $\mathcal{B} = \{p : p < N^{\frac{1}{2}}\}$，$P(N^{\frac{1}{2}}) = \prod\limits_{p < N^{\frac{1}{2}}} p$ 对 $\mathcal{A}_5$ 进行筛分，并筛去 $\mathcal{A}_1$、$\mathcal{A}_2$、$\mathcal{A}_3$、$\mathcal{A}_4$ 中对应的元素。根据引理 10，每个整数序列所剩元素个数 $l(N)$ 为：

$$l(N) \geqslant \frac{\frac{cN}{\log^4 N}}{\log N} + o\left(\frac{N}{\log^6 N}\right)$$

即
$$l(N) \geqslant \frac{cN}{\log^5 N} + o\left(\frac{N}{\log^6 N}\right)$$

根据上述给出的整数序列和定理 3.1，系数 $c = \frac{2^9}{15}$。

$$S(\mathcal{A}_1, \mathcal{A}_2, \mathcal{A}_3, \mathcal{A}_4, \mathcal{A}_5; \mathcal{B}, N^{\frac{1}{2}}) = \sum_{\substack{a_1 + 2l_1 = a_2,\, a_1 + 2l_2 = a_3 \\ a_1 \in \mathcal{A}_1,\, a_2 \in \mathcal{A}_2,\, a_3 \in \mathcal{A}_3 \\ a_1 + 2l_3 = a_4,\, a_1 + 2l_4 = a_5, \\ (a_1 a_2 a_3 a_4 a_5,\, P(N^{\frac{1}{2}})) = 1}} 1$$

$$\geqslant \frac{cN}{\log^5 N} + o\left(\frac{N}{\log^6 N}\right)$$

其中 $c = \frac{2^9}{15}$。

于是，我们立即得到下面的定理。

定理 5.2：存在无穷多的五重素数组：

$$(p, p+2, p+6, p+12, p+20)$$

如果用 $g(N)$ 表示其个数，则 $g(N)$ 为：

$$g(N) \geqslant \frac{cN}{\log^5 N} + o\left(\frac{N}{\log^6 N}\right) \tag{5.2}$$

其中 $c = \frac{2^9}{15}$。

我们计算得到的结果与实际存在差别不大。比如 $N = 1000$ 时，有 5 组这样的素数：

(11,13,17,23,31)，(17,19,23,29,37)，(41,43,47,53,61)，

(347,349,353,359,367)，(641,643,647,653,661)。

我们计算的结果是 2 组。这是因为前面 2 组属于 $< N^{\frac{1}{2}}$ 的范围。

§5.3　n 重一元筛法的应用

前面我们对四重素数和五重素数的筛分情况进行了分析，可以看出，只有当 N 充分大，而且 $\Omega_3\Omega_5 \neq 0$ 时才有意义；而当 $\Omega_3\Omega_5 = 0$ 时或者 $\Omega_3 = 0$ 或者 $\Omega_5 = 0$ 时，五个整数序列对应的每一列元素 $\{a_1, a_2, a_3, a_4, a_5\}$ 或者包含 3 的 3 加 3 的完全剩余系，或者包含 5 加 5 的完全剩余系。于是我们有：

定理 5.3：设 n 为一个任意整数，$\{p_i\}$ 为小于 n 的素数集合。当 N 充分大时，存在 n 重素数组的充分必要条件是：n 个整数序列对应的每一列元素 $\{a, b, c, d, e, \cdots\}$ 不包含任意一个素数 p_i，$p_i \in P(N^{\frac{1}{2}})$ 的 p_i 加 p_i 的完全剩余系。

这个定理的证明非常简单（假如是 p 的完全剩余系，则每列都有一个元素被 p 整除，除此之外一定存在 n 重素数组），那么对于 n 重素数情况如何呢？我们有下面的定理。

定理5.4：设 N 为充分大的整数，对于任一整数 n，$n<N$，取 $n-1$ 个偶数：

$$0<2l_1<2l_2<2l_3<\cdots<2l_{n-1}$$

对于所有素数 p_k（$p_k<n$），如果从上述 $n-1$ 个偶数中任意选择 p_k-1 个偶数，均不能构成 p_k 的完全剩余系 [0, 1, 2, 3, …, $p_k-1 \pmod{p_k}$]，或从 n 个整数序列中的任意一列中选择任意 p_k 个元素均不构成 p_k 加 p_k 的完全剩余系。则存在下列素数组：

$$p,p+2l_1,p+2l_2,\cdots,p+2l_{n-1}$$

且素数组的个数 $l_n(N)$ 为：

$$l_n(N)\geqslant cN\prod_{n<p_i\leqslant N^{\frac{1}{2}}}\left[\frac{p_i-1}{p_i}\right]\otimes\prod_{n<p_i\leqslant N^{\frac{1}{2}}}\left[\frac{p_i-1}{p_i}\right]\otimes\prod_{n<p_i\leqslant N^{\frac{1}{2}}}\left[\frac{p_i-1}{p_i}\right]\otimes\cdots\otimes\prod_{n<p_i\leqslant N^{\frac{1}{2}}}\left[\frac{p_i-1}{p_i}\right]$$

$$\geqslant\frac{cN}{\log^n N}+o\left(\frac{N}{\log^{n+1}N}\right) \tag{5.3}$$

其中 c 是根据定理3.1及整数序列的实际情况计算的。

此定理证明过程与定理5.2相同。

§5.4　n^2+n+p 问题

下面是 n 重素数的一个特例，我们不妨称其为 p 重素数。

$$\{p+n_i(n_i+1);n_i=:0,1,2,3,4,\cdots,p-1\}$$

这也是一个著名的数论问题，在很多数论书籍中都有叙述：任意给定一个素数 p，是否存在一个 N（$0\leqslant n\leqslant N$），使得 x^2+x+p 或 x^2-x+p 常表示素数？例如：

$$x^2-x+17$$

$$x^2-x+41$$

根据定理5.4，这种 n 重素数是存在的。其整数序列由 $\left\{p+2l_i:\ l_i=1,\ 3,\ 6,\ 10,\ \cdots,\ \frac{i\ (i\pm1)}{2}\right\}$ 构成。生成 n 重素数为：

$\mathcal{A}$：x^2+x+p：p，$p+2$，$p+6$，$p+12$，…，$p+x\ (x+1)$

或

$\mathcal{A}$：x^2-x+p：p，p，$p+2$，$p+6$，$p+12$，…，$p+x\ (x-1)$

对于给定的一个整数 x^2+x+p ，总存在一个素数 P ，$P\neq p$ ，$P|x^2+x+p$，且 $\left(\frac{-x-p}{P}\right)=1$ ，$x^2+x+p=mP$ 。

实际上这是一个一重二元筛法问题，是 $\left(\frac{-x-p}{P}\right)=1$ 和 $x^2+x+p=mP$ 的一个特殊情况，即 $m=1$ 的情况。当 x 取 1，2，3，4，…，$p-1$ 时，总有一个素数 P_i ，使得 $\left(\frac{-x-p}{P_i}\right)=1$ 和 $x^2+x+p=P_i$ 。

我认为，$N=p-1$ 这种情况是有限的。但其证明是非常困难的。

§5.5　小结

总之，对于线性的 n 重素数，必须使用 n 重一元筛法来进行讨论。而且由于不同的问题所产生的整数序列是不同的，因而其筛分过程和筛法结果各不相同。因此，要针对具体情况做具体的分析和处理。

要点回顾：

（1）n 重一元筛法的整数序列的任意一列元素不构成任意一个素数 P_i 的 P_i 加 P_i 的完全剩余系。

（2）n 越大，整数序列的个数越多，c 值越大，计算越复杂，误差也就越大。同时，素数组也就越稀少。

（3）在线性的 n 重筛法中，存在大量的消除同素的问题，需要逐个地观察分析。

（4）在 n 重一元筛法中，叠加原理的运用使得估计越来越困难，精确度越来越低。

第六章　一重二元筛法及其应用

前面我们介绍了一重一元、多重一元筛法及其一些应用，现在我们对筛法进行一个系统的分类。

根据前面的定义，我们知道：使用一个筛分集合筛分 n 个整数序列称为 n 重一元筛法。求素数在自然数序列和算数级数中的分布问题都是一重筛法，求孪生素数对的问题属于二重筛法等。现在我们来研究一下，假设使用一个筛分集合筛分一个整数序列中的两个元素呢？我们给出下面的定义。

定义：使用一个或多个筛分集合，筛分 n 个整数序列，每次筛去一个整数序列的 m 个元素的筛法称为 n 重 m 元筛法。由此，我们很快得出一重二元筛法的定义：使用一个筛分集合，每次筛去一个整数序列中的两个元素的筛法称为一重二元筛法。

§6.1　筛法的分类

根据以上定义我们可将筛法分为以下几类。

（1）一重一元筛法。如求素数在自然数序列中的分布和素数在算数级数中的分布问题。

（2）一重 n 元筛法。例如求 x^2+1 的整数序列中存在的素数问题，我们称为一重二元筛法。一般地，$(x+1)^p-x^p$ 产生的整数序列的筛法我们称为一重 $p-1$ 元筛法。

（3）二重一元筛法。如求孪生素数对的问题和（1+1）问题。

（4）n 重 m 元筛法。

（5）n 重混元筛法。混元筛法是指对一个整数序列既有筛分一个元素的，又有筛分多个元素的混合型筛法。

根据上述定义，我们在第二章中讨论的属于一重一元筛法；在第三章中讨论的是二重一元筛法；第四章、第五章分别介绍的是三重一元筛法和四重一元筛法、五重一元筛法。而本章我们主要讨论一重二元筛法及其应用。

能否运用筛法解决一个素数分布问题，最重要有两点：一是我们设置的整数序列中的被筛元素是否均匀分布？如果是均匀分布的，一般情况下都可以运用筛法来解决这一问题；如果不是均匀分布的，一般不能运用筛法来解决，至少会遇到主项、余项估计等难题。二是正确分析筛分元素对于整数序列的被筛元素是否对称分布？因此，正确认识和分析一个整数序列的性质和准确设置筛函数，是运用筛法解决素数分布问题的关键所在。

素数在幂级数中的分布一直是数学家们讨论得比较多的话题。下面我们运用筛法原理对一些常见的素数在平方幂级数中的分布问题做一些讨论。

§6.2　一重二元筛法的基本特征

一重二元筛法的基本思路与一重一元筛法和二重一元筛法基本是相同的。即先给定一个整数序列，运用筛分集合 $\mathcal{B}$ 筛去与筛分集合 $\mathcal{B}$ 中同素的元素，求整数序列剩下的元素个数。但是一重二元筛法的整数序列和筛分集合，比一重一元筛法和二重一元筛法要复杂一些。

下面我们以实例讨论。

§6.2.1　一重二元筛法的整数序列

前面介绍的 n 重一元筛法所讨论的整数序列均由一元一次整系数多项式（线性代数式）产生的，如自然数级数、算术级数。一重二元筛法所讨论的整数序列则是由一个不可约的一元二次整系数多项式所产生的数列。如 x^2+1 所产生的整数序列：

$\mathcal{A}$：2，5，10，17，26，37，50，65，82，101，122，145，…

一元二次整系数多项式所产生的数列与一元一次整系数多项式所产生的数列相比，有两个不同的基本特征：

（1）在一元二次整系数多项式所产生的数列中，如果 p 是其中一个元素的素因子，则每 p 个元素有 2 个元素被 p 整除；如果有一个元素被 p_1p_2 整除，则每隔 p_1p_2 个元素有 4 个元素被 p_1p_2 整除；如果有一个元素被 $p_1p_2p_3$ 整除，则每隔 $p_1p_2p_3$ 个元素有 8 个元素被 $p_1p_2p_3$ 整除等。

（2）在一元二次整系数多项式所产生的整数序列中，只有部分素数能整除整数序列的元素，另一部分素数不在整数序列中出现。

例如，上述的整数序列每 5 个元素就有 2 个元素被 5 整除等；且在整数序列中出现的素数或素因子只有 $4m+1$ 型素数。这是因为使 $\left(\frac{-1}{p}\right)=1$ 成立的 p，一定是 $4m+1$ 型素数；且 $x^2+1\equiv 0(\bmod p)$ 都有两个解。

§6.2.2　一重二元筛法的筛分集合

整数序列决定筛分集合，因为筛分集合是根据整数序列和我们的命题要求而设定的。根据一重二元筛法的整数序列和命题的实际而设定的筛分集合，才能使我们的筛分过程更加准确。

以上述整数序列为例，筛分集合 $\mathcal{B}$ 为：

$$\mathcal{B}=\{p:p=4m+1,p<x\}$$

在下面的讨论中我们将引入 $P(N^{\frac{1}{2}})=\prod\limits_{\substack{p=4m+1\\ p<N^{\frac{1}{2}}}}p$。

§6.2.3　一重二元筛法的筛函数

一重二元筛法的筛函数也要根据我们的命题和整数序列的实际而设定，没有固定的公式。以上述的整数序列为例，我们的目的是求 x^2+1 所产生的整数序列中存在多少个素数，那么筛函数可设定为：

$$S(\mathcal{A};\mathcal{B},N^{\frac{1}{2}})=\sum_{\substack{x^2+1=a\\ a\in\mathcal{A}\\ (a,P(N^{\frac{1}{2}}))=1}}1$$

1. 筛函数表达式

$$S(\mathcal{A};\mathcal{B},N^{\frac{1}{2}})=\sum_{\substack{x^2+1=a\\ a\in\mathcal{A}\\ (a,P(N^{\frac{1}{2}}))=1}}1$$

$$\geqslant N\prod_{p_i<z}\left[\frac{p_i-2}{p_i}\right]$$

2. 筛函数性质

(1) $S(\mathcal{A};\mathcal{B},2) = |\mathcal{A}|$。

(2) $S(\mathcal{A};\mathcal{B},z) \geqslant 0$。

(3) $S(\mathcal{A};\mathcal{B},z_1) \geqslant S(\mathcal{A};\mathcal{B},z_2)$，$2 \leqslant z_1 \leqslant z_2$。

(4) 若 $S(\mathcal{A}_1;\mathcal{B},z) = N\prod_{p_i}\left[\frac{p_i - 1}{p_i}\right]$，$S(\mathcal{A}_2;\mathcal{B},z) = N\prod_{p_i}\left[\frac{p_i - 1}{p_i}\right]$，则 $S(\mathcal{A}_1;\mathcal{B},z) \otimes S(\mathcal{A}_2;\mathcal{B},z) = N\prod_{p_i}\left[\frac{p_i - 1}{p_i}\right] \otimes \prod_{p_i}\left[\frac{p_i - 1}{p_i}\right]$。

§6.3　一重二元筛法的基本理论

我们在前面的章节中所讨论的整数序列都是线性的，而一重二元筛法所讨论的整数序列是非线性的，这给我们的讨论提出了两个最基本的理论问题：一是每 p 个元素筛去两个元素；二是筛分集合的变化。下面，我们针对这两个问题从理论上给予讨论并解决。

在第一章中已经叙述过这些理论，这里再针对本章所需做一些讨论，以强调其应用范围。

§6.3.1　关于 $\prod_{p<N^{\frac{1}{2}}}\frac{p-2}{p}$ 的应用

我们在前面章节中都是使用 $\prod_{p<N^{\frac{1}{2}}}\frac{p-1}{p}$ 来描述自然数序列中的素数分布问题，并且对一个整数序列只进行一次筛分。在本章的讨论中将使用 $N\prod_{p<N^{\frac{1}{2}}}\left[\frac{p-2}{p}\right]$ 来描述素数在由不可约的一元二次多项式构成的整数序列中的素数分布问题，并且对每个筛分元素在一个整数序列中都是要筛分两次。因此需要使用 $\prod_{p<N^{\frac{1}{2}}}\frac{p-2}{p}$ 分析工具。

为了证明使用 $\prod_{p<N^{\frac{1}{2}}}\frac{p-2}{p}$ 这个分析工具的准确性问题，我们在下面的叙述中以 x^2+1 的整数序列为例。

$\mathcal{A}$：2，5，10，17，26，37，50，65，82，101，122，145，170，197，

226，257，290，325，362，401，442，485，530，577，626，677，730，785，842，901，962，1025，1090，1157，1226，1297，1370，1445，1522，1601，1682，1765，1850，1937，2026，2117，2210，2305，2402，2501，2602，2705，2810，2917，3026，3137，3250，…，x^2+1。

可知：此整数序列中，凡素数 $p=4m+1$ 者，每 p 个元素必有 2 个被 p 整除。下面我们从展开式来看：

$$\prod_{p_i=p_1,p_2}\frac{p_i-2}{p_i}=\left(\frac{p_1-2}{p_1}\right)\left(\frac{p_2-2}{p_2}\right)$$

$$=1-\frac{2}{p_1}-\frac{2}{p_2}+\frac{4}{p_1p_2}$$

先选择 2 个元素 p_1、p_2，对于含有因子 p_1p_2 的元素，分别通过对 p_1 和 p_2 筛分，已经筛去 2×2 个元素，而实际上应该只筛去 2 个元素：$-2=-4+2$。也就是对于每一个含有因子 $p_1\ p_2$ 的元素应该加上 2 个单位，即 $+\frac{2}{p_1p_2}$。但是，当 $x\leqslant p_1p_2$ 时，有 4 个元素被 p_1p_2 整除。对于这 4 个元素，我们应该记作 2 组，故应该加上 $2\times\frac{2}{p_1p_2}$，即 4 个单位：$+\frac{4}{p_1p_2}$。

例如：从上述整数序列中选 $p_1=5$，$p_2=13$，则在 $x\leqslant65$（即 $x^2\leqslant65^2$）时，有 2 对即 4 个元素被 65 整除。

选择 3 个元素 p_1，p_2，p_3，则有：

$$\prod_{p_i=p_1,p_2,p_3}\frac{p_i-2}{p_i}=\left(\frac{p_1-2}{p_1}\right)\left(\frac{p_2-2}{p_2}\right)\left(\frac{p_3-2}{p_3}\right)$$

$$=1-\frac{2}{p_1}-\frac{2}{p_2}-\frac{2}{p_3}+\frac{4}{p_1p_2}+\frac{4}{p_1p_3}+\frac{4}{p_2p_3}-\frac{8}{p_1p_2p_3}$$

对于 $p_1p_2p_3$，分别通过对 p_1、p_2 和 p_3 的筛分，已经筛去 2×3 个元素，通过对 p_1p_2，p_1p_3，p_2p_3 的筛分已经筛去 6 个元素，而实际上应该只筛去 2 个元素（只筛一次），即 $-2=-6+6-2$。即对于每一个含有 $p_1p_2p_3$ 因子的元素应该减去 2 个单位 $\frac{2}{p_1p_2p_3}$。但是，当 $x\leqslant p_1p_2p_3$ 时，有 4 组元素被 $p_1p_2p_3$ 整除，故我们应该加上 $-4\times\frac{2}{p_1p_2p_3}$，即 8 个单位：$-\frac{8}{p_1p_2p_3}$。

例如：从上述整数序列中选 $p_1=5$，$p_2=13$，$p_3=17$，则在 $x\leqslant1105$ 时，

有 4 对即 8 个元素被 1105 整除。

以此类推，我们有下面的结论：

$$\prod_{p_i<N^{\frac{1}{2}}}\frac{p_i-2}{p_i}=1-\sum_{p_i<N^{\frac{1}{2}}}\frac{2}{p_i}+\sum_{p_i,p_j<N^{\frac{1}{2}}}\frac{4}{p_ip_j}-\sum_{p_i,p_j,p_k<N^{\frac{1}{2}}}\frac{8}{p_ip_jp_k}+$$

$\sum_{p_i,p_j,p_k,p_h<N^{\frac{1}{2}}}\frac{16}{p_ip_jp_kp_h}-\cdots$ 在本章的讨论中，我们将更多地运用 $\prod_{p<N^{\frac{1}{2}}}\frac{p-2}{p}$ 来解决由一元二次多项式构成的整数序列中的素数分布问题。

同样地，我们在下面的讨论中将采用 $N\prod_{p<N^{\frac{1}{2}}}\left[\frac{p-2}{p}\right]$ 的表示方法：

$$N\prod_{p<N^{\frac{1}{2}}}\left[\frac{p-2}{p}\right]=N-\sum_{p_i<N^{\frac{1}{2}}}\left[\frac{N}{p_i}\right]+\sum_{p_i,p_j<N^{\frac{1}{2}}}\left[\frac{4N}{p_ip_j}\right]-\sum_{p_i,p_j,p_k<N^{\frac{1}{2}}}\left[\frac{8N}{p_ip_jp_k}\right]+$$

$$\sum_{p_i,p_j,p_k,p_h<N^{\frac{1}{2}}}\left[\frac{16N}{p_ip_jp_kp_h}\right]-\cdots$$

从上面的分析我们不难看出，使用 $N\prod_{p<N^{\frac{1}{2}}}\left[\frac{p-2}{p}\right]$ 来描述由不可约多项式 x^2+1 构成的整数序列的素数分布问题是非常准确的。

推而广之，我们一般可以使用 $N\prod_{p<N^{\frac{1}{2}}}\left[\frac{p-n}{p}\right]$ 来描述各种各样的由不可约多项式构成的整数序列的素数分布问题，如：

$$\prod_{p_i<N^{\frac{1}{2}}}\left[\frac{p_i-n}{p_i}\right]=1-\sum_{p_i<N^{\frac{1}{2}}}\left[\frac{n}{p_i}\right]+\sum_{p_i,p_j<N^{\frac{1}{2}}}\left[\frac{n^2}{p_ip_j}\right]-\sum_{p_i,p_j,p_k<N^{\frac{1}{2}}}\left[\frac{n^3}{p_ip_jp_k}\right]+$$

$$\sum_{p_i,p_j,p_k,p_h<N^{\frac{1}{2}}}\left[\frac{n^4}{p_ip_jp_kp_h}\right]-\cdots$$

以上是第一章引理 4，在不可约多项式产生的整数序列筛分分析中起到非常大的作用。

在一重二元筛法中，我们遇到了对 $N\prod_{p_i<z}\left[\frac{p_i-2}{p_i}\right]$ 的估计问题，目前直接对其估计十分困难。于是，我们对于 $N\prod_{p_i<z}\left[\frac{p_i-2}{p_i}\right]$ 的估计，与 $N\prod_{p_i<z}\left[\frac{p_i-1}{p_i}\right]$ 的估计建立一种关系，从而达到对 $N\prod_{p_i<z}\left[\frac{p_i-2}{p_i}\right]$ 的估计的目的。我们将此称为降元原理，对于 $N\prod_{p_i<z}\left[\frac{p_i-2}{p_i}\right]$ 的估计，我们有第一章的引理 5，

这里只是复述一遍。

§6.3.2 降元原理

$$N\prod_{p_i<z}\left[\frac{p_i-1}{p_i}\right]^2\sim N\prod_{p_i<z}\left[\frac{p_i-2}{p_i}\right] \qquad (6.1)$$

证明：由于 $\left(\frac{p-1}{p}\right)^2=\frac{p-2}{p}+\frac{1}{p^2}$，

即 $$\left(\frac{p-1}{p}\right)^2-\frac{1}{p^2}=\frac{p-2}{p}$$

$$N\left[\frac{p-1}{p}\right]^2-\left[\frac{N}{p^2}\right]=\left[\frac{(p-2)N}{p}\right]$$

当 $N\to\infty, p\to N^{\frac{1}{2}}$ 时，$\frac{1}{p^2}\to 0$，于是我们得到：

$$N\prod_{p_i<z}\left[\frac{p_i-1}{p_i}\right]^2\sim N\prod_{p_i<z}\left[\frac{p_i-2}{p_i}\right]$$

由于 $\prod_{p_i<z}\left[\frac{p_i-1}{p_i}\right]^2=\prod_{p_i<z}\left[\frac{p_i-1}{p_i}\right]\otimes\prod_{p_i<z}\left[\frac{p_i-1}{p_i}\right]$，

即 $$N\prod_{p_i<z}\left[\frac{p_i-1}{p_i}\right]\otimes\prod_{p_i<z}\left[\frac{p_i-1}{p_i}\right]\sim N\prod_{p_i<z}\left[\frac{p_i-2}{p_i}\right]$$

证毕。

一般地，我们取任意整数 n。

$$\left(\frac{p-1}{p}\right)^n-\frac{k}{p^2}+\cdots=\frac{p-n}{p}$$

$$\left(\frac{p_i-1}{p_i}\right)^n-\left\{\frac{p_i-1}{p_i}\right\}^n=\left[\frac{p_i-1}{p_i}\right]^n$$

展开 $\left\{\frac{p_i-1}{p_i}\right\}^n$ 后得到：

$$\left(\frac{p_i-1}{p_i}\right)^n+\left\{\frac{n}{p_i}\right\}-\left\{\frac{k}{p_i^2}\right\}+\cdots=\left[\frac{p_i-1}{p_i}\right]^n$$

其中 $k=\frac{n(n-1)}{2}$。

即 $$\left[\frac{p_i-1}{p_i}\right]^n<\frac{p_i-n}{p_i}$$

推而广之，当 n 为任意整数时，则有：

$$N\prod_{p_i<z}\left[\frac{p_i-1}{p_i}\right]^n < N\prod_{p_i<z}\left[\frac{p_i-n}{p_i}\right]$$

即
$$N\prod_{p_i<z}\left[\frac{p_i-1}{p_i}\right]^n \sim N\prod_{p_i<z}\left[\frac{p_i-n}{p_i}\right] \tag{6.2}$$

§6.3.3　关于 $\prod\limits_{p_i=pm+1}\frac{p_i-1}{p_i}$ 的估计

在本书中很多地方需要对 $\prod\limits_{\substack{3\leqslant p_i<N^{\frac{1}{2}}\\ p_i=pm+1}}\left(1-\frac{1}{p_i}\right)$ 进行估计。但由于笔者目前对 $\prod\limits_{\substack{3\leqslant p_i<N^{\frac{1}{2}}\\ p_i=pm+1}}\left(1-\frac{1}{p_i}\right)$ 的估计还没有一个满意的结果。于是我们根据 $\prod\limits_{p<N^{\frac{1}{2}}}\frac{p-1}{p}\sim\frac{1}{\log N^{\frac{1}{2}}}$ 和素数定理 $\pi(N)=\frac{N}{\log N}+o\left(\frac{N}{\log^2 N}\right)$，得出这样的结论：如果按照 $pm+1$，$pm+3$，$pm+5$，…可以将所有素数均匀地分为 n 类，则有：

$$\prod_{p_i=pm+1}\left[1-\frac{1}{p_i}\right]=\frac{1}{n\log N^{\frac{1}{2}}}$$

例如 $4m+1$ 和 $4m+3$ 可以将所有素数分为两类。

我们先讨论对 $\prod\limits_{\substack{p_i=4m+1\\ p_i<N^{\frac{1}{2}}}}\left[1-\frac{1}{p_i}\right]$ 的估计。回顾一下第一章中的引理 7：

$$\prod_{\substack{p_i=4m+1\\ p_i<N^{\frac{1}{2}}}}\left[1-\frac{1}{p_i}\right]=\prod_{p_i<N^{\frac{1}{2}}}\left[1-\frac{1}{p_i}\right]^{\frac{1}{2}}$$

且
$$\prod_{\substack{3\leqslant p_i<N^{\frac{1}{2}}\\ p_i=4m+1}}\left[1-\frac{1}{p_i}\right]=\frac{1}{2\log N}+o\left(\frac{1}{\log^2 N}\right)$$

证明：由于 $\prod\limits_{\substack{p_i=4m+1\\ p_i<N^{\frac{1}{2}}}}\left[1-\frac{1}{p_i}\right]\otimes\prod\limits_{\substack{p_i=4m+3\\ p_i<N^{\frac{1}{2}}}}\left[1-\frac{1}{p_i}\right]=\prod\limits_{p_i<N^{\frac{1}{2}}}\left[1-\frac{1}{p_i}\right]$，因此由定理 2.3 和定理 2.4 可得出：

$$\prod_{\substack{p_i=4m+1\\ p_i<N^{\frac{1}{2}}}}\left[1-\frac{1}{p_i}\right]\sim\prod_{\substack{p_i=4m+3\\ p_i<N^{\frac{1}{2}}}}\left[1-\frac{1}{p_i}\right] \tag{6.3}$$

定理立即得证。

同理，$\prod\limits_{\substack{p_i=4m+3\\ p_i<N^{\frac{1}{2}}}}\left[1-\frac{1}{p_i}\right]=\prod\limits_{p_i<N^{\frac{1}{2}}}\left[1-\frac{1}{p_i}\right]^{\frac{1}{2}}$，且 $\prod\limits_{\substack{3\leqslant p_i<N^{\frac{1}{2}}\\ p_i=4m+3}}\left[1-\frac{1}{p_i}\right]=\frac{1}{2\log N}+o\left(\frac{1}{\log^2 N}\right)$。

可见，在一般情况下我们可以视为：

$$\prod_{\substack{3\leqslant p_i<N^{\frac{1}{2}}\\ p_i=4m+1}}\left[1-\frac{1}{p_i}\right]\sim\prod_{\substack{3\leqslant p_i<N^{\frac{1}{2}}\\ p_i=4m+3}}\left[1-\frac{1}{p_i}\right]$$

$$\prod_{\substack{3\leqslant p_i<N^{\frac{1}{2}}\\ p_i=4m+1}}\left[1-\frac{1}{p_i}\right]=\prod_{\substack{3\leqslant p_i<N^{\frac{1}{2}}\\ p_i=4m+3}}\left[1-\frac{1}{p_i}\right]=\prod_{p_i<N^{\frac{1}{2}}}\left[1-\frac{1}{p_i}\right]^{\frac{1}{2}}$$

且
$$\prod_{\substack{3\leqslant p_i<N^{\frac{1}{2}}\\ p_i=4m-1}}\left(1-\frac{1}{p_i}\right)\leqslant\prod_{\substack{3\leqslant p_i<N^{\frac{1}{2}}\\ p_i=4m+1}}\left(1-\frac{1}{p_i}\right)$$

现有研究已经证明，当 N 增长到一定大时，上面的不等式恰好相反。但无论如何，这种分类估计对于一些数论问题的解决起到了非常重要的作用，因此，我们期待对于 $\prod\limits_{\substack{3\leqslant p_i<N^{\frac{1}{2}}\\ p_i=4m-1}}\left(1-\frac{1}{p_i}\right)$ 和 $\prod\limits_{\substack{3\leqslant p_i<N^{\frac{1}{2}}\\ p_i=4m+1}}\left(1-\frac{1}{p_i}\right)$ 的估计有一个好的结果。

推而广之，我们有：

$$\prod_{\substack{p_i=pm+1\\ p_i<N^{\frac{1}{2}}}}\left[1-\frac{1}{p_i}\right]=\prod_{p_i<N^{\frac{1}{2}}}\left[1-\frac{1}{p_i}\right]^{\frac{1}{n}}$$

且
$$\prod_{p_i=pm+1}\left[1-\frac{1}{p_i}\right]=\frac{1}{n\log N^{\frac{1}{2}}}+o\left(\frac{1}{\log^2 N}\right)$$

证明：由定理 2.5 我们立即有：

$$\prod_{\substack{p_i=pm+1\\ p_i<N^{\frac{1}{2}}}}\left[1-\frac{1}{p_i}\right]=\prod_{p_i<N^{\frac{1}{2}}}\left[1-\frac{1}{p_i}\right]^{\frac{1}{p-1}}$$

且
$$\prod_{p_i=pm+1}\left[1-\frac{1}{p_i}\right]=\frac{1}{(p-1)\log N^{\frac{1}{2}}}+o\left(\frac{1}{\log^2 N}\right)$$

综上所述，于是我们立即推出第一章的引理9：

$$\prod_{p_i=pm+1}\left[\frac{p_i-1}{p_i}\right]^{p-1}=\prod_{p_i<N^{\frac{1}{2}}}\left[\frac{p_i-1}{p_i}\right]$$

同理，我们对 $\prod_{\substack{p_i<N^{\frac{1}{2}}\\ (\frac{n}{p_i})=1}}\left[\frac{p_i-1}{p_i}\right]$ 的估计也是非常必要的，因此我们可以猜测：

$$\prod_{\substack{p_i<N^{\frac{1}{2}}\\ (\frac{n}{p_i})=1}}\left[\frac{p_i-1}{p_i}\right]\sim\prod_{\substack{p_i<N^{\frac{1}{2}}\\ (\frac{n}{p_i})=-1}}\left[\frac{p_i-1}{p_i}\right]\tag{6.4}$$

其中 $\left(\frac{n}{p_i}\right)=1$ 为 Jacobi 符号。

于是得出下面的假定：

$$\prod_{\substack{p_i<N^{\frac{1}{2}}\\ (\frac{n}{p_i})=1}}\left[\frac{p_i-1}{p_i}\right]\sim\prod_{\substack{p_i<N^{\frac{1}{2}}\\ (\frac{n}{p_i})=-1}}\left[\frac{p_i-1}{p_i}\right]$$

且

$$\prod_{\substack{p_i<N^{\frac{1}{2}}\\ (\frac{n}{p_i})=1}}\left[\frac{p_i-1}{p_i}\right]\sim\frac{1}{2\log N}$$

$$\prod_{\substack{p_i<N^{\frac{1}{2}}\\ (\frac{n}{p_i})=1}}\left[\frac{p_i-1}{p_i}\right]=\prod_{p_i<N^{\frac{1}{2}}}\left[\frac{p_i-1}{p_i}\right]^{\frac{1}{2}}$$

由于 $\prod_{\substack{p_i<N^{\frac{1}{2}}\\ (\frac{n}{p_i})=1}}\left[\frac{p_i-1}{p_i}\right]\sim\prod_{\substack{p_i<N^{\frac{1}{2}}\\ (\frac{n}{p_i})=-1}}\left[\frac{p_i-1}{p_i}\right]$，故有：

$$\prod_{\substack{p_i<N^{\frac{1}{2}}\\ (\frac{n}{p_i})=1}}\left[\frac{p_i-1}{p_i}\right]\otimes\prod_{\substack{p_i<N^{\frac{1}{2}}\\ (\frac{n}{p_i})=-1}}\left[\frac{p_i-1}{p_i}\right]=\prod_{p_i<N^{\frac{1}{2}}}\left[\frac{p_i-1}{p_i}\right]$$

$$\prod_{\substack{p_i<N^{\frac{1}{2}}\\ (\frac{n}{p_i})=1}}\left[\frac{p_i-1}{p_i}\right]=\prod_{p_i<N^{\frac{1}{2}}}\left[\frac{p_i-1}{p_i}\right]^{\frac{1}{2}}$$

运用这个假定使我们的分析讨论更加清晰明了。但是后面我们在对某定理的讨论中，还是会给出一个证明，以确保定理证明的充分性。我衷心地期望读者能够对以上两个假定给出一个准确的证明结果。

§6.3.4 关于素数定理运用的一个说明

我们知道，素数定理

$$\pi(N) = N\prod_{p<N^{\frac{1}{2}}}\left(\frac{p-1}{p}\right) = \frac{N}{\log N} + o\left(\frac{N}{\log^2 N}\right)$$

$$\pi(N) \sim N\prod_{p<N^{\frac{1}{2}}}\left[\frac{p-1}{p}\right] = \frac{N}{\log N} + o\left(\frac{N}{\log^2 N}\right)$$

后面我们经常会使用 $\prod\limits_{3\leqslant p<N^{\frac{1}{2}}}\left[\frac{p-1}{p}\right]$，于是有：

$$\frac{N}{2}\prod_{3\leqslant p<N^{\frac{1}{2}}}\left[\frac{p-1}{p}\right] \sim \frac{N}{\log N} + o\left(\frac{N}{\log^2 N}\right)$$

$$\prod_{3\leqslant p<N^{\frac{1}{2}}}\left[\frac{p-1}{p}\right] \sim \frac{2}{\log N} + o\left(\frac{1}{\log^2 N}\right)$$

即

$$\prod_{3\leqslant p<N^{\frac{1}{2}}}\left[\frac{p-1}{p}\right] = \frac{1}{\log N^{\frac{1}{2}}} + o\left(\frac{1}{\log^2 N}\right)$$

就是说，当我们在整数序列中筛去偶数元素，使用转换原理时，必须使用 $\prod\limits_{3\leqslant p<N^{\frac{1}{2}}}\left[\frac{p-1}{p}\right] = \frac{1}{\log N^{\frac{1}{2}}} + o\left(\frac{1}{\log^2 N}\right)$。

§6.4 关于 x^2+1 的问题

有无穷多个 x^2+1 型的素数吗？这是一个大家非常熟悉的素数分布问题。实际上 Hardy 和 Littlewood 在他们的著作中曾经猜想（猜想 E）：小于 N 的这种素数的个数 $P(N)$ 渐近地等于$\frac{\mathrm{c}\,N^{\frac{1}{2}}}{\log N}$。

$$P(N) \sim \frac{\mathrm{c}\,N^{\frac{1}{2}}}{\log N} \tag{6.5}$$

这里的 c 为常数，c≈1.3727。

下面我们运用筛法来探讨这一问题，给出三个不同的证明，得到两个几乎相近的结果。

$$S(\mathcal{A};\mathcal{B},N^{\frac{1}{2}}) > \frac{2b^2N^{\frac{1}{2}}}{\log^2 N} + o\left(\frac{N^{\frac{1}{2}}}{\log^3 N}\right) \tag{6.6}$$

其中 $b = \prod\limits_{\substack{p=4m-1 \\ p<N^{\frac{1}{2}}}} \frac{p}{p-1}$。

或 $S(\mathcal{A};\mathcal{B},N^{\frac{1}{2}}) > \frac{N^{\frac{1}{2}}}{2\log N} + o\left(\frac{N^{\frac{1}{2}}}{\log^3 N^{\frac{1}{2}}}\right)$　　(6.7)

显然，这是一个一重二元筛法的问题。下面我们逐一进行分析讨论。

1. x^2+1 整数序列

我们首先来观察一个整数序列：

$\mathcal{A}$：2，5，10，17，26，37，50，65，82，101，122，145，170，197，226，257，290，325，362，401，442，485，530，577，626，677，730，785，842，901，962，1025，1090，1157，1226，1297，1370，1445，1522，1601，1682，1765，1850，1937，2026，2117，2210，2305，2402，2501，2602，2705，2810，2917，3026，3137，3250，…，x^2+1。

根据定理1.7，此整数序列是可筛整数序列。

我们不难推导出这个整数序列具有以下性质：

(1) $x^2+1=pm$ 有2个解。

(2) 在这个整数序列中，当 $p_i \mid x^2+1$，必有 $p_i \mid (x+p_i)^2+1$，$p_i \mid (x-p_i)^2+1$。

(3) $p_i \mid (x \pm mp_i)^2+1$。

(4) 当被 p_i 整除的最小元素为整数序列第 k 个元素时，第 mp_i+k 个元素必定被 p_i 整除。

(5) $4m-1 \nmid (x+p_i)^2+1$，即整数序列中出现的元素均为2或 $4m+1$ 型素因子之积或 $4m+1$ 型素数。因为当 $p_j=4m-1$ 时，$\left(\frac{-1}{p_j}\right) \neq -1$。

从 x^2+1 可以推导出（2），从（2）可以推导出（3），从（3）可推导出（4）。

从性质（2）可以看出，整数序列中被 p_i 整除的元素是共轭成对出现的；性质（3）则告诉我们，元素的分布是均匀的，即每间隔 p_i 个元素，出现两个被 p_i 整除的元素；性质（4）告诉我们的是 m 个元素中有 $2\left[\frac{m+\Delta p_i}{p_i}\right]$ 个元素

被 p_i 整除，其中 $\Delta p_i = k$，即被素因子 p_i 整除的最小元素为整数序列中第 k 个元素。

2. 筛分集合

$\mathcal{B} = \{p : p = 4m + 1, p < z\}$ 这里取 $z \leqslant x$。

3. 筛函数

$$S(\mathcal{A};\mathcal{B},N^{\frac{1}{2}}) = \sum_{\substack{x^2+1=a \\ a\in\mathcal{A} \\ (a,P(N^{\frac{1}{2}}))=1}} 1$$

4. 筛分过程

设 $a_1 < p$，根据性质（1）和（2），我们首先筛去整数序列中 $p \mid a_1^2 + 1$ 及 $p \mid (pm + a_1)^2 + 1$ 的所有元素，然后再筛去 $(pm - a_1)^2 + 1$ 的全部元素。

可知，第一步筛去的元素个数与第二步筛去的元素个数相等且无重复和交叉。

现在我们可以给出关于 $x^2 + 1$ 的素数分布问题的结果了。

定理 6.1：存在无穷多的 $x^2 + 1$ 型素数，若以 $X(N)$ 表示 $\leqslant N$ 的 $x^2 + 1$ 型素数的个数。则有：

$$S(\mathcal{A};\mathcal{B},N^{\frac{1}{2}}) \geqslant \frac{N^{\frac{1}{2}}}{2\log N} + o\left(\frac{N^{\frac{1}{2}}}{\log^2 N^{\frac{1}{2}}}\right) \tag{6.8}$$

或

$$X(N) > \frac{2\mathrm{b}^2 N^{\frac{1}{2}}}{\log^2 N} + o\left(\frac{N^{\frac{1}{2}}}{\log^3 N}\right) \tag{6.9}$$

其中 b 为常数，$\mathrm{b} = \prod\limits_{\substack{p=4m-1 \\ p<N^{\frac{1}{2}}}} \frac{p}{p-1}$。

证明 1：设 $P(N^{\frac{1}{2}}) = \prod\limits_{2\leqslant p_i\leqslant N^{\frac{1}{2}}} p_i$，$P_1(N^{\frac{1}{2}}) = \prod\limits_{\substack{2\leqslant p_i\leqslant N^{\frac{1}{2}} \\ p_i=4m+1}} p_i$，$P_2(N^{\frac{1}{2}}) = \prod\limits_{\substack{2\leqslant p_i\leqslant N^{\frac{1}{2}} \\ p_i=4m-1}} p_i$。

给定的整数序列为：

$\mathcal{A}$：$(x^2 + 1)$：1，2，5，10，17，…，$(m^2 + 1)$。

根据定理 1.7，这个整数序列是可筛整数序列。

这个整数序列中的元素只能被 2 和 $4m + 1$ 型素因子整除，根据第一章的引理 4，其筛函数不等式为：

$$S(\mathcal{A};\mathcal{B},N^{\frac{1}{2}}) = \sum_{\substack{x^2+1=a \\ a\in\mathcal{A} \\ (a,P(N^{\frac{1}{2}}))=1}} 1$$

$$= N^{\frac{1}{2}} \prod_{\substack{2,p_i=4m+1 \\ p_i\leqslant N^{\frac{1}{2}}}} \left[\frac{p_i-2}{p_i}\right]$$

根据降元原理或第一章引理5，其筛函数为：

$$S(\mathcal{A};\mathcal{B},N^{\frac{1}{2}}) \sim N^{\frac{1}{2}} \prod_{\substack{2,p_i=4m+1 \\ p_i\leqslant N^{\frac{1}{2}}}} \left[\frac{p_i-1}{p_i}\right]^2$$

$$S(\mathcal{A};\mathcal{B},N^{\frac{1}{2}}) \sim \frac{N^{\frac{1}{2}}}{2} \prod_{\substack{p_i=4m+1 \\ p_i\leqslant N^{\frac{1}{2}}}} \left[\frac{p_i-1}{p_i}\right]^2$$

根据第一章的引理7则有：

$$\prod_{\substack{p_i=4m+1 \\ p_i\leqslant N^{\frac{1}{2}}}} \left[\frac{p_i-1}{p_i}\right] \sim \prod_{p_i\leqslant N^{\frac{1}{2}}} \left[\frac{p_i-1}{p_i}\right]^{\frac{1}{2}}$$

$$\frac{N^{\frac{1}{2}}}{2} \prod_{\substack{p_i=4m+1 \\ p_i\leqslant N^{\frac{1}{2}}}} \left[\frac{p_i-1}{p_i}\right]^2 \sim \frac{N^{\frac{1}{2}}}{2} \prod_{p_i\leqslant N^{\frac{1}{2}}} \left[\frac{p_i-1}{p_i}\right]$$

根据第一章引理2则有：

$$S(\mathcal{A};\mathcal{B},N^{\frac{1}{2}}) \geqslant \frac{N^{\frac{1}{2}}}{2\log N^{\frac{1}{2}}} + o\left(\frac{N^{\frac{1}{2}}}{\log^2 N^{\frac{1}{2}}}\right)$$

即

$$S(\mathcal{A};\mathcal{B},N^{\frac{1}{2}}) \geqslant \frac{N^{\frac{1}{2}}}{\log N} + o\left(\frac{N^{\frac{1}{2}}}{\log^2 N^{\frac{1}{2}}}\right)$$

定理证毕。

对于 x^2+1 这一问题，我们还可以给出下面两个不同的证明。

证明2：设 $P(N^{\frac{1}{2}}) = \prod_{2\leqslant p_i\leqslant N^{\frac{1}{2}}} p_i$，$P_1(N^{\frac{1}{2}}) = \prod_{\substack{2\leqslant p_i\leqslant N^{\frac{1}{2}} \\ p_i=4m+1}} p_i$，$P_2(N^{\frac{1}{2}}) = \prod_{\substack{2\leqslant p_i\leqslant N^{\frac{1}{2}} \\ p_i=4m-1}} p_i$。

给定整数序列如下：

$\mathcal{A}=$：2，5，10，…，x^2+1。

首先，我们筛去偶数元素，所剩元素个数为 $\frac{N^{\frac{1}{2}}}{2}$。

其次，筛去所有被 p_i 整除的 $(x+p_i)^2+1$ 型元素，那么整数序列剩下的元素个数 $X(N)$ 为：

$$X(N) > \frac{1}{2}N^{\frac{1}{2}}\prod_{\substack{p_i=4m+1\\p_i\in P(N^{\frac{1}{2}})}}\frac{p_i-1}{p_i}$$

$$\geqslant \frac{1}{2}N^{\frac{1}{2}}\prod_{\substack{p_i<N^{\frac{1}{2}}\\p_i\in P(N^{\frac{1}{2}})\\p_i\neq 4m-1}}\frac{p_i-1}{p_i}-\sum_{i=1}^{n-1}\frac{\Delta p_i}{p_i}\prod_{j=i+1}^{n}\left(\frac{p_j-1}{p_j}-\frac{\Delta p_n}{p_n}\right)$$

$$\geqslant \frac{1}{2}N^{\frac{1}{2}}\prod_{\substack{p_i<N^{\frac{1}{2}}\\p_i\in P(N^{\frac{1}{2}})}}\frac{p_i-1}{p_i}\frac{1}{\prod\limits_{\substack{p_i<N^{\frac{1}{2}}\\p_i\in P(N^{\frac{1}{2}})\\p_i=4m-1}}\frac{p_i-1}{p_i}}-\sum_{i=1}^{n-1}\frac{\Delta p_i}{p_i}\prod_{j=i+1}^{n}\left(\frac{p_j-1}{p_j}-\frac{\Delta p_n}{p_n}\right)$$

这里 n 为 $p_i=4m+1$，$p_i\in P(N^{\frac{1}{2}})$ 的个数。

我们设 $\prod\limits_{\substack{p_i<N^{\frac{1}{2}}\\p_i\in P(N^{\frac{1}{2}})\\p_i=4m-1}}\frac{p_i-1}{p_i}=\frac{1}{b}$，则上式可写为：

$$X(N)\geqslant \frac{1}{2}N^{\frac{1}{2}}b\prod_{\substack{2<p_i<N^{\frac{1}{2}}\\p_i\in P(N^{\frac{1}{2}})}}\frac{p_i-1}{p_i}-\sum_{i=1}^{n-1}\frac{\Delta p_i}{p_i}\prod_{j=i+1}^{n}\left(\frac{p_j-1}{p_j}-\frac{\Delta p_n}{p_n}\right)$$

$$\geqslant \frac{1}{2}N^{\frac{1}{2}}b\prod_{\substack{2<p_i<N^{\frac{1}{2}}\\p_i\in P(N^{\frac{1}{2}})}}\left[\frac{p_i-1}{p_i}\right]$$

即
$$X(N)\geqslant \frac{1}{2}bN^{\frac{1}{2}}\frac{1}{\log N^{\frac{1}{2}}}+o\left(\frac{N^{\frac{1}{2}}}{\log^2 N^{\frac{1}{2}}}\right)$$

最后，我们筛去所有被 p_i 整除的 $(x-p_i)^2+1$ 型元素，根据叠加原理，那么整数序列剩下的元素个数为：

$$X(N) > \frac{1}{2}N^{\frac{1}{2}}\prod_{\substack{p_i=4m+1\\p_i\in P(N^{\frac{1}{2}})}}\left[\frac{p_i-1}{p_i}\right]\otimes\prod_{\substack{p_i=4m+1\\p_i\in P(N^{\frac{1}{2}})}}\left[\frac{p_i-1}{p_i}\right]$$

$$X(N) > \frac{b^2}{2}N^{\frac{1}{2}}\prod_{2<p_i\in P(N^{\frac{1}{2}})}\left[\frac{p_i-1}{p_i}\right]\otimes\prod_{2<p_i\in P(N^{\frac{1}{2}})}\left[\frac{p_i-1}{p_i}\right]$$

根据第一章引理2：$N\prod\left[\frac{p_i-1}{p_i}\right]>\frac{N}{\log N}$，由于 $\prod\limits_{3\leqslant p<N^{\frac{1}{2}}}\left[1-\frac{1}{p}\right]\sim\frac{1}{\log N^{\frac{1}{2}}}$，则有：

$$X(N)>\frac{b^2}{2}N^{\frac{1}{2}}\frac{1}{\log N^{\frac{1}{2}}}\otimes\frac{1}{\log N^{\frac{1}{2}}}$$

$$\geqslant\frac{\frac{1}{2}b^2N^{\frac{1}{2}}}{\frac{1}{4}\log^2N}+o\left(\frac{N^{\frac{1}{2}}}{\log^3N^{\frac{1}{2}}}\right)$$

$$\geqslant\frac{2b^2N^{\frac{1}{2}}}{\log^2N}+o\left(\frac{N^{\frac{1}{2}}}{\log^3N}\right)$$

即
$$S(\mathcal{A};\mathcal{B},N^{\frac{1}{2}})=\sum_{\substack{x+1=a\\a\in\mathcal{A}\\(a,P(N^{\frac{1}{2}}))=1}}1>\frac{2b^2N^{\frac{1}{2}}}{\log^2N}+o\left(\frac{N^{\frac{1}{2}}}{\log^3N}\right)$$

经第二章第二节的讨论，我们可以根据需要选择 $b=b_i$，则 $b_1=\frac{3}{2},b_2=\frac{7}{4},b_3=\frac{77}{40}\cdots,b_i=\frac{3}{2}\times\frac{7}{6}\times\frac{11}{10}\times\frac{19}{18}\cdots\frac{p_i}{p_i-1}$ 等。

由于 $b_1<b_2<b_3<\cdots<b_i$，故无论我们选择哪一个值，上面的不等式都成立。

为了不失一般性，我们选择 $b=\frac{7}{4}$，则有：

$$X(N)\geqslant\frac{98\times N^{\frac{1}{2}}}{16\times\log^2N}+o\left(\frac{1}{\log^3N^{\frac{1}{2}}}\right)$$

由于最大的一个素数 x^2+1 接近于 N，即 $N^{\frac{1}{2}}\sim x$，故有：$X(N)\geqslant\frac{b^2x}{2\log^2x}+o\left(\frac{1}{\log^3x}\right)$。当 $b=\frac{7}{4}$时，$X(N)\geqslant\frac{49x}{32\times\log^2x}+o\left(\frac{1}{\log^3x}\right)$。

定理证毕。

例如：取 $N=5000$，则 $x\approx70$，由于 $\frac{3}{2}\times\frac{7}{6}\times\frac{11}{10}\times\frac{19}{18}\times\frac{23}{22}\times\frac{31}{30}\times\frac{43}{42}\times\frac{47}{46}\times\frac{59}{58}\times\frac{67}{66}\approx2.35$，故取 $b=2.35$，代入 $X(N)\geqslant\frac{b^2x}{2\log^2x}+o\left(\frac{1}{\log^3x}\right)$ 后，得到 $X(N)\geqslant10.7066$。

实际上小于5000的x^2+1型的素数个数是15个，但是我们计算的是70～5000之间的素数个数，即$N^{\frac{1}{2}}\sim N$之间的素数个数。而小于70的x^2+1型素数有3个：5，17，37；小于10000的x^2+1型的实际素数个数是19个，100～10000之间的素数个数是13个。

如果我们选择$b=\frac{7}{4}$或其他值，计算出来的个数要少，但对于我们的分析没有影响。

实际上，这个结果与Hardy和Littlewood在他们的著作中的猜想（猜想E）是相符的。

这个证明方法严格地讲是与命题不符的。因为对于x^2+1所产生的整数序列，应该使用$N\prod_{p<N^{\frac{1}{2}}}\left[\frac{p-2}{p}\right]$，而不应该使用$N\prod_{p<N^{\frac{1}{2}}}\left[\frac{p-1}{p}\right]$。这里使用了$N\prod_{p<N^{\frac{1}{2}}}\left[\frac{p-1}{p}\right]$，而结果不至于错误，是因为我们在第一章中有了$\prod_{p<N^{\frac{1}{2}}}\left[\frac{p-1}{p}\right]^2\leqslant\prod_{p<N^{\frac{1}{2}}}\left[\frac{p-2}{p}\right]$而已。

证明3：设$P(N^{\frac{1}{2}})=\prod_{2\leqslant p_i\leqslant N^{\frac{1}{2}}}p_i$，$P_1(N^{\frac{1}{2}})=\prod_{\substack{2\leqslant p_i\leqslant N^{\frac{1}{2}}\\ p_i=4m+1}}p_i$，$P_2(N^{\frac{1}{2}})=\prod_{\substack{2\leqslant p_i\leqslant N^{\frac{1}{2}}\\ p_i=4m-1}}p_i$。

给定一个整数序列：

$\mathcal{A}$：2，5，10，17，26，37，50，65，82，101，122，145，170，197，226，257，290，325，362，401，442，485，530，577，626，677，730，785，842，901，962，1025，1090，1157，1226，1297，1370，1445，1522，1601，1682，1765，1850，1937，2026，2117，2210，2305，2402，2501…，x^2+1。

若使用筛分集合元素$p\in P(N^{\frac{1}{2}})=\prod_{\substack{2\leqslant p_i\leqslant N^{\frac{1}{2}}\\ p_i=4m+1}}p_i$，则每连续$p$个元素必有2个元素被$p$整除，即每$p$个元素必须筛去2个。根据引理4，故：

$$S(\mathcal{A};\mathcal{B},N^{\frac{1}{2}})=\sum_{\substack{x^2+1=a\\ a\in\mathcal{A}\\ (a,P(N^{\frac{1}{2}}))=1}}1$$

$$=\frac{N^{\frac{1}{2}}}{2}\prod_{p_i\subset P_1(N^{\frac{1}{2}})}\frac{p_i-2}{p_i}$$

由于 $\frac{p-2}{p}=\left(\frac{p-1}{p}\right)^2-\frac{1}{p^2}$，则有：

$$\prod_{2<p<z}\left(1-\frac{2}{p}\right)\leqslant\prod_{2<p<z}\left(1-\frac{1}{p}\right)^2\sim\frac{1}{\log^2 z}$$

故 $S(\mathcal{A};\mathcal{B},N^{\frac{1}{2}})=\sum_{\substack{x+1=a\\a\in\mathcal{A}\\(a,P(N^{\frac{1}{2}}))=1}}1\sim\frac{N^{\frac{1}{2}}}{2}\prod_{p_i\in P_1(N^{\frac{1}{2}})}\left(\frac{p_i-1}{p_i}\right)^2$

$$=\frac{N^{\frac{1}{2}}}{2}\prod_{p_i\in P_1(N^{\frac{1}{2}})}\frac{p_i-1}{p_i}\prod_{p_i\in P_1(N^{\frac{1}{2}})}\frac{p_i-1}{p_i}$$

将 $P_1(N^{\frac{1}{2}})$ 变回 $P(N^{\frac{1}{2}})$，则有：

$$S(\mathcal{A};\mathcal{B},N^{\frac{1}{2}})\sim\frac{b^2N^{\frac{1}{2}}}{2}\prod_{p\in P(N^{\frac{1}{2}})}\frac{p_i-1}{p_i}\prod_{p\in P(N^{\frac{1}{2}})}\frac{p_i-1}{p_i}$$

$$\sim\frac{b^2N^{\frac{1}{2}}}{2}\left(\frac{1}{\log N^{\frac{1}{2}}}\right)^2+o\left(\frac{N^{\frac{1}{2}}}{\log^3 N^{\frac{1}{2}}}\right)$$

$$>\frac{2b^2N^{\frac{1}{2}}}{\log^2 N}+o\left(\frac{N^{\frac{1}{2}}}{\log^3 N^{\frac{1}{2}}}\right)\tag{6.10}$$

其中 $b=\prod_{p_j\in P_2(N^{\frac{1}{2}})}\frac{p_j}{p_j-1}$。

定理证毕。

如果我们在第二个证明中取 $\frac{2b^2}{\log N}=c$，则计算结果与 Hardy 和 Littlewood 的猜想 E 的结果几乎相同。

我们可以看出，$\frac{2b^2}{\log N}=\frac{b^2}{\log N^{\frac{1}{2}}}=\left(\frac{b}{(\log N^{\frac{1}{2}})^{\frac{1}{2}}}\right)^2$。

由于 $\prod_{\substack{p_i=4m+1\\p\in P(N^{\frac{1}{2}})}}\frac{p_i-1}{p_i}\sim\prod_{\substack{p_j=4m-1\\p\in P(N^{\frac{1}{2}})}}\frac{p_j-1}{p_j}$，可知 $\left(\frac{b}{(\log N^{\frac{1}{2}})^{\frac{1}{2}}}\right)^2\sim 1$。

即
$$S(\mathcal{A};\mathcal{B},N^{\frac{1}{2}})>\frac{N^{\frac{1}{2}}}{\log N}+o\left(\frac{N^{\frac{1}{2}}}{\log^2 N^{\frac{1}{2}}}\right)$$

这里给出的三个证明，第一个证明结果不但简洁明了，而且更合理，也接近 Hardy 和 Littlewood 的猜想。所以，对于一重多元筛法，我们一般都采用这种方法。第二个证明和第三个证明是一样的结果，更接近 Hardy 和 Littlewood 的猜想，但其计算还是较为烦琐的。

实际上，我们在证明中使用系数 a、b 时，应该使用 $\frac{1}{a} = \prod_{\substack{p_i < N^{\frac{1}{2}} \\ p_i = 4m-1}} \left[\frac{p_i - 1}{p_i}\right]$，

它与 $a = \prod_{\substack{p_i < N^{\frac{1}{2}} \\ p_i = 4m-1}} \frac{p_i}{p_i - 1}$ 是有区别的。但这对于我们的不等式是成立的，因此，

为了叙述的简洁，后面我们均使用这一用法。

在后面命题的证明中，我们有时也会给出两个或三个证明，以便于比较。

定理 6.2：存在无穷多 x^2+3 的素数。若以 $X(N)$ 表示 $\leqslant N$ 的 x^2+3 型素数的个数，则 $X(N)$ 为：

$$X(N) \geqslant \frac{N^{\frac{1}{2}}}{3\log N^{\frac{1}{2}}} + o\left(\frac{N^{\frac{1}{2}}}{\log^2 N^{\frac{1}{2}}}\right)$$

或
$$X(N) \geqslant \frac{b^2 N^{\frac{1}{2}}}{\log^2 N^{\frac{1}{2}}} + o\left(\frac{N^{\frac{1}{2}}}{\log^3 N^{\frac{1}{2}}}\right)$$

证明 1：设 $P(N) = \prod_{p_i \leqslant N^{\frac{1}{2}}} p_i$。

1. 整数序列

$\{a: x^2+3, x = 1,2,3,\cdots\}$

即 $\mathcal{A}$：4，7，12，19，28，39，52，67，84，103，124，147，…

根据定理 1.7，它是可筛整数序列，其性质有：

(1) 在这个整数序列中，当 $p_i \mid x^2+3$，必有 $p_i \mid (x+p_i)^2+3$；$p_i \mid (x-p_i)^2+3$。

(2) $p_i \mid (x \pm mp_i)^2+3$。

(3) 当被 p_i 整除的最小元素为整数序列中第 k 个元素时，第 mp_i+k 个元素必定被 p_i 整除。

(4) $6q-1 \nmid (x \pm p_i)^2+3$，即整数序列中出现的元素均为 2、3 和 $6q+1$ 型素因子之积或 $6q+1$ 型素数，其中 q 为奇数。因为当 $p_j = 6m-1$ 时，$\left(\frac{-3}{p_j}\right) \neq 1$。

2. 筛分集合

由性质（4）可知筛分集合为：$\prod_{\substack{2,3,p_i=6m+1\\ p_i\in P(N^{\frac{1}{2}})}} p_i$。

由（1）（2）（3）可知每一个素数 p_i 在连续 p_i 个元素中出现两次。

3. 筛函数

由第一章引理 4 可知：

$$S(\mathcal{A};\mathcal{B},N^{\frac{1}{2}}) = \sum_{\substack{x^2+3=a\\ a\in\mathcal{A},a=6m+1\\ (a,P(N^{\frac{1}{2}}))=1}} 1 > \prod_{\substack{2,3,p_i=6m+1\\ p_i\in P(N^{\frac{1}{2}})}} \frac{p_i-2}{p_i}$$

由于 $\prod_{p_i}\frac{p_i-2}{p_i} = \prod_{p_i}\left(\frac{p_i-1}{p_i}\right)^2 + o\left(\frac{1}{p_i}\right)$，

故
$$\prod_{\substack{2,3,p_i=6m+1\\ p_i\in P(N^{\frac{1}{2}})}} \frac{p_i-2}{p_i} \sim \prod_{\substack{2,3,p_i=6m+1\\ p_i\in P(N^{\frac{1}{2}})}} \left(\frac{p_i-1}{p_i}\right)^2$$

即
$$S(\mathcal{A};\mathcal{B},N^{\frac{1}{2}}) = \sum_{\substack{x^2+3=a\\ a\in\mathcal{A},a=6m+1\\ (a,P(N^{\frac{1}{2}}))=1\\ m^2\equiv-3(\bmod p_i)}} 1$$

$$> N \prod_{\substack{2,3,p_i=6m+1\\ p_i\in P(N^{\frac{1}{2}})\\ m^2\equiv-3(\bmod p_i)}} \left(\frac{p_i-1}{p_i}\right)^2 + o\left(\frac{1}{p_i}\right)$$

4. 筛分过程

首先筛除偶数元素，所剩元素个数为 $\frac{N^{\frac{1}{2}}}{2}$ 个；由于整数序列每 3 个元素有 2 个元素不被 3 整除，因此，在筛去被 3 整除的元素后所剩元素个数为 $\frac{N^{\frac{1}{2}}}{3}$。

则筛函数为：

$$S(\mathcal{A};\mathcal{B},N^{\frac{1}{2}}) \geqslant \frac{1}{3}N^{\frac{1}{2}} \prod_{\substack{m^2\equiv-3(\bmod p_i)\\ 3<p_i\leqslant N^{\frac{1}{2}}\\ p_i=6m+1}} \left[\frac{p_i-1}{p_i}\right] \otimes \prod_{\substack{m^2\equiv-3(\bmod p_i)\\ 3<p_i\leqslant N^{\frac{1}{2}}\\ p_i=6m+1}} \left[\frac{p_i-1}{p_i}\right]$$

变更筛分集合后筛函数则为：

$$S(\mathcal{A};\mathcal{B},N^{\frac{1}{2}}) \geqslant \frac{1}{2}N^{\frac{1}{2}} \prod_{\substack{m^2\equiv -3(\bmod p_i)\\ 3\leqslant p_i\leqslant N^{\frac{1}{2}}\\ p_i=6m+1}} \left[\frac{p_i-1}{p_i}\right] \otimes \prod_{\substack{m^2\equiv -3(\bmod p_i)\\ 3<p_i\leqslant N^{\frac{1}{2}}\\ p_i=6m+1}} \left[\frac{p_i-1}{p_i}\right]$$

或

$$S(\mathcal{A};\mathcal{B},N^{\frac{1}{2}}) \geqslant N^{\frac{1}{2}} \prod_{\substack{m^2\equiv -3(\bmod p_i)\\ 3\leqslant p_i\leqslant N^{\frac{1}{2}}\\ p_i=6m+1}} \left[\frac{p_i-1}{p_i}\right] \otimes \prod_{\substack{m^2\equiv -3(\bmod p_i)\\ 3\leqslant p_i\leqslant N^{\frac{1}{2}}\\ p_i=6m+1}} \left[\frac{p_i-1}{p_i}\right]$$

这是因为第二次筛分时重复筛去3，消除同素后即乘以$\frac{3-1}{3-2}$。

再次变更筛分集合后得到筛函数：

$$S(\mathcal{A};\mathcal{B},N^{\frac{1}{2}}) \geqslant N^{\frac{1}{2}}b^2 \prod_{3\leqslant p_i\leqslant N^{\frac{1}{2}}} \left[\frac{p_i-1}{p_i}\right] \otimes \prod_{3\leqslant p_i\leqslant N^{\frac{1}{2}}} \left[\frac{p_i-1}{p_i}\right]$$

其中$b = \prod_{p_j=6m-1}\frac{p_j}{p_j-1}$，即$b = \frac{5}{4}\times\frac{11}{10}\times\frac{17}{16}\times\frac{23}{22}\cdots$

根据素数定理，由于$\prod_{3\leqslant p_i\leqslant N^{\frac{1}{2}}}\left[\frac{p_i-1}{p_i}\right] \sim \frac{1}{\log N^{\frac{1}{2}}}$，则有：

$$S(\mathcal{A};\mathcal{B},N^{\frac{1}{2}}) \geqslant N^{\frac{1}{2}}b^2\frac{1}{\log^2 N^{\frac{1}{2}}} + o\left(\frac{N^{\frac{1}{2}}}{\log^3 N^{\frac{1}{2}}}\right) \tag{6.11}$$

即

$$X(N) \geqslant N^{\frac{1}{2}}b^2\frac{1}{\log^2 N^{\frac{1}{2}}} + o\left(\frac{N^{\frac{1}{2}}}{\log^3 N^{\frac{1}{2}}}\right)$$

由于$b>1$，故当N充分大时，$S(\mathcal{A};\mathcal{B},N^{\frac{1}{2}})\to\infty$，即存在无穷多的$x^2+3$型素数。

证明2：根据整数序列的性质以及第一章引理4，则有：

$$S(\mathcal{A};\mathcal{B},N^{\frac{1}{2}}) = \sum_{\substack{x^2+3=a\\ a\in\mathcal{A},a=6m+1\\ (a,P(N^{\frac{1}{2}}))=1}} 1 > N^{\frac{1}{2}} \prod_{\substack{2,3,p_i=6m+1\\ p_i\in P(N^{\frac{1}{2}})}} \frac{p_i-2}{p_i}$$

$$S(\mathcal{A};\mathcal{B},N^{\frac{1}{2}}) > N^{\frac{1}{2}} \prod_{\substack{2,3,p_i=6m+1\\ p_i\in P(N^{\frac{1}{2}})\\ m^2\equiv -3(\bmod p_i)}} \left(\frac{p_i-1}{p_i}\right)^2$$

$$S(\mathcal{A};\mathcal{B},N^{\frac{1}{2}}) > \frac{N^{\frac{1}{2}}}{3} \prod_{\substack{p_i=6m+1\\ p_i\in P(N^{\frac{1}{2}})\\ m^2\equiv -3(\bmod p_i)}} \left(\frac{p_i-1}{p_i}\right)^2$$

根据定理2.4的推论则有：

$$\prod_{\substack{p_i=6m+1\\p_i\in P(N^{\frac{1}{2}})}}\frac{p_i-1}{p_i}\sim\prod_{\substack{p_j=6m-1\\p_j\in P(N^{\frac{1}{2}})}}\frac{p_j-1}{p_j}$$

根据第一章引理7，又有：

$$\prod_{\substack{p_i=6m+1\\p_i\in P(N^{\frac{1}{2}})}}\left[\frac{p_i-1}{p_i}\right]=\prod_{p_i<N^{\frac{1}{2}}}\left[\frac{p_i-1}{p_i}\right]^{\frac{1}{2}}$$

即
$$S(\mathcal{A};\mathcal{B},N^{\frac{1}{2}})\geqslant\frac{N^{\frac{1}{2}}}{3\log N^{\frac{1}{2}}}+o\left(\frac{N^{\frac{1}{2}}}{\log^2 N^{\frac{1}{2}}}\right)\qquad(6.12)$$

定理证毕。

从实际数据来看，我们的结果是比较准确的。如表6－1所示。

表6－1　　x^2+3 型素数的实际个数与计算结果对照表

N	实际个数	计算结果 $\frac{N^{\frac{1}{2}}}{3\log N^{\frac{1}{2}}}$
5000	13	5
10000	17	7

需要说明的是上表中的实际个数是指1 ～ N之间的 x^2+3 型素数个数；而我们的计算结果是指 $N^{\frac{1}{2}}$ ～ N之间的 x^2+3 型素数个数。

定理6.3：存在无穷多的素数 p，$p=x^2+7$。若以 $X(N)$ 表示 $\leqslant N$ 的 $p=x^2+7$ 型素数的个数，则 $X(N)$ 为：

$$X(N)\geqslant\frac{N^{\frac{1}{2}}}{2\log N^{\frac{1}{2}}}+o\left(\frac{N^{\frac{1}{2}}}{\log^2 N^{\frac{1}{2}}}\right)$$

证明：设 $P(N)=\prod_{p\leqslant N^{\frac{1}{2}}}p$，$N$为充分大的整数。

我们给出的整数序列为：

$\mathcal{A}$：7，8，11，16，23，32，43，56，71，88，107，…，x^2+7。

根据定理1.7，这个整数序列是可筛整数序列。

这个整数序列中出现的素数或素因子是2，7和以－7为二次剩余的素数。且凡以－7为二次剩余的素数 p 在整数序列中每隔 p 个元素出现2次。

筛分集合：$P(N) = \prod_{p \leqslant N^{\frac{1}{2}}} p$

筛函数：$S(\mathcal{A};\mathcal{B}, N^{\frac{1}{2}}) = \sum_{\substack{(a, P(N^{\frac{1}{2}}))=1 \\ a \in \mathcal{A}, a=x^2+7}} 1$

筛分过程：根据整数序列的性质，它的元素个数约为 $N^{\frac{1}{2}}$ 个。

筛去偶数元素后其个数 $X(N)$ 为 $\frac{N^{\frac{1}{2}}}{2}$ 个，由于素因子 7 每隔 7 个元素才出现一次。故根据第一章引理 4 有：

$$X(N) \geqslant \frac{3N^{\frac{1}{2}}}{7} \prod_{(\frac{-7}{p_i})=1} \left[\frac{p_i - 2}{p_i}\right]$$

式中 $\left(\frac{-7}{p_i}\right) = 1$ 为 Jacobi 符号。

根据引理 5 和引理 6 则有：

$$\prod \left[\frac{p_i - 2}{p_i}\right] \geqslant \prod \left[\frac{p_i - 1}{p_i}\right]^2$$

故 $$X(N) \geqslant \frac{3N^{\frac{1}{2}}}{7} \prod_{(\frac{-7}{p_i})=1} \left[\frac{p_i - 1}{p_i}\right]^2$$

根据第一章的假定：

$$\prod_{(\frac{-7}{p_i})=1} \left[\frac{p_i - 1}{p_i}\right] \sim \prod_{(\frac{-7}{p_i})=-1} \left[\frac{p_i - 1}{p_i}\right]$$

由于元素 7 已经筛去一次，故有：

$$X(N) \geqslant \frac{7}{6} \times \frac{3N^{\frac{1}{2}}}{7} \prod_{\substack{p_i < N^{\frac{1}{2}} \\ p_i \in P(N)}} \left[\frac{p_i - 1}{p_i}\right]$$

即 $$S(\mathcal{A};\mathcal{B}, N^{\frac{1}{2}}) = \sum_{\substack{(a, P(N^{\frac{1}{2}}))=1 \\ a \in \mathcal{A}, a=x^2+7}} 1$$

$$\geqslant \frac{N^{\frac{1}{2}}}{2\log N^{\frac{1}{2}}} + o\left(\frac{N^{\frac{1}{2}}}{\log^2 N^{\frac{1}{2}}}\right) \tag{6.13}$$

当 $N \to \infty$时，$X(N) \to \infty$。

定理证毕。

从实际结果来看，我们的计算结果是比较准确的。如表 6－2 所示。

表 6－2　　x^2+7 型素数的实际个数与计算结果对照表

N	实际个数	计算结果
5000	22	8
10000	25	10

根据实际个数与计算结果比较，说明我们的结果是比较准确的。

§6.5　关于 x^2-2 的素数分布问题

1. 整数序列

我们仍然先来分析一个整数序列：

－1，2，7，14，23，34，47，62，79，98，119，142，167，194，223，254，287，322，359，398，439，482，527，574，623，674，727，782，839，898，959，1022，1087，1154，1223，1294，1367，1442，1519，1598，1679，1762，1847，1934，2023，2114，…，x^2-2。

根据定理 1.7，这个整数序列是可筛整数序列。

同样，我们不难推导出这个整数序列具有以下性质：

（1）在这个整数序列中，当 $p_i \mid x^2-2$，必有 $p_i \mid (x \pm p_i)^2-2$。

（2）$p_i \mid (x \pm mp_i)^2-2$。

（3）当被 p_i 整除的最小元素为整数序列中第 k 个元素时，第 mp_i+k 个元素必定被 p_i 整除。

（4）若以 $g(p_i)$ 表示 p_i 的原根集合，则 $2 \notin g(p_i)$（很明显，2 为 p_i 的二次剩余元素）。

（5）并不是所有不以 2 为原根的素数都是 x^2-2 的素因子。如下面的素数 p_j 既不以 2 为原根，亦不是 x^2-2 的素因子。

①$2 \notin g(p_j)$，但 $2^{\frac{p_j-1}{2}} \equiv -1(\bmod p_j)$，$p_j=4n+3$；

②$2 \notin g(p_j)$，但 $2^{\frac{p_j-1}{2}} \equiv -1(\bmod p_j)$，$p_j=4n+1$。

（6）$8m \pm 5 \nmid (x \pm p_i)^2-2$。

（7）当 $p_i \mid (x \pm p_i)^2-2$ 时，$8m+1 \neq (x \pm p_i)^2-2$。

当数列中元素为奇数时，由于 $x^2-2=8m-1$，所以 x^2-2 的素因子只能是 $8m+1$ 和 $8m-1$ 之积，即当 x^2-2 为素数时，只能是 $8m-1$；当 x^2-2 为合数时，虽然含有 $8m+1$ 素因子，但是一定被小于 $N^{\frac{1}{2}}$ 的 $8m-1$ 的素数（包括2）筛去。

从以上性质我们可以看出，整数序列中被 p_i 整除的元素是成对出现的；被筛元素的分布是均匀的，即每间隔 p_i 个元素，出现2个被 p_i 整除的元素；且 m 个元素中有 $2\left[\frac{m+\Delta p_i}{p_i}\right]$ 个元素被 p_i 整除，其中 $\Delta p_i=k$，即被素因子 p_i 整除的最小元素为整数序列中第 k 个元素；由性质（4）和（5）可知素数筛分集合的范围。据此，我们可以判断这个整数序列是可筛整数序列。

2. 筛分集合

$\mathcal{B}=\{p:p=4m-1,p<z\}$

这里取 $z\leqslant x$。

3. 筛函数

$$S(\mathcal{A};\mathcal{B},N^{\frac{1}{2}})=\sum_{\substack{x-2=a\\a\in\mathcal{A}\\(a,P(N^{\frac{1}{2}}))=1}}1$$

4. 筛分过程

设 $a_1<p$，根据性质（1）和（2），我们先筛去整数序列中 $p\mid a_1^2-2$ 及 $p\mid(pm+a_1)^2-2$ 的所有元素；然后再筛去 $(pm-a_1)^2-2$ 的全部元素。

由此可知，第一步筛去的元素个数与第二步筛去的元素个数相等且无重复和交叉。于是我们有：

定理6.4：存在无穷多的 x^2-2 型素数。若以 $X(N)$ 表示小于等于 N 的 x^2-2 型素数的个数，则有：

$$X(N)\geqslant\frac{N^{\frac{1}{2}}}{2\log N^{\frac{1}{2}}}+o\left(\frac{N^{\frac{1}{2}}}{\log^2 N^{\frac{1}{2}}}\right)\qquad(6.14)$$

或

$$X(N)\geqslant\frac{a^2N^{\frac{1}{2}}}{2\log^2 N^{\frac{1}{2}}}+o\left(\frac{N^{\frac{1}{2}}}{\log^3 N^{\frac{1}{2}}}\right)\qquad(6.15)$$

其中 $a=\prod\limits_{\substack{p_i<N^{\frac{1}{2}}\\2<p_i\neq 8m\pm1}}\frac{p_i}{p_i-1}$。

证明1：设 $X(N)$ 为整数序列 x^2-2 中的小于 N 的素数个数，根据定理1.7，由 x^2-2 构成的整数序列是可筛整数序列。根据整数序列的性质，由第一章引理4则有：

$$X(N)=\frac{1}{2}N^{\frac{1}{2}}\prod_{\substack{m^2\equiv -2(\bmod p_i)\\ 2<p_i\leqslant N^{\frac{1}{2}}}}\left[\frac{p_i-2}{p_i}\right]$$

根据第一章引理5则有：

$$\begin{aligned}X(N)&\sim\frac{1}{2}N^{\frac{1}{2}}\prod_{\substack{m^2\equiv -2(\bmod p_i)\\ 2<p_i\leqslant N^{\frac{1}{2}}}}\left[\frac{p_i-1}{p_i}\right]^2\\&=\frac{1}{2}N^{\frac{1}{2}}\prod_{\substack{2<p_i\leqslant N^{\frac{1}{2}}\\ p_i=8m\pm1}}\left[\frac{p_i-1}{p_i}\right]^2\\&=\frac{1}{2}N^{\frac{1}{2}}\prod_{\substack{p_j=8m\pm5\\ 2<p_j\leqslant N^{\frac{1}{2}}}}\left[\frac{p_j}{p_j-1}\right]^2\otimes\prod_{2<p_i\leqslant N^{\frac{1}{2}}}\left[\frac{p_i-1}{p_i}\right]^2\\&=\frac{1}{2}N^{\frac{1}{2}}b^2\prod_{2<p_i\leqslant N^{\frac{1}{2}}}\left[\frac{p_i-1}{p_i}\right]^2\\&=\frac{1}{2}N^{\frac{1}{2}}b^2\prod_{2<p_i\leqslant N^{\frac{1}{2}}}\left[\frac{p_i-1}{p_i}\right]\otimes\prod_{2<p_i\leqslant N^{\frac{1}{2}}}\left[\frac{p_i-1}{p_i}\right]\end{aligned}$$

根据第一章引理2则有：

$$X(N)\sim\frac{b^2N^{\frac{1}{2}}}{2\log^2N^{\frac{1}{2}}}+o\left(\frac{N^{\frac{1}{2}}}{\log^3N^{\frac{1}{2}}}\right)$$

其中 $b=\prod_{\substack{p_j=8m\pm5\\ 2<p_j\leqslant N^{\frac{1}{2}}}}\frac{p_j}{p_j-1}$。

证明2：设 $P(N^{\frac{1}{2}})=\prod_{\substack{m^2\equiv 2(\bmod p_i)\\ p_i\leqslant N^{\frac{1}{2}}}}p_i$，$n$ 为 $P(N^{\frac{1}{2}})$ 的元素个数。

$\mathcal{A}$=：−1，2，7，14，23，34，47，…，x^2-2。

根据定理1.7，这个整数序列是可筛整数序列。

和定理6.3的证明思路一样，此处也运用二元筛法，先筛去偶数元素，接着我们从整数序列中筛去 $p_i\mid(x+mp_i)^2-2$ 的所有元素，则整数序列中所剩元素个数 $X(N)$ 为：

$$X(N)=\frac{1}{2}N^{\frac{1}{2}}\prod_{\substack{m^2\equiv 2(\bmod p_i)\\ 2<p_i\leqslant N^{\frac{1}{2}}}}\frac{p_i-1}{p_i}-\sum_{i=1}^{n-1}\frac{\Delta p_i}{p_i}\prod_{j=i+1}^{n}\left(\frac{p_j-1}{p_j}-\frac{\Delta p_n}{p_n}\right)$$

$$\geqslant\frac{1}{2}N^{\frac{1}{2}}\prod_{\substack{p_i<N^{\frac{1}{2}}\\ p_i\in P(N^{\frac{1}{2}})\\ p_i=8m-1}}\frac{p_i-1}{p_i}-\sum_{i=1}^{n-1}\frac{\Delta p_i}{p_i}\prod_{j=i+1}^{n}\left(\frac{p_j-1}{p_j}-\frac{\Delta p_n}{p_n}\right)$$

$$\geqslant\frac{1}{2}N^{\frac{1}{2}}a\prod_{\substack{p_i<N^{\frac{1}{2}}\\ p_i\in P(N^{\frac{1}{2}})}}\frac{p_i-1}{p_i}-\sum_{i=1}^{n-1}\frac{\Delta p_i}{p_i}\prod_{j=i+1}^{n}\left(\frac{p_j-1}{p_j}-\frac{\Delta p_n}{p_n}\right)$$

$$\geqslant\frac{1}{2}N^{\frac{1}{2}}a\prod_{\substack{p_i<N^{\frac{1}{2}}\\ p_i\in P(N^{\frac{1}{2}})}}\left[\frac{p_i-1}{p_i}\right]$$

$$\geqslant\frac{1}{2}aN^{\frac{1}{2}}\frac{1}{\log N^{\frac{1}{2}}}+o\left(\frac{1}{\log^2 N^{\frac{1}{2}}}\right)$$

其中 $a=\prod\limits_{\substack{p_i<N^{\frac{1}{2}}\\ 2<p_i\neq 8m\pm 1}}\frac{p_i}{p_i-1}$。

再筛去所有被 p_i 整除的 $p_i\mid(x-mp_i)^2-2$ 型元素，那么此时该整数序列剩下的元素个数 $X(N)$ 为：

$$X(N)\geqslant\frac{a}{2}N^{\frac{1}{2}}\frac{1}{\log N^{\frac{1}{2}}}\prod_{\substack{m^2\equiv 2(\bmod p_i)\\ p_i\in P(N^{\frac{1}{2}})}}\frac{p_i-1}{p_i}+o\left(\frac{1}{\log^2 N^{\frac{1}{2}}}\right)$$

$$\geqslant\frac{\frac{a^2}{2}N^{\frac{1}{2}}}{\log^2 N^{\frac{1}{2}}}+o\left(\frac{1}{\log^3 N^{\frac{1}{2}}}\right)$$

故有：

$$S(\mathcal{A};\mathcal{B},N^{\frac{1}{2}})=\frac{1}{2}N^{\frac{1}{2}}\prod_{\substack{m^2\equiv 2(\bmod p_i)\\ 2<p_i\leqslant N^{\frac{1}{2}}}}\left[\frac{p_i-1}{p_i}\right]\otimes\prod_{\substack{m^2\equiv 2(\bmod p_i)\\ 2<p_i\leqslant N^{\frac{1}{2}}}}\left[\frac{p_i-1}{p_i}\right]$$

$$\geqslant\frac{\frac{a^2}{2}N^{\frac{1}{2}}}{\log^2 N^{\frac{1}{2}}}+o\left(\frac{1}{\log^3 N^{\frac{1}{2}}}\right)$$

由于 $x\approx N^{\frac{1}{2}}$，故有：

$$X(N) \geqslant \frac{\frac{a^2}{2}x}{\log^2 x} + o\left(\frac{1}{\log^3 x}\right)$$

即
$$X(N) \geqslant \frac{a^2 x}{2\log^2 x} + o\left(\frac{1}{\log^3 x}\right)$$

其中 $a = \prod_{\substack{p_i < N^{\frac{1}{2}} \\ 2 < P_i \neq 8m \pm 1}} \frac{p_i}{p_i - 1}$。

例如：取 $N = 5000$，$x \approx 70$，根据第二章第二节的讨论，取

$$a = \frac{5}{4} \times \frac{13}{12} \times \frac{29}{28} \times \frac{37}{36} \times \frac{53}{52} \times \frac{61}{60} \times \frac{3}{2} \times \frac{11}{10} \times \frac{19}{18} \times \frac{43}{42} \times \frac{59}{58} \times \frac{67}{66} \approx 2.7503$$

则得到：

$$X(N) \geqslant 14.66$$

实际上，小于 5000 的 $x^2 - 2$ 型素数个数为 20 个，其中 70 以内的有 3 个。取 $N = 10000, x = 100$，按我们的公式计算，$X(N) \geqslant 17.83$。实际上，10000 以内的 $x^2 - 2$ 型素数个数为 25 个，100 ~ 10000 之间存在 $x^2 - 2$ 型素数个数为 21 个。

当然我们可以选择一个恒定的 a 值，如 $a = \frac{3}{2} \times \frac{5}{4} = 1.875$，这对于我们的讨论和判断是没有影响的。

从上述公式可以看出，当 N 趋于无穷大时，$X(N)$ 也趋于无穷，故存在无穷多个 $x^2 - 2$ 型素数。

实际上，我们使用 $X(N) \geqslant \frac{1}{2}N^{\frac{1}{2}} \prod_{\substack{p_i < N^{\frac{1}{2}} \\ p_i \in P(N^{\frac{1}{2}}) \\ p_i = 8m-1}} \left[\frac{p_i - 1}{p_i}\right] \otimes \prod_{\substack{p_i < N^{\frac{1}{2}} \\ p_i \in P(N^{\frac{1}{2}}) \\ p_i = 8m-1}} \left[\frac{p_i - 1}{p_i}\right]$ 直接计算也可以得到近似的估计。

由于 $\prod_{\substack{p_i < N^{\frac{1}{2}} \\ p_i \in P(N^{\frac{1}{2}}) \\ p_i = 8m-1}} \left[\frac{p_i - 1}{p_i}\right] = \frac{6}{7} \times \frac{16}{17} \times \frac{22}{23} \times \frac{30}{31} \times \frac{40}{41} \times \frac{46}{47} \times \frac{70}{71} = 0.7029$，当 $N = 5000$ 时，$X(N) = 17.29$。

证明 3：由证明 1 及第一章引理 4 则有：

$$X(N) = \frac{1}{2}N^{\frac{1}{2}} \prod_{\substack{m^2 \equiv 2 (\bmod p_i) \\ 2 < p_i \leqslant N^{\frac{1}{2}}}} \left[\frac{p_i - 2}{p_i}\right]$$

根据第一章降元原理之引理5可知：

$$X(N) \geqslant \frac{1}{2}N^{\frac{1}{2}} \prod_{\substack{m^2 \equiv 2 (\bmod p_i) \\ 2 < p_i \leqslant N^{\frac{1}{2}}}} \left[\frac{p_i - 1}{p_i}\right]^2$$

根据第一章假定则有：

$$\prod_{\substack{\left(\frac{2}{p_i}\right)=1 \\ 2 < p_i \leqslant N^{\frac{1}{2}}}} \left[\frac{p_i - 1}{p_i}\right] \sim \prod_{\substack{\left(\frac{2}{p_i}\right)=-1 \\ 2 < p_i \leqslant N^{\frac{1}{2}}}} \left[\frac{p_i - 1}{p_i}\right]$$

即

$$\prod_{\substack{\left(\frac{2}{p_i}\right)=1 \\ 2 < p_i \leqslant N^{\frac{1}{2}}}} \left[\frac{p_i - 1}{p_i}\right] = \prod_{2 < p_i \leqslant N^{\frac{1}{2}}} \left[\frac{p_i - 1}{p_i}\right]^{\frac{1}{2}}$$

则素数个数 $X(N)$ 为：

$$X(N) \geqslant \frac{N^{\frac{1}{2}}}{2\log N^{\frac{1}{2}}} + o\left(\frac{N^{\frac{1}{2}}}{\log^2 N^{\frac{1}{2}}}\right)$$

当 $N \to \infty$ 时，$X(N) \to \infty$。

定理证毕。

§6.6 关于 x^2+2 的素数分布问题

1. 整数序列

我们仍然先来分析关于 x^2+2 的整数序列：

$\mathcal{A}$：3，6，11，18，27，38，51，66，83，102，123，146，171，198，227，258，291，326，363，402，443，486，531，578，627，678，731，786，843，902，963，1026，1091，1158，1227，1298，…，x^2+2。

根据定理1.7，这个整数序列是可筛整数序列，并且具有以下性质：

（1）在这个整数序列中，当 $p_i \mid x^2+2$，必有 $p_i \mid (x \pm p_i)^2+2$。

（2）$p_i \mid (x \pm mp_i)^2+2$。

（3）当被 p_i 整除的最小元素为整数序列中第 k 个元素时，第 mp_i+k 个元

素必定被 p_i 整除。

（4）若以 $g(p_i)$ 表示 p_i 的原根集合，则有：

①$p_i = 4m + 3$，当$2 \in g(p_i)$；

②$p_i = 4m + 1, 2 \notin g(p_i), 2^{\frac{p_i-1}{2}} \not\equiv -1 \pmod{p_i}$；

③$p_i = 4n + 3$，当$2 \notin g(p_i), 2^{\frac{p_i-1}{2}} \equiv -1 \pmod{p_i}$。

（5）$P(N^{\frac{1}{2}}) = \prod\limits_{\substack{p_i < N^{\frac{1}{2}} \\ p_i = 8m+1}} 1 - \dfrac{1}{p_i}$。

由此可知，当数列中元素为奇数时，由于 $x^2 + 2 = 8m + 3$，所以 $x^2 + 2$ 的素因子只能是 $8m + 3$ 和 $8m + 1$ 之积，即当 $x^2 + 2$ 为素数时，只能是 $8m + 3$；当 $x^2 + 2$ 为合数时，虽然含有 $8m + 1$ 素因子，但是一定被小于 $N^{\frac{1}{2}}$ 的 $8m + 3$ 的素数筛去。

用一句话概括，那就是在整数序列中，凡是 $8m + 1$、$8m + 3$ 的素数 p，每隔 p 个元素有 2 个被 p 整除（这里包括 3）；凡是 $8m - 1$、$8m - 3$ 的素数或素因子不在整数序列中出现。

从以上性质我们可以看出，整数序列中被 p_i 整除的元素是成对出现的；被筛元素的分布是均匀的，即每间隔 p_i 个元素，出现 2 个被 p_i 整除的元素；且 m 个元素中有 $2\left[\dfrac{m + \Delta p_i}{p_i}\right]$ 个元素被 p_i 整除，其中 $\Delta p_i = k$，即被素因子 p_i 整除的最小元素为整数序列中第 k 个元素；由性质（4）可知素数筛分集合的范围。据此，我们判断此整数序列是可筛整数序列。

2. 筛分集合

$\mathcal{B} = \{p : p = 4m + 1, p < z\}$

这里取 $z \leqslant x$。

3. 筛函数

$$S(\mathcal{A};\mathcal{B}, N^{\frac{1}{2}}) = \sum_{\substack{x+2=a \\ a \in \mathcal{A} \\ (a, P(N^{\frac{1}{2}}))=1}} 1$$

4. 筛分过程

设 $a_1 < p$，根据性质（1）和（2），我们第一步先筛去整数序列中 $p \mid a_1^2 - 2$ 及 $p \mid (pm + a_1)^2 - 2$ 的所有元素；第二步再筛去 $p \mid (pm - a_1)^2 - 2$ 的

全部元素。可知，第一步筛去的元素个数与第二步筛去的元素个数相等且无重复和交叉。

现在我们来证明以下的定理。

定理 6.5：存在无穷多的 x^2+2 型素数。若以 $X(N)$ 表示小于等于 N 的 x^2+2 型素数的个数，则有：

$$X(N) \geqslant \frac{N^{\frac{1}{2}}}{2\log N^{\frac{1}{2}}} + o\left(\frac{N^{\frac{1}{2}}}{\log^2 N^{\frac{1}{2}}}\right) \qquad (6.16)$$

或

$$X(N) \geqslant \frac{\mathrm{a}^2 x}{2\log^2 x} + o\left(\frac{1}{\log^3 x}\right) \qquad (6.17)$$

其中 a 为常数，是可以计算的。

证明 1：设 $P(N^{\frac{1}{2}}) = \prod\limits_{\substack{m^2 \equiv -2 (\bmod p_i) \\ 2 < p_i \leqslant N^{\frac{1}{2}}}} p_i$，$n$ 为 $P(N^{\frac{1}{2}})$ 的元素个数。

先给出一个整数序列：

$\mathcal{A}$：3，6，11，18，…，n^2+2，…

根据定理 1.7，这个整数序列是可筛整数序列。

注意到 $n=3m\pm1$ 时，$n^2+2=3k$。

首先筛除偶数元素，所剩元素个数为 $\frac{N^{\frac{1}{2}}}{2}$ 个，根据第一章引理 4 则有：

$$S(\mathcal{A};\mathcal{B},N^{\frac{1}{2}}) \geqslant \frac{1}{2}N^{\frac{1}{2}} \prod_{\substack{m^2 \equiv -2 (\bmod p_i) \\ 3 \leqslant p_i \leqslant N^{\frac{1}{2}}}} \left[\frac{p_i-2}{p_i}\right]$$

即

$$S(\mathcal{A};\mathcal{B},N^{\frac{1}{2}}) \geqslant \frac{1}{2}N^{\frac{1}{2}} \prod_{\substack{m^2 \equiv -2 (\bmod p_i) \\ 3 \leqslant p_i \leqslant N^{\frac{1}{2}}}} \left[\frac{p_i-1}{p_i}\right]^2$$

$$S(\mathcal{A};\mathcal{B},N^{\frac{1}{2}}) \geqslant \frac{1}{2}N^{\frac{1}{2}} \prod_{\substack{m^2 \equiv -2 (\bmod p_i) \\ 3 \leqslant p_i \leqslant N^{\frac{1}{2}}}} \left[\frac{p_i-1}{p_i}\right] \otimes \prod_{\substack{m^2 \equiv -2 (\bmod p_i) \\ 3 \leqslant p_i \leqslant N^{\frac{1}{2}}}} \left[\frac{p_i-1}{p_i}\right]$$

$$X(N) \geqslant \frac{1}{2}N^{\frac{1}{2}} \prod_{\substack{m^2 \equiv -2 (\bmod p_i) \\ p_i \leqslant N^{\frac{1}{2}}}} \left[\frac{p_i-1}{p_i}\right] \otimes \prod_{\substack{m^2 \equiv -2 (\bmod p_i) \\ p_i \leqslant N^{\frac{1}{2}}}} \left[\frac{p_i-1}{p_i}\right]$$

变更筛分集合后，则 $X(N)$ 为：

$$X(N) \geqslant \frac{1}{2}N^{\frac{1}{2}} \prod_{\substack{m^2 \not\equiv -2(\bmod p_i) \\ p_j \leqslant N^{\frac{1}{2}}}} \left[\frac{p_j}{p_j - 1}\right]^2 \otimes \prod_{p_i \leqslant N^{\frac{1}{2}}} \left[\frac{p_i - 1}{p_i}\right]^2$$

即 $X(N) \geqslant \frac{1}{2}N^{\frac{1}{2}} \prod_{\substack{p_j = 8m-1 \\ p_j = 8m-3 \\ p_j \leqslant N^{\frac{1}{2}}}} \left[\frac{p_j}{p_j - 1}\right]^2 \otimes \prod_{p_i \leqslant N^{\frac{1}{2}}} \left[\frac{p_i - 1}{p_i}\right]^2$

与定理6.4的证明过程相同，于是我们同样得到：

$$X(N) \geqslant \frac{a^2 x}{2\log^2 x} + o\left(\frac{1}{\log^3 x}\right)$$

其中 $a = \prod_{\substack{p_j = 8m-1 \\ p_j = 8m-3 \\ p_j \leqslant N^{\frac{1}{2}}}} \left[\frac{p_j}{p_j - 1}\right]$。

例如：取 $N = 5000$，$x \approx 70$，根据第二章第二节的讨论，取

$$a = \frac{5}{4} \times \frac{7}{6} \times \frac{13}{12} \times \frac{23}{22} \times \frac{29}{28} \times \frac{31}{30} \times \frac{37}{36} \times \frac{47}{46} \times \frac{53}{52} \times \frac{61}{60} \times \frac{71}{70} \approx 1.9509$$

则得到：

$$X(N) \geqslant 7.3801$$

而实际5000以内的 x^2+2 型素数个数为9个，70以内的个数为2个。当我们取 $N = 10000$，$a = 1.9706$，按我们的公式计算，$X(N) \geqslant 9.2056$，实际个数为11个；100以内的个数为3个。这与实际是基本相符的。

当然我们可以选择一个恒定的 a 值，如：

$$a = \frac{5}{4} \times \frac{7}{6} = 1.4583$$

证明2：由证明1和第一章引理4可知：

$$S(\mathcal{A};\mathcal{B}, N^{\frac{1}{2}}) \geqslant \frac{1}{2}N^{\frac{1}{2}} \prod_{\substack{m^2 \equiv -2(\bmod p_i) \\ 3 \leqslant p_i \leqslant N^{\frac{1}{2}}}} \left[\frac{p_i - 2}{p_i}\right]$$

由第一章引理5可知：

$$S(\mathcal{A};\mathcal{B}, N^{\frac{1}{2}}) \geqslant \frac{1}{2}N^{\frac{1}{2}} \prod_{\substack{m^2 = -2(\bmod p_i) \\ 2 < p_i \leqslant N^{\frac{1}{2}}}} \left[\frac{p_i - 1}{p_i}\right]^2$$

根据假定

$$\prod_{\substack{(\frac{-2}{p_i})=1 \\ 2<p_i\leqslant N^{\frac{1}{2}}}}\left[\frac{p_i-1}{p_i}\right]\sim\prod_{\substack{(\frac{-2}{p_i})=-1 \\ 2<p_i\leqslant N^{\frac{1}{2}}}}\left[\frac{p_i-1}{p_i}\right]$$

即
$$S(\mathcal{A};\mathcal{B},N^{\frac{1}{2}})\geqslant\frac{N^{\frac{1}{2}}}{2\log N^{\frac{1}{2}}}+o\left(\frac{N^{\frac{1}{2}}}{\log^2 N^{\frac{1}{2}}}\right)$$

$$X(N)\geqslant\frac{N^{\frac{1}{2}}}{2\log N^{\frac{1}{2}}}+o\left(\frac{N^{\frac{1}{2}}}{\log^2 N^{\frac{1}{2}}}\right)$$

当 $N\rightarrow\infty$时，$X(N)\rightarrow\infty$。

定理证毕。

对于更一般的情况 x^2+b，我们有下面的定理。

定理 6.6：设 $(x,b)=1$，存在无穷多的 x^2+b 型素数。

证明：设 $P(N^{\frac{1}{2}})=\prod_{2<p_i\leqslant N^{\frac{1}{2}}}p_i$，根据定理 1.7，$x^2+b$ 构成的整数序列是可筛整数序列。给定整数序列如下：

$$\mathcal{A}:\ a_1,\ a_2,\ a_3,\ \cdots,\ a_n=n^2+b,\ \cdots$$

则 $X(N)$ 为：

$$X(N)\geqslant\frac{cN^{\frac{1}{2}}}{\log N^{\frac{1}{2}}}+o\left(\frac{N^{\frac{1}{2}}}{\log^2 N^{\frac{1}{2}}}\right)\tag{6.18}$$

或
$$X(N)\geqslant\frac{1}{2}f(b)N^{\frac{1}{2}}\frac{a^2}{\log^2 N}+o\left(\frac{1}{\log^3 N}\right)\tag{6.19}$$

这里的 c 是一个与 b 有关的系数，视 b 而定；$f(b)$ 也是个系数，与 b 有关。当 b 为素数时，一般为 $\prod_{\substack{p_i\mid b \\ p_i\leqslant N^{\frac{1}{2}}}}\left(\frac{p_i-c}{p_i}\right)^2\left(\frac{p_i}{p_i-1}\right)^2$。

而 a 与这样一个素数集合有关，即 $-b$ 不为其二次剩余的素数集合：p_1，p_2，…，p_n，其中 $p_n\leqslant N^{\frac{1}{2}}$。则有：

$$a=\frac{p_1}{p_1-1}\frac{p_2}{p_2-1}\cdots\frac{p_n}{p_n-1}$$

但是对于 $x^2+b\ (b>2)$ 的情况，由于 b 的取值不同，a 的取值也不同，因此要逐一计算。例如，当我们取 $b=5$ 时，有下面的定理。

定理 6.7：设 $X(N)$ 表示区间 $N^{\frac{1}{2}}\sim N$ 中形如 x^2+5 的素数个数，则有：

$$X(N) \geqslant \frac{N^{\frac{1}{2}}}{5\log N^{\frac{1}{2}}} + o\left(\frac{N^{\frac{1}{2}}}{\log^2 N^{\frac{1}{2}}}\right) \quad (6.20)$$

或

$$S(\mathcal{A};\mathcal{B}, N^{\frac{1}{2}}) \sim \frac{2b^2 N^{\frac{1}{2}}}{3\log^2 N^{\frac{1}{2}}} + o\left(\frac{N^{\frac{1}{2}}}{\log^3 N^{\frac{1}{2}}}\right) \quad (6.21)$$

其中 $b = \prod_{\substack{3 \leqslant p_i \leqslant N^{\frac{1}{2}} \\ x^2 \not\equiv -5(\bmod p_i)}} \left[\frac{p_i}{p_i - 1}\right]$。

证明1：我们仍然先来分析关于 x^2+5 的整数序列：

$\mathcal{A}=$：a_1，a_2，a_3，…，$a_n=n^2+b$，…

即$\mathcal{A}=$：5，6，9，14，21，30，41，54，69，86，105，126，…，n^2+5，…

这个整数序列是可筛整数序列，具有下面的性质：

（1）在这个整数序列中，当 $p_i \mid n^2+5$，必有 $p_i \mid (n \pm p_i)^2+5$。

（2）$p_i \mid (n \pm mp_i)^2+5$。

（3）当被 p_i 整除的最小元素为整数序列中第 k 个元素时，第 mp_i+k 个元素必定被 p_i 整除。

（4）每3个元素有2个元素被3整除，每5个元素只有一个元素被5整除。

（5）当 n^2+5 为素数时，只能是 $8m+1$ 或 $8m+5$ 型素数，当 n^2+5 为合数时，$8m \pm 1$ 或 $8m \pm 3$ 型素因子均可存在。

（6）-5 不为其二次剩余的素数有：11，13，17，19，31，37，53，59，…

首先筛去偶数元素，剩余元素个数为 $\frac{N^{\frac{1}{2}}}{2}$。由于 -5 不为5的二次剩余，且每5个元素只有一个元素被5整除，根据以上所述整数序列性质和第一章引理4，筛函数则为：

$$S(\mathcal{A};\mathcal{B}, N^{\frac{1}{2}}) = \frac{1}{2} \times \frac{4}{5} N^{\frac{1}{2}} \prod_{\substack{3 \leqslant p_i \leqslant N^{\frac{1}{2}} \\ x^2 \equiv -5(\bmod p_i)}} \left[\frac{p_i - 2}{p_i}\right]$$

根据第一章降元原理之引理5：

$$S(\mathcal{A};\mathcal{B}, N^{\frac{1}{2}}) \sim \frac{1}{2} \times \frac{4}{5} N^{\frac{1}{2}} \prod_{\substack{3 \leqslant p_i \leqslant N^{\frac{1}{2}} \\ x^2 \equiv -5(\bmod p_i)}} \left[\frac{p_i - 1}{p_i}\right]^2$$

变更筛分集合，根据定理3.1，素数5被重复筛除，则筛函数变更为：

$$S(\mathcal{A};\mathcal{B},N^{\frac{1}{2}}) \sim \frac{1}{2}\times\frac{4}{3}N^{\frac{1}{2}}\prod_{\substack{3\leq p_i\leq N^{\frac{1}{2}}\\ x^2\not\equiv -5(\bmod p_i)}}\left[\frac{p_i}{p_i-1}\right]^2 \otimes \prod_{3\leq p_i\leq N^{\frac{1}{2}}}\left[\frac{p_i-1}{p_i}\right]^2$$

即 $S(\mathcal{A};\mathcal{B},N^{\frac{1}{2}}) \sim \frac{1}{2}\times\frac{4}{3}b^2N^{\frac{1}{2}}\prod_{3\leq p_i\leq N^{\frac{1}{2}}}\left[\frac{p_i-1}{p_i}\right]^2$

根据定理2.1、引理2和叠加原理则有：

$$S(\mathcal{A};\mathcal{B},N^{\frac{1}{2}}) \sim \frac{2b^2N^{\frac{1}{2}}}{3\log^2 N^{\frac{1}{2}}} + o\left(\frac{N^{\frac{1}{2}}}{\log^3 N^{\frac{1}{2}}}\right)$$

其中 $b = \prod_{\substack{3\leq p_i\leq N^{\frac{1}{2}}\\ x^2\not\equiv -5(\bmod p_i)}}\left[\frac{p_i}{p_i-1}\right]$。

当取 $N = 10000$ 时，$b = \frac{11}{10}\times\frac{13}{12}\times\frac{17}{16}\times\frac{19}{18}\times\frac{31}{30}\times\frac{37}{36}\times\frac{53}{52}\times\frac{59}{58}\times\frac{71}{70}\times\frac{73}{72}\times\frac{79}{78}\times\frac{97}{96} = 1.5488$。

我们的计算结果为7个，实际为7个。

当然，这个定理也隐含 x^2-b 的情况。

证明2：由证明1和第一章引理4可知：

$$S(\mathcal{A};\mathcal{B},N^{\frac{1}{2}}) = \frac{1}{2}\times\frac{4}{5}N^{\frac{1}{2}}\prod_{\substack{3\leq p_i\leq N^{\frac{1}{2}}\\ x^2\equiv -5(\bmod p_i)}}\left[\frac{p_i-2}{p_i}\right]$$

根据第一章引理5又有：

$$S(\mathcal{A};\mathcal{B},N^{\frac{1}{2}}) \geq \frac{1}{2}\times\frac{4}{5}N^{\frac{1}{2}}\prod_{\substack{3\leq p_i\leq N^{\frac{1}{2}}\\ x^2\equiv -5(\bmod p_i)}}\left[\frac{p_i-1}{p_i}\right]^2$$

由（6.4）可知：

$$\prod_{\substack{\left(\frac{-5}{p_i}\right)=1\\ 2<p_i\leq N^{\frac{1}{2}}}}\left[\frac{p_i-1}{p_i}\right] \sim \prod_{\substack{\left(\frac{-5}{p_i}\right)=-1\\ 2<p_i\leq N^{\frac{1}{2}}}}\left[\frac{p_i-1}{p_i}\right]$$

$$\prod_{\substack{3\leq p_i\leq N^{\frac{1}{2}}\\ x^2\equiv -5(\bmod p_i)}}\left[\frac{p_i-1}{p_i}\right]^2 \sim \prod_{3\leq p_i\leq N^{\frac{1}{2}}}\left[\frac{p_i-1}{p_i}\right]$$

即
$$S(\mathcal{A};\mathcal{B},N^{\frac{1}{2}}) \geqslant \frac{1}{2}\times\frac{4}{5}N^{\frac{1}{2}}\prod_{3\leqslant p_i\leqslant N^{\frac{1}{2}}}\left[\frac{p_i-1}{p_i}\right]$$
$$S(\mathcal{A};\mathcal{B},N^{\frac{1}{2}}) \geqslant \frac{2}{5}N^{\frac{1}{2}}\prod_{3\leqslant p_i\leqslant N^{\frac{1}{2}}}\left[\frac{p_i-1}{p_i}\right]$$

由第一章引理2则有：

$$S(\mathcal{A};\mathcal{B},N^{\frac{1}{2}}) \geqslant \frac{N^{\frac{1}{2}}}{5\log N^{\frac{1}{2}}}+o\left(\frac{N^{\frac{1}{2}}}{\log^2 N^{\frac{1}{2}}}\right)$$

即
$$X(N) \geqslant \frac{N^{\frac{1}{2}}}{5\log N^{\frac{1}{2}}}+o\left(\frac{N^{\frac{1}{2}}}{\log^2 N^{\frac{1}{2}}}\right)$$

当 $N\to\infty$时，$X(N)\to\infty$。

定理证毕。

当取 $N=10000$ 时，我们的计算结果为4个，实际为7个。

推论：存在无穷多的 $\sum_{i=1}^{n}x_i^2+b$ 型素数。

证明：只要在定理6.6中选 $b=\sum_{i=2}^{n}x_i^2+b'$ 即可。具体过程略。

§6.7　关于 ax^2+b 的素数分布问题

对于线性情况 $ax+b$，我们有定理2.2，已证明在 $ax+b$ 整数序列中存在无穷多的素数。那么对于非线性情况呢？本节就讨论非线性情况之一的 ax^2+b 情形。在讨论 ax^2+b 整数序列中存在无穷多的素数之前，先讨论3个实例。

定理6.8：存在无穷多的 $5x^2+1$ 型素数，若以 $X(N)$ 表示 $1\sim N$ 之间的 $5x^2+1$ 型的素数个数，则 $X(N)$ 为：

$$X(N) \geqslant \frac{N^{\frac{1}{2}}}{2\varphi(5)\log N^{\frac{1}{2}}}+o\left(\frac{N}{\log^2 N^{\frac{1}{2}}}\right)$$

证明：$5x^2+1$ 的整数序列如下。

$\mathcal{A}$：1，6，21，46，81，126，181，246，321，406，501，606，721，846，981，1126，1281，1446，1621，1806，2001，2206，2421，2646，2881，3126，3381，3646，3921，4206，4501，4806，5121，5446，5781，6126，

6481，6846，7221，7606，8001，8406，8821，9246，9681，…，$5x^2+1$。

根据定理1.7，这个整数序列是可筛整数序列，其元素个数为 x 个，$x \approx \left(\frac{N}{5}\right)^{\frac{1}{2}} > \left(\frac{N^{\frac{1}{2}}}{5}\right)$，一般取 $\left(\frac{N^{\frac{1}{2}}}{5}\right)$ 个即可。

可以看出，素数5没有在整数序列中出现。同时可以看到，在这个整数序列中出现的素数或素因子 p_i，均是以 -5 为二次剩余者；且每 p_i 个元素必有2个元素被 p_i 整除。

于是，根据引理4：

$$S(\mathcal{A};\mathcal{B},N^{\frac{1}{2}}) = \sum_{\substack{5x^2+1=a \\ a\in\mathcal{A} \\ (a,P(N^{\frac{1}{2}}))=1}} 1$$

$$\geqslant \frac{N^{\frac{1}{2}}}{2\times 5}\prod_{\substack{p_i<N^{\frac{1}{2}} \\ \left(\frac{-5}{p_i}\right)=1}}\left[\frac{p_i-2}{p_i}\right]$$

根据引理5：

$$S(\mathcal{A};\mathcal{B},N^{\frac{1}{2}}) \geqslant \frac{N^{\frac{1}{2}}}{10}\prod_{\substack{p_i<N^{\frac{1}{2}} \\ \left(\frac{-5}{p_i}\right)=1}}\left[\frac{p_i-1}{p_i}\right]^2$$

根据引理7和我们的假定：

$$\prod_{\substack{p_i<N^{\frac{1}{2}} \\ \left(\frac{-5}{p_i}\right)=1}}\left[\frac{p_i-1}{p_i}\right] \approx \prod_{\substack{p_i<N^{\frac{1}{2}} \\ \left(\frac{-5}{p_i}\right)=-1}}\left[\frac{p_i-1}{p_i}\right]$$

$$S(\mathcal{A};\mathcal{B},N^{\frac{1}{2}}) \geqslant \frac{N^{\frac{1}{2}}}{10}\prod_{\substack{p_i<N^{\frac{1}{2}} \\ p_i\neq 5}}\left[\frac{p_i-1}{p_i}\right]$$

回归筛分集合：

$$S(\mathcal{A};\mathcal{B},N^{\frac{1}{2}}) \geqslant \frac{5N^{\frac{1}{2}}}{40}\prod_{p_i<N^{\frac{1}{2}}}\left[\frac{p_i-1}{p_i}\right]$$

根据定理2.1：

$$S(\mathcal{A};\mathcal{B},N^{\frac{1}{2}}) \geqslant \frac{5N^{\frac{1}{2}}}{40\log N^{\frac{1}{2}}} + o\left(\frac{N}{\log^2 N^{\frac{1}{2}}}\right)$$

$$S(\mathcal{A};\mathcal{B},N^{\frac{1}{2}}) \geqslant \frac{N^{\frac{1}{2}}}{2\varphi(5)\log N^{\frac{1}{2}}} + o\left(\frac{N}{\log^2 N^{\frac{1}{2}}}\right)$$

即
$$X(N) \geqslant \frac{N^{\frac{1}{2}}}{2\varphi(5)\log N^{\frac{1}{2}}} + o\left(\frac{N}{\log^2 N^{\frac{1}{2}}}\right)$$

当 $N \to \infty$ 时，$S(\mathcal{A};\mathcal{B},N^{\frac{1}{2}}) \to \infty$。

定理证毕。

实际上，在 10000 之内存在 4 个这样的素数，分别是 181、1621、6481、8821。而我们的计算结果为 2.7143 个，可见误差不是很大。

定理 6.9：存在无穷多的 ax^2+1 型素数，若以 $X(N)$ 表示 1 ~ N 之间的 ax^2+1 型的素数个数，则 $X(N)$ 为：

$$X(N) \geqslant \frac{N^{\frac{1}{2}}}{2\varphi(v)u\log N^{\frac{1}{2}}} + o\left(\frac{N}{\log^2 N^{\frac{1}{2}}}\right)$$

其中 $a=uv$，v 为素因子小于 $N^{\frac{1}{2}}$ 的部分，u 为素因子大于 $N^{\frac{1}{2}}$ 的部分。当 $u=1$ 时，$\varphi(v)=\varphi(a)$。

证明：根据定理 1.7，这样的整数序列是可筛整数序列。其元素个数为 x 个，$x \approx \left(\frac{N}{a}\right)^{\frac{1}{2}} > \left(\frac{N^{\frac{1}{2}}}{a}\right)$，一般取 $\left(\frac{N^{\frac{1}{2}}}{a}\right)$ 个即可。

可以看出，a 的小于 $N^{\frac{1}{2}}$ 的素因子没有在整数序列中出现。同时可以看到，在这个整数序列中出现的素数或素因子 p_i，均是以 $-a$ 为二次剩余者；且每 p_i 个元素必有 2 个元素被 p_i 整除。

于是，根据引理 4：

$$S(\mathcal{A};\mathcal{B},N^{\frac{1}{2}}) = \sum_{\substack{ax^2+1=c \\ c\in\mathcal{A} \\ (c,P(N^{\frac{1}{2}}))=1}} 1 \geqslant \frac{N^{\frac{1}{2}}}{2a}\prod_{\substack{p_i<N^{\frac{1}{2}} \\ \left(\frac{-a}{p_i}\right)=1}}\left[\frac{p_i-2}{p_i}\right]$$

根据引理 5：

$$S(\mathcal{A};\mathcal{B},N^{\frac{1}{2}}) \geqslant \frac{N^{\frac{1}{2}}}{2a}\prod_{\substack{p_i<N^{\frac{1}{2}} \\ \left(\frac{-a}{p_i}\right)=1}}\left[\frac{p_i-1}{p_i}\right]^2$$

根据引理 7 和我们的假定：

$$\prod_{\substack{p_i < N^{\frac{1}{2}} \\ \left(\frac{-a}{p_i}\right)=1}} \left[\frac{p_i - 1}{p_i}\right] \approx \prod_{\substack{p_i < N^{\frac{1}{2}} \\ \left(\frac{-a}{p_i}\right)=-1}} \left[\frac{p_i - 1}{p_i}\right]$$

$$S(\mathcal{A};\mathcal{B}, N^{\frac{1}{2}}) \geqslant \frac{N^{\frac{1}{2}}}{2a} \prod_{\substack{p_i < N^{\frac{1}{2}} \\ p_i \nmid a}} \left[\frac{p_i - 1}{p_i}\right]$$

回归筛分集合：

$$S(\mathcal{A};\mathcal{B}, N^{\frac{1}{2}}) \geqslant \frac{N^{\frac{1}{2}}}{2\varphi(v)u} \prod_{p_i < N^{\frac{1}{2}}} \left[\frac{p_i - 1}{p_i}\right]$$

其中 $a = uv$，v 为素因子小于 $N^{\frac{1}{2}}$ 的部分，u 为素因子大于 $N^{\frac{1}{2}}$ 的部分。当 $u = 1$ 时，$\varphi(v) = \varphi(a)$。

根据定理 2.1 则有：

$$S(\mathcal{A};\mathcal{B}, N^{\frac{1}{2}}) \geqslant \frac{N^{\frac{1}{2}}}{2\varphi(v)u\log N^{\frac{1}{2}}} + o\left(\frac{N}{\log^2 N^{\frac{1}{2}}}\right)$$

即
$$X(N) \geqslant \frac{N^{\frac{1}{2}}}{2\varphi(v)u\log N^{\frac{1}{2}}} + o\left(\frac{N}{\log^2 N^{\frac{1}{2}}}\right)$$

当 $N \to \infty$ 时，$S(\mathcal{A};\mathcal{B}, N^{\frac{1}{2}}) \to \infty$。

定理证毕。

定理 6.10：存在无穷多的 $5x^2 + 3$ 型素数，若以 $X(N)$ 表示 1 ~ N 之间的 $5x^2 + 3$ 型的素数个数，则 $X(N)$ 为：

$$X(N) \geqslant \frac{N^{\frac{1}{2}}}{\varphi(5)\log N^{\frac{1}{2}}} + o\left(\frac{N}{\log^2 N^{\frac{1}{2}}}\right)$$

证明：先给定一个整数序列。

$\mathcal{A}$：3，8，23，48，83，128，183，248，323，408，503，608，723，848，983，…

根据定理 1.7，此整数序列是可筛整数序列。

通过观察可以发现，素数 5 没有在整数序列中出现；素数 3 每 3 个元素有一个被 3 整数；以 −15 为二次剩余的 p_i 均在整数序列中出现，且每 p_i 个元素有 2 个元素被 p_i 整除。

于是，筛函数则为：

$$S(\mathcal{A};\mathcal{B},N^{\frac{1}{2}}) = \sum_{\substack{5x^2+3=a \\ a\in\mathcal{A} \\ (a,P(N^{\frac{1}{2}}))=1}} 1$$

根据定理3.1和引理4，筛函数不等式为：

$$S(\mathcal{A};\mathcal{B},N^{\frac{1}{2}}) \geqslant \frac{2}{1}\frac{N^{\frac{1}{2}}}{2\times 5}\prod_{\substack{p_i<N^{\frac{1}{2}} \\ \left(\frac{-15}{p_i}\right)=1}}\left[\frac{p_i-2}{p_i}\right]$$

根据引理5，筛函数不等式为：

$$S(\mathcal{A};\mathcal{B},N^{\frac{1}{2}}) \geqslant \frac{N^{\frac{1}{2}}}{5}\prod_{\substack{p_i<N^{\frac{1}{2}} \\ \left(\frac{-15}{p_i}\right)=1}}\left[\frac{p_i-1}{p_i}\right]^2$$

根据引理7和我们的假定得出：

$$\prod_{\substack{p_i<N^{\frac{1}{2}} \\ \left(\frac{-15}{p_i}\right)=1}}\left[\frac{p_i-1}{p_i}\right] \approx \prod_{\substack{p_i<N^{\frac{1}{2}} \\ \left(\frac{-15}{p_i}\right)=-1}}\left[\frac{p_i-1}{p_i}\right]$$

$$S(\mathcal{A};\mathcal{B},N^{\frac{1}{2}}) \geqslant \frac{N^{\frac{1}{2}}}{5}\prod_{\substack{p_i<N^{\frac{1}{2}} \\ p_i\neq 5}}\left[\frac{p_i-1}{p_i}\right]$$

回归筛分集合，筛函数为：

$$S(\mathcal{A};\mathcal{B},N^{\frac{1}{2}}) \geqslant \frac{5}{4}\frac{N^{\frac{1}{2}}}{5}\prod_{p_i<N^{\frac{1}{2}}}\left[\frac{p_i-1}{p_i}\right]$$

根据定理2.1得出：

$$S(\mathcal{A};\mathcal{B},N^{\frac{1}{2}}) \geqslant \frac{N^{\frac{1}{2}}}{4\log N^{\frac{1}{2}}} + o\left(\frac{N}{\log^2 N^{\frac{1}{2}}}\right)$$

$$S(\mathcal{A};\mathcal{B},N^{\frac{1}{2}}) \geqslant \frac{N^{\frac{1}{2}}}{\varphi(5)\log N^{\frac{1}{2}}} + o\left(\frac{N}{\log^2 N^{\frac{1}{2}}}\right)$$

即

$$X(N) \geqslant \frac{N^{\frac{1}{2}}}{\varphi(5)\log N^{\frac{1}{2}}} + o\left(\frac{N}{\log^2 N^{\frac{1}{2}}}\right)$$

当 $N\to\infty$ 时，$S(\mathcal{A};\mathcal{B},N^{\frac{1}{2}})\to\infty$。

定理证毕。

实际上，在1～10000之间，存在 $5x^2+3$ 型素数9个，分别是23、83、

503、983、1283、2003、2423、3923、5783，而我们的计算结果为5.428个。

定理6.11：存在无穷多的 ax^2+b 型素数 $(a,b)=1$ ，若以 $X(N)$ 表示1 ~ N 之间的 ax^2+b 型的素数个数，则 $X(N)$ 为：

$$X(N) \geqslant \prod_{\substack{p_j \mid b \\ p_j > N^{\frac{1}{2}} \\ \left(\frac{-ab}{p_j}\right) \neq 1}} \frac{p_j-1}{p_j} \prod_{\substack{p_j \mid b \\ p_j < N^{\frac{1}{2}} \\ \left(\frac{-ab}{p_j}\right) = 1}} \frac{p_j-1}{p_j-2} \frac{N^{\frac{1}{2}}}{2\varphi(v)u\log N^{\frac{1}{2}}} + o\left(\frac{N}{\log^2 N^{\frac{1}{2}}}\right)$$

或

$$X(N) \geqslant \prod_{\substack{p_j \mid b \\ p_j > N^{\frac{1}{2}} \\ \left(\frac{-ab}{p_j}\right) \neq 1}} \frac{p_j-1}{p_j} \prod_{\substack{p_j \mid b \\ p_j < N^{\frac{1}{2}} \\ \left(\frac{-ab}{p_j}\right) = 1}} \frac{p_j-1}{p_j-2} \frac{vN^{\frac{1}{2}}}{2\varphi(v)a^{\frac{1}{2}}\log N^{\frac{1}{2}}} + o\left(\frac{N}{\log^2 N^{\frac{1}{2}}}\right)$$

其中 $a=uv$, v 为素因子小于 $N^{\frac{1}{2}}$ 的部分, u 为素因子大于 $N^{\frac{1}{2}}$ 的部分。当 $u=1$ 时, $\varphi(v)=\varphi(a)$ 。

证明：根据定理1.7， ax^2+b 这样的整数序列是可筛整数序列。

可以看出, a 的小于 $N^{\frac{1}{2}}$ 的素因子没有在整数序列中出现; b 的素因子 p_j 是每 p_j 个元素出现1个元素被 p_j 整除。同时可以看到，在这个整数序列中出现的素数或素因子 p_i ，均是以 $-a$ 为二次剩余者；且每 p_i 个元素必有2个元素被 p_i 整除。

于是，根据定理3.1和引理4：

$$S(\mathcal{A};\mathcal{B},N^{\frac{1}{2}}) = \sum_{\substack{ax^2+b=c \\ c\in\mathcal{A} \\ (c,P(N^{\frac{1}{2}}))=1}} 1$$

$$\geqslant \prod_{\substack{p_j \mid b \\ p_j > N^{\frac{1}{2}} \\ \left(\frac{-ab}{p_j}\right) \neq 1}} \frac{p_j-1}{p_j} \prod_{\substack{p_j \mid b \\ p_j < N^{\frac{1}{2}} \\ \left(\frac{-ab}{p_j}\right) = 1}} \frac{p_j-1}{p_j-2} \frac{N^{\frac{1}{2}}}{2a} \prod_{\substack{p_i < N^{\frac{1}{2}} \\ \left(\frac{-ab}{p_i}\right) = 1}} \left[\frac{p_i-2}{p_i}\right]$$

根据引理5：

$$S(\mathcal{A};\mathcal{B},N^{\frac{1}{2}}) \geqslant \prod_{\substack{p_j \mid b \\ p_j > N^{\frac{1}{2}} \\ \left(\frac{-ab}{p_j}\right) \neq 1}} \frac{p_j-1}{p_j} \prod_{\substack{p_j \mid b \\ p_j < N^{\frac{1}{2}} \\ \left(\frac{-ab}{p_j}\right) = 1}} \frac{p_j-1}{p_j-2} \frac{N^{\frac{1}{2}}}{2a} \prod_{\substack{p_i < N^{\frac{1}{2}} \\ \left(\frac{-ab}{p_i}\right) = 1}} \left[\frac{p_i-1}{p_i}\right]^2$$

根据引理7和我们的假定：

$$\prod_{\substack{p_i<N^{\frac{1}{2}}\\ \left(\frac{-ab}{p_i}\right)=1}}\left[\frac{p_i-1}{p_i}\right]\approx\prod_{\substack{p_i<N^{\frac{1}{2}}\\ \left(\frac{-ab}{p_i}\right)=-1}}\left[\frac{p_i-1}{p_i}\right]$$

$$S(\mathcal{A};\mathcal{B},N^{\frac{1}{2}})\geqslant\prod_{\substack{p_j\mid b\\ p_j>N^{\frac{1}{2}}\\ \left(\frac{-ab}{p_j}\right)\neq 1}}\frac{p_j-1}{p_j}\prod_{\substack{p_j\mid b\\ p_j<N^{\frac{1}{2}}\\ \left(\frac{-ab}{p_j}\right)=1}}\frac{p_j-1}{p_j-2}\frac{N^{\frac{1}{2}}}{2a}\prod_{\substack{p_i<N^{\frac{1}{2}}\\ p_i\nmid a}}\left[\frac{p_i-1}{p_i}\right]$$

设 $a=uv$，v 为素因子小于 $N^{\frac{1}{2}}$ 的部分，u 为素因子大于 $N^{\frac{1}{2}}$ 的部分。回归筛分集合，则有：

$$S(\mathcal{A};\mathcal{B},N^{\frac{1}{2}})\geqslant\prod_{\substack{p_j\mid b\\ p_j>N^{\frac{1}{2}}\\ \left(\frac{-ab}{p_j}\right)\neq 1}}\frac{p_j-1}{p_j}\prod_{\substack{p_j\mid b\\ p_j<N^{\frac{1}{2}}\\ \left(\frac{-ab}{p_j}\right)=1}}\frac{p_j-1}{p_j-2}\frac{N^{\frac{1}{2}}}{2\varphi(v)u}\prod_{p_i<N^{\frac{1}{2}}}\left[\frac{p_i-1}{p_i}\right]$$

其中 u 为整除 a 的且大于 $N^{\frac{1}{2}}$ 的素数因子之积；当 $u=1$ 时，$\varphi(v)=\varphi(a)$。

根据定理 2. 1：

$$S(\mathcal{A};\mathcal{B},N^{\frac{1}{2}})\geqslant\prod_{\substack{p_j\mid b\\ p_j>N^{\frac{1}{2}}\\ \left(\frac{-ab}{p_j}\right)\neq 1}}\frac{p_j-1}{p_j}\prod_{\substack{p_j\mid b\\ p_j<N^{\frac{1}{2}}\\ \left(\frac{-ab}{p_j}\right)=1}}\frac{p_j-1}{p_j-2}\frac{N^{\frac{1}{2}}}{2\varphi(v)u\log N^{\frac{1}{2}}}+o\left(\frac{N}{\log^2 N^{\frac{1}{2}}}\right)$$

即 $$X(N)\geqslant\prod_{\substack{p_j\mid b\\ p_j>N^{\frac{1}{2}}\\ \left(\frac{-ab}{p_j}\right)\neq 1}}\frac{p_j-1}{p_j}\prod_{\substack{p_j\mid b\\ p_j<N^{\frac{1}{2}}\\ \left(\frac{-ab}{p_j}\right)=1}}\frac{p_j-1}{p_j-2}\frac{N^{\frac{1}{2}}}{2\varphi(v)u\log N^{\frac{1}{2}}}+o\left(\frac{N}{\log^2 N^{\frac{1}{2}}}\right)$$

当 $N\to\infty$ 时，$S(\mathcal{A};\mathcal{B},N^{\frac{1}{2}})\to\infty$。

定理证毕。

以上我们在计算整数序列的元素个数时是以 $\frac{N^{\frac{1}{2}}}{a}$ 来计算的，这里就有一个较大的误差。因为准确计算应该是 $x\approx\frac{N^{\frac{1}{2}}}{a^{\frac{1}{2}}}$，而 v 应为 a 的 $\leqslant N^{\frac{1}{2}}$ 的不同素因子之积。准确一些的结果为：

$$X(N) \geqslant \prod_{\substack{p_j \mid b \\ p_j > N^{\frac{1}{2}} \\ \left(\frac{-ab}{p_j}\right) \neq 1}} \frac{p_j - 1}{p_j} \prod_{\substack{p_j \mid b \\ p_j < N^{\frac{1}{2}} \\ \left(\frac{-ab}{p_j}\right) = 1}} \frac{p_j - 1}{p_j - 2} \frac{vN^{\frac{1}{2}}}{2\varphi(v) a^{\frac{1}{2}} \log N^{\frac{1}{2}}} + o\left(\frac{N}{\log^2 N^{\frac{1}{2}}}\right)$$

§6.8　关于 $x^2 + x + p$ 的素数分布问题

我们先来探讨 $(x+1)^3 - x^3 = 3x^2 + 3x + 1$ 的素数分布。

§6.8.1　存在无穷多的 $3x^2 + 3x + 1$ 素数

$3x^2 + 3x + 1$ 的整数序列：

$1, 7, 19, 37, 61, 91, \cdots, 3x^2 + 3x + 1$。

根据定理1.7，这个整数序列是可筛整数序列，具有以下性质：

（1）在这个整数序列中，当 $p_i \mid n^3 - 1$，必有 $p_i \mid (p_i - n + 1)^3 - 1$。

（2）$p_i \mid (mp_i + n)^3 - 1$，$p_i \mid (mp_i - n + 1)^3 - 1$。

（3）当被 p_i 整除的最小元素为整数序列中第 k 个元素时，第 $mp_i + k$ 个元素必定被 p_i 整除。

（4）由于1总为 p_i 的三次剩余，故 $3x^2 + 3x + 1$ 的素因子总为 $6k + 1$ 型素数。

（5）筛分集合为 $P'(N^{\frac{1}{2}}) = \prod_{\substack{p_i < N^{\frac{1}{2}} \\ p_i = 6k+1}} 1 - \frac{1}{p_i}$，则筛函数为：

$$S(\mathcal{A};\mathcal{B}, N^{\frac{1}{2}}) = N^{\frac{1}{2}} \prod_{\substack{3 < p_i \leqslant N^{\frac{1}{2}} \\ p_i = 6k+1}} \left[\frac{p_i - 2}{p_i}\right]$$

$$S(\mathcal{A};\mathcal{B}, N^{\frac{1}{2}}) \sim N^{\frac{1}{2}} \prod_{\substack{3 < p_i \leqslant N^{\frac{1}{2}} \\ p_i = 6k+1}} \left[\frac{p_i - 1}{p_i}\right] \otimes \prod_{\substack{3 < p_i \leqslant N^{\frac{1}{2}} \\ p_i = 6k+1}} \left[\frac{p_i - 1}{p_i}\right]$$

即 $X(N) = N^{\frac{1}{2}} \prod_{\substack{3 < p_i \leqslant N^{\frac{1}{2}} \\ p_i = 6k+1}} \left[\frac{p_i - 1}{p_i}\right] \otimes \prod_{\substack{3 < p_i \leqslant N^{\frac{1}{2}} \\ p_i = 6k+1}} \left[\frac{p_i - 1}{p_i}\right]$

与上面的证明过程相同，于是我们得到：

$$X(N) = N^{\frac{1}{2}} a \prod_{2 < p_i \leqslant N^{\frac{1}{2}}} \left[\frac{p_i - 1}{p_i}\right] \otimes a \prod_{2 < p_i \leqslant N^{\frac{1}{2}}} \left[\frac{p_i - 1}{p_i}\right]$$

即
$$X(N) \geqslant \frac{a^2 x}{\log^2 x} + o\left(\frac{1}{\log^3 x}\right) \tag{6.22}$$

其中 $a = \frac{3}{2} \times \frac{5}{4} \times \frac{11}{10} \times \frac{17}{16} \times \frac{23}{22} \times \frac{29}{28} \times \frac{41}{40} \times \frac{47}{46} \times \frac{53}{52} = 2.5328$。

例如：取 $N = 100^2$，则 $x = \left(\frac{10000}{3}\right)^{\frac{1}{2}} \approx 57$，$X(10000) \geqslant \frac{57 \times a^2}{\log^2 100} = 22.38$。

实际上，小于 10000 的这种素数为 27 个，由于我们计算的是 100 ~ 10000 的素数个数，需减去 4 个，可见两者误差是很小的。

当然我们可以选择一个恒定的 a 值，如 $a = \frac{3}{2} \times \frac{5}{4} \times \frac{11}{10} = 2.0625$，这对我们的估计是没有影响的。于是我们得出下面的定理。

定理 6.12：存在无穷多的 $3x^2 + 3x + 1$ 型素数。

对于其他的 $(x+1)^p - x^p$ 情形，我们同样可以运用筛法给出证明，这里不再赘述。

§6.8.2　存在无穷多的 $x^2 + x + 1$ 素数

$x^2 + x + 1$ 的整数序列为：

1，3，7，13，21，31，43，57，73，91，111，…，$x^2 + x + 1$。

根据定理 1.7，这个整数序列是可筛整数序列。

由于 $x^2 + x + 1 \mid x^3 - 1$，故有下面的性质：

（1）$x^2 + x + 1$ 的素因子为 $6m + 1$。

（2）在这个整数序列中，当 $p_i \mid n^3 - 1$，必有 $p_i \mid (p_i - n + 1)^3 - 1$。

（3）当被 p_i 整除的最小元素为整数序列中第 k 个元素时，第 $mp_i + k$ 个元素必定被 p_i 整除。

同样，其筛分集合为 $P'(N^{\frac{1}{2}}) = \prod_{\substack{p_i < N^{\frac{1}{2}} \\ p_i = 6k+1}} 1 - \frac{1}{p_i}$，整数序列的元素个数近似为 $\frac{2}{3} N^{\frac{1}{2}}$，则筛函数为：

$$S(\mathcal{A};\mathcal{B},N^{\frac{1}{2}}) = \frac{2}{3}N^{\frac{1}{2}}\prod_{\substack{3<p_i\leqslant N^{\frac{1}{2}}\\ p_i=6k+1}}\left[\frac{p_i-2}{p_i}\right]$$

$$S(\mathcal{A};\mathcal{B},N^{\frac{1}{2}}) \sim \frac{2}{3}N^{\frac{1}{2}}\prod_{\substack{3<p_i\leqslant N^{\frac{1}{2}}\\ p_i=6k+1}}\left[\frac{p_i-1}{p_i}\right]\otimes\prod_{\substack{3<p_i\leqslant N^{\frac{1}{2}}\\ p_i=6k+1}}\left[\frac{p_i-1}{p_i}\right]$$

即 $X(N) = \frac{2}{3}N^{\frac{1}{2}}\prod_{\substack{3<p_i\leqslant N^{\frac{1}{2}}\\ p_i=6k+1}}\left[\frac{p_i-1}{p_i}\right]\otimes\prod_{\substack{3<p_i\leqslant N^{\frac{1}{2}}\\ p_i=6k+1}}\left[\frac{p_i-1}{p_i}\right]$

与前面的证明过程相同，于是我们同样得到：

$$X(N) = \frac{2}{3}N^{\frac{1}{2}}a\prod_{2<p_i\leqslant N^{\frac{1}{2}}}\left[\frac{p_i-1}{p_i}\right]\otimes a\prod_{2<p_i\leqslant N^{\frac{1}{2}}}\left[\frac{p_i-1}{p_i}\right]$$

即
$$X(N) \geqslant \frac{2a_1^2N^{\frac{1}{2}}}{3\log^2 N^{\frac{1}{2}}} + o\left(\frac{N^{\frac{1}{2}}}{\log^3 x}\right) \qquad (6.23)$$

或
$$X(N) \geqslant \frac{2a_1^2 x}{3\log^2 x} + o\left(\frac{x}{\log^3 x}\right)$$

定理 6.13：存在无穷多的 x^2+x+1 素数。

例如，我们取 $N = 100^2$，则 a_1 为：

$$a_1 = \frac{3}{2}\times\frac{5}{4}\times\frac{11}{10}\times\frac{17}{16}\times\frac{23}{22}\times\frac{29}{28}\times\frac{41}{40}\times\frac{47}{46}\times\frac{53}{52}\times\frac{59}{58}\times\frac{71}{70}\times\frac{83}{82}\times\frac{89}{88} = 2.6752$$

在 100～10000 的 x^2+x+1 的素数个数 $X(N)$ 为：

$$X(N) \geqslant \frac{2\times 2.6752^2\times 100}{3\log^2 100} \approx 22.4927$$

实际上 10000 以内的 $3m+1$ 型素数个数为 28 个，再减去 100 以内的 4 个，则 100～10000 的此型素数个数为 24 个。可见两者误差是很小的。

§6.8.3 存在无穷多的 x^2+x+p 素数

首先，我们选择 $p = 5$ 的情况，其整数序列为：5，7，11，17，25，35，47，61，77，…，x^2+x+5。

根据定理 1.7，这个整数序列是可筛整数序列。

我们知道，在这个整数序列中出现的素数或素因子 P，必然满足下面的条件：

(1) $-x-5\equiv a^2(\bmod P)$。

换句话说，根据 Legendre 符号：$\left(\frac{-x-5}{P}\right)=1$。

(2) $x^2+x+5=mP$。

例如，当我们选择 $P=29$ 时，29 的二次剩余为：

$-1\ (-30)$，-5，-13，-22，-23，-25

那么，相应地，当 $x=25$，0，8，17，18，20 时均有：

$$P\nmid (x^2+x+5)$$

即 29 不是这个整数序列的任一个元素的素因子。

同样我们可以得到：3，13，29，31，37，41 等均为这类素数，它们均不在这个整数序列中出现。于是我们可以对这个整数序列进行筛分：

设 $P(N^{\frac{1}{2}})=\prod_{p_i<N^{\frac{1}{2}}}1-\frac{1}{p_i}$，则有：

$$S(\mathcal{A};\mathcal{B},N^{\frac{1}{2}})=aN^{\frac{1}{2}}\prod_{2<p_i\leqslant N^{\frac{1}{2}}}\left[\frac{p_i-1}{p_i}\right]\otimes\prod_{2<p_i\leqslant N^{\frac{1}{2}}}\left[\frac{p_i-1}{p_i}\right]$$

$$X(N)=aN^{\frac{1}{2}}\prod_{2<p_i\leqslant N^{\frac{1}{2}}}\left[\frac{p_i-1}{p_i}\right]\otimes\prod_{2<p_i\leqslant N^{\frac{1}{2}}}\left[\frac{p_i-1}{p_i}\right]$$

即
$$X(N)\geqslant\frac{a^2x}{\log^2x}+o\left(\frac{1}{\log^3x}\right)\tag{6.24}$$

根据以上的叙述，我们可以选择 a 满足以下条件：

$$a=\frac{3}{2}\,\frac{13}{12}\,\frac{29}{28}\,\frac{31}{30}\,\frac{37}{36}\,\frac{41}{40}=1.832$$

则
$$X(N)\geqslant\frac{1.832^2x}{\log^2x}$$

定理 6.14：存在无穷多的 x^2+x+p 素数。

取 $x=100$，100～10000 的此类素数个数为 15.8 个，而实际个数为 24 个，误差产生的原因是我们在计算 a 值时没有将小于 100 的同类素数全部计算到。但是这对于素数分布的存在性研究没有影响。

通过上面对于取 $p=5$ 这个情况的分析不难看出：

(1) 对于任何 p，虽然各自的筛分集合不同，但基本原理都是一样的，筛函数也基本相同：

$$S(\mathcal{A};\mathcal{B},N^{\frac{1}{2}}) = aN^{\frac{1}{2}}\prod\left[\frac{p_i-1}{p_i}\right]^2$$

$$S(\mathcal{A};\mathcal{B},N^{\frac{1}{2}}) \sim aN^{\frac{1}{2}}\prod\frac{p_i-1}{p_i}\otimes\prod\frac{p_i-1}{p_i} \tag{6.25}$$

只是 a 的取值不同。

(2) 对于任何 p，x^2+x+p 整数序列中都存在无穷多的素数。

(3) 对于给定的一个整数序列 x^2+x+p，一个素数 $P\neq p$ 会不会在其中出现，主要取决于 $\left(\frac{-x-p}{P}\right)=1$ 和 $x^2+x+p=mP$。

由此，我们便想到很多数论书籍中提到的一个问题：当 x 取1，2，3，4，…，$p-1$ 时，x^2+x+p 均为素数，例如：

$$x^2-x+17 \text{ 和 } x^2-x+41$$

实际上此问题就是 $\left(\frac{-x-p}{P}\right)=1$ 和 $x^2+x+p=mP$ 的一个特殊情况，即取 $m=1$，x 取1，2，3，4…，$p-1$ 时，总有一个素数 P_i 使得 $\left(\frac{x-17}{P_i}\right)=1$ 和 $x^2-x+17=P_i$。

例如，下面两个整数序列：

x^2+x+p：p，$p+2$，$p+6$，$p+12$，…，$p+x(x+1)$

x^2-x+p：p，p，$p+2$，$p+6$，$p+12$，…，$p+x(x-1)$

由此不难看出，这两个整数序列几乎是相同的。而且，实际上这是一个 n 重素数问题，在第五章已有叙述。

笔者认为，对于任意一个确定的素数 p，只存在一个有限的 x，使得 p，$p+2$，$p+6$，$p+12$，…，$p+2x$ 都是素数。

§6.8.4 关于多项式 x^2+y^2+1 的素数分布问题

对于一个不可约整系数多项式产生的整数序列，一般都是可以运用筛法来分析其素数分布情况的。但是对于含有两个以上未知数的多元高次多项式，在使用筛法分析之前，必须降至一元高次多项式。也就是说，对于一个多元高次多项式，其所产生的无穷多个整数序列中的素数分布是不一样的，也就无法用一个通式来描述。

设 $x=a, y=a+b$，则有：

$$x^2+y^2+1=2a^2+2ab+b^2+1$$

设 $b=2$，则 $x^2+y^2+1=2a^2+4a+5$。其整数序列为：

5，11，21，35，53，75，101，131，165，203，…

从这个整数序列可以看出，其具有以下特征：

（1）如果 $p_i|2a_i^2+4a_i+5$，则 $p_i|2(a_i+b)^2+4(a_i+b)+5$，$b=p_i-2a_i-2$。

（2）如果 $p_i|2a_i^2+4a_i+5$，则 $p_i|2(mp_i+a_i)^2+4(mp_i+a_i)+5$。

（3）p_i 的出现是均匀的。

（4）很多素数 p_j 是不会在这个整数序列中出现的。这是因为方程 $2a^2+4a+5=kp_j$ 无整数解。

例如，当 $p_j=13$ 时，有 $(2a)^2+8a+10=kp_j$，即 $(2a)^2\equiv-8a-10\pmod{13}$，而13的二次剩余为：$-9$，$-10$，$-1$，$-4$，$-3$，$-12$。

由此可见，同余式 $(2a)^2\equiv-8a-10\pmod{13}$ 无解，13不在此整数序列中出现。同样我们可以得到：17，19，23，37，43等均为这类素数，它们均不在这个整数序列中出现。于是我们可以对这个整数序列进行筛分：

设 $P(N^{\frac{1}{2}})=\prod_{p_i<N^{\frac{1}{2}}}1-\dfrac{1}{p_i}$，则有：

$$S(\mathcal{A};\mathcal{B},N^{\frac{1}{2}})=aN^{\frac{1}{2}}\prod_{2<p_i\leqslant N^{\frac{1}{2}}}\left[\frac{p_i-1}{p_i}\right]\otimes\prod_{2<p_i\leqslant N^{\frac{1}{2}}}\left[\frac{p_i-1}{p_i}\right]$$

$$X(N)=aN^{\frac{1}{2}}\prod_{2<p_i\leqslant N^{\frac{1}{2}}}\left[\frac{p_i-1}{p_i}\right]\otimes\prod_{2<p_i\leqslant N^{\frac{1}{2}}}\left[\frac{p_i-1}{p_i}\right]$$

即

$$X(N)\geqslant\frac{a^2x}{\log^2x}+o\left(\frac{1}{\log^3x}\right)\tag{6.26}$$

根据以上的叙述，我们可以选择 a 满足以下条件：

$$a=\frac{13}{12}\times\frac{17}{16}\times\frac{19}{18}\times\frac{23}{22}\times\frac{37}{36}\times\frac{43}{42}=1.336$$

则

$$X(N)\geqslant\frac{1.336^2x}{\log^2x}$$

取 $x=100$，100～10000的此类素数个数为8.15个。而实际个数为16个，其误差是因为我们在计算 a 值时没有将小于100的同类素数全部计算到。但是这对于素数分布的存在性研究没有影响。

§6.9 小结

前面几章都是传统筛法的改进，都属于多重一元筛法范畴。从本章开始，我们讨论的是多重多元筛法。

一重二元筛法是对于由一元二次不可约整系数多项式产生的整数序列而设置的筛法。根据定义，它是对一个整数序列，每隔 p_i 个元素筛去 2 个被 p_i 整除的元素的筛法。因此一重二元筛法是一种解决由一元二次多项式产生的整数序列的素数分布问题的数学分析工具。

要点回顾：

（1）整数序列：由一元二次不可约整系数多项式产生。一般情况下，每 p_i 个元素有 2 个元素被 p_i 整除。

（2）筛分集合：一般情况下，$\mathcal{B} = \{p:p < N^{\frac{1}{2}}\}$，但有时使用 $\mathcal{B} = \{p:p = 4m + 1, p < N^{\frac{1}{2}}\}$ 或 $\mathcal{B} = \left\{p:\left(\frac{a}{p}\right) = 1, p < N^{\frac{1}{2}}\right\}$ 等。

（3）引入 $\left[\frac{p-2}{p}\right]$ 的概念，以运用数学语言准确表达每隔 p_i 个元素筛去 2 个被 p_i 整除的元素的事实。

（4）运用 $\left[\frac{p-2}{p}\right]$ 与 $\left[\frac{p-1}{p}\right]^2$ 的转化降元，建立 $\prod_{2<p_i\leq N^{\frac{1}{2}}}\left[\frac{p_i-1}{p_i}\right]^2 < \prod_{2<p_i\leq N^{\frac{1}{2}}}\left[\frac{p_i-2}{p_i}\right]$ 的关系式，缓解了对 $\prod_{2<p_i\leq N^{\frac{1}{2}}}\left[\frac{p_i-2}{p_i}\right]$ 估计的困难。

（5）在由 x^2+1 等一元二次整系数多项式产生的整数序列的素数分布的分析中，由于整数序列中出现的素数只有 $4m+1$ 型素数或素因子，而 $4m-1$ 型素数不在整数序列中出现，所以，我们在证明中采用了 $cN\prod_{2<p_i\leq N^{\frac{1}{2}}}\left[\frac{p_i-2}{p_i}\right]$ 的方法，其中 $c = \prod_{\substack{2<p_j\leq N^{\frac{1}{2}}\\ p_j=4m-1}}\frac{p_j}{p_j-2}$。如此估计无疑是正确的。因为我们只需取有限个 p_j 计算出 c'，总有 $c' > 1$ 和 $c' < c$。

为了证明简洁明了，我们使用了一个事实：$\prod_{\substack{2<p_i\leq N^{\frac{1}{2}}\\ p_i=4m+1}}\left[\frac{p_i-1}{p_i}\right] \sim \prod_{\substack{2<p_j\leq N^{\frac{1}{2}}\\ p_j=4m-1}}\left[\frac{p_j-1}{p_j}\right]$。

从而得到：$\prod_{p_i=4m+1}\left[\frac{p_i-1}{p_i}\right]^2=\prod_{p_i<N^{\frac{1}{2}}}\left[\frac{p_i-1}{p_i}\right]$ 或 $\prod_{p_i=4m+3}\left[\frac{p_i-1}{p_i}\right]^2=\prod_{p_i<N^{\frac{1}{2}}}\left[\frac{p_i-1}{p_i}\right]$。这也是我们在一些定理的证明中使用两种或三种证明方法的原因。

（6）在使用了一个假定的情况下，我们引入了回归原理，也就是使筛分集合 $\mathcal{B}$ 的转化为我们可以运用定理 2. 1 给出估计的结果。

（7）对于一些较为常见的一元二次代数式的整数序列的素数分布问题，本章给出了一些较粗糙的结果。

我们在大部分定理后面附有实际存在的素数个数与计算结果的比较，但比较的数值都相对较小，这是受我们的计算工具所限，难以掌握进一步的数据。

第七章　一重 n 元筛法及其应用

上一章我们论述了一重二元筛法及其应用。知道了一重二元筛法的整数序列都是由一元二次代数式所产生的。一般地，由一个不可约的一元 n（$n \geqslant 2$）次代数式所产生的整数序列的筛法称为一重 n 元筛法或一重多元筛法。

在一重二元筛法的讨论分析中，我们主要采用 $\prod_{p}\left[\frac{p-2}{p}\right]$ 的方法和估计。那么在一重 n 元筛法的分析讨论中，我们将使用 $\prod_{p}\left[\frac{p-n}{p}\right]$ 作为分析讨论工具。$\prod_{p}\left[\frac{p-n}{p}\right]$ 和 $\prod_{p}\left[\frac{p-2}{p}\right]$ 一样，在筛分一重多元筛法中是准确的，这里不做更多的讨论。

§7.1　关于 $\prod_{p_i=mp+1}\left[\frac{p_i-1}{p_i}\right]$ 估计的问题

在讨论一重多元筛法时，我们遇到的一个普遍问题是对于 $\prod_{p_i=mp+1}\left[\frac{p_i-1}{p_i}\right]$ 的估计。为了解决这个问题，我们有以下引理：

引理 1：$\prod_{p_i=mp+1}\left[\frac{p_i-1}{p_i}\right] \sim \prod_{p_i<N^{\frac{1}{2}}}\left[\frac{p_i-1}{p_i}\right]^{\frac{1}{p-1}}$

且

$$\prod_{p_i=mp+1}\left[\frac{p_i-1}{p_i}\right] = \frac{1}{(p-1)\log N^{\frac{1}{2}}} \tag{7.1}$$

证明：根据定理 2.5，则有：

$$\prod_{p_i=mp+q_i}\left[\frac{p_i-1}{p_i}\right] \sim \prod_{p_j=mp+q_j}\left[\frac{p_j-1}{p_j}\right]$$

其中 q 为奇数，$q_i \neq q_j$。

$$\prod_{p_i<N^{\frac{1}{2}}}\left[\frac{p_i-1}{p_i}\right]=\prod_{p_i=mp+q_1}\left[\frac{p_i-1}{p_i}\right]\otimes\prod_{p_i=mp+q_2}\left[\frac{p_i-1}{p_i}\right]\otimes\cdots$$

故得出：

$$\prod_{p_i=mp+1}\left[\frac{p_i-1}{p_i}\right]\sim\prod_{p_i<N^{\frac{1}{2}}}\left[\frac{p_i-1}{p_i}\right]^{\frac{1}{p-1}}$$

由定理2.5，得证。

这是基于这样一个事实，例如当 $p=5$ 时，则全体素数可分为四类：

m 为偶数，$5m+1$，$5m+3$；

m 为奇数，$5m+2$，$5m+4$。

因此，由于 $\prod_{p_i<N^{\frac{1}{2}}}\left[\frac{p_i-1}{p_i}\right]=\frac{1}{\log N^{\frac{1}{2}}}+o\left(\frac{1}{\log^2 N^{\frac{1}{2}}}\right)$，则根据定理2.5立即得到。

引理2：$\prod_{p_i=5m+1}\left[\frac{p_i-1}{p_i}\right]\sim\prod_{p_i<N^{\frac{1}{2}}}\left[\frac{p_i-1}{p_i}\right]^{\frac{1}{4}}$

即 $\prod_{p_i=5m+1}\left[\frac{p_i-1}{p_i}\right]\sim\frac{1}{4\log N^{\frac{1}{2}}}+o\left(\frac{1}{\log^{\frac{1}{2}} N^{\frac{1}{2}}}\right)$

同样，当 $p=3$ 时，则有：

引理3：$\prod_{p_i=3m+1}\left[\frac{p_i-1}{p_i}\right]\sim\prod_{p_i<N^{\frac{1}{2}}}\left[\frac{p_i-1}{p_i}\right]^{\frac{1}{2}}$

即 $\prod_{p_i=3m+1}\left[\frac{p_i-1}{p_i}\right]\sim\frac{1}{2\log N^{\frac{1}{2}}}+o\left(\frac{1}{\log N^{\frac{1}{2}}}\right)$

当 $p=7$ 时，则有：

引理4：$\prod_{p_i=7m+1}\left[\frac{p_i-1}{p_i}\right]\sim\prod_{p_i<N^{\frac{1}{2}}}\left[\frac{p_i-1}{p_i}\right]^{\frac{1}{6}}$

即 $\prod_{p_i=7m+1}\left[\frac{p_i-1}{p_i}\right]\sim\frac{1}{6\log N^{\frac{1}{2}}}+o\left(\frac{1}{\log^{\frac{1}{3}} N^{\frac{1}{2}}}\right)$

没有这些之前，我们只能使用 $\prod_{\substack{p_j\neq mp+1\\ 2<p_j<N^{\frac{1}{2}}}}\frac{p_j}{p_j-1}$ 来进行估计分析。有了这四个引理，我们后面的估计要简洁直观得多。

在下面的应用中，部分命题我们将分别运用两种方法给出证明，以便比较。

§7.2　一重多元筛法的基本要素

一重多元筛法同样具有它的基本特征和要素。

§7.2.1　整数序列

一重多元筛法都是只有一个整数序列，一般都是由一个一元高次不可约整系数多项式产生的整数序列。例如 $f(x) = x^3 + 7$ 时，它的整数序列如下所示：

$\mathcal{A}$：8，15，34，71，132，223，350，519，…

通过观察这个整数序列，我们不难发现每一个素数 p_i 在这个整数序列中，一定是下面的三种情况之一：

（1）不在整数序列中出现。如：13，31，37，43，61，67，79，…

（2）每 p_i 个元素只有一个元素被 p_i 整除。如：3，5，7，11，17，23，29，41，…

（3）每 p_i 个元素有 3 个元素被 p_i 整除。如：19，73，157，181，223，…

在第（1）种情况下，-7 为 p_i 的 $3m$ 节原根，故 p_i 不在整数序列中出现。

在第（2）种情况下，除 7 外，3 不整除 $p_i - 1$，-7 总为 h 节原根，$h \mid p_i - 1$。而三次剩余元素必为原根，使得 -7 在三次剩余处出现的元素至少也是 h 节原根，故在整数序列中每个元素只能出现 1 次。

在第（3）种情况下，设 $q = 6m + 1$，$q \mid p_i$，q 为素数。则 x 为 p_i 或者 q 的原根，-7 为三次剩余元素。

由于素因子 p_i 在整数序列中都是均匀出现的，因此，整数序列是可筛整数序列。

§7.2.2　筛分集合

对于一重多元筛法的筛分集合是要根据具体情况而定的。常用的有：

（1）$\mathcal{B} = \{p : p < N^{\frac{1}{2}}\}$；

(2) $\mathcal{B}=\{p:p<N^{\frac{1}{2}},p=am+1\}$；

(3) $\mathcal{B}=\left\{p:p<N^{\frac{1}{2}},\left(\frac{a}{p}\right)=1\right\}$。

§7.2.3　筛函数和不等式

$$S(\mathcal{A};\mathcal{B},N^{\frac{1}{2}})=\sum_{\substack{f(x)=a\\a\in\mathcal{A},a=6m+1\\(a,P(N^{\frac{1}{2}}))=1}}1$$

$$\geqslant N^{\frac{1}{2}}\prod_{\substack{p_i=6m+1\\(p_i,P(N^{\frac{1}{2}}))=1}}\left[\frac{p_i-2}{p_i}\right]$$

§7.3　一重多元筛法及其应用

下面通过一重三元筛法、一重四元筛法和一重六元筛法的举例，介绍一重 n 元筛法及其应用。

定理 7.1：设 $P(N^{\frac{1}{2}})=\prod_{p_i<N^{\frac{1}{2}}}p_i$，$N$ 为充分大的整数，$f(x)=3x^2+3x+1\leqslant N$ 时，$f(x)$ 存在无穷多个素数。若用 $X(N)$ 表示 $\leqslant N$ 的 $f(x)$ 型素数的个数，则 $X(N)$ 为：

$$X(N)\geqslant\frac{\left(\frac{N}{3}\right)^{\frac{1}{2}}}{\log N^{\frac{1}{2}}}+o\left(\frac{1}{\log^2 N^{\frac{1}{2}}}\right)$$

证明：我们在第六章中已经对此证明过，现在我们再给出一个证明。

设由 $3x^2+3x+1$ 产生的整数序列为：

$\mathcal{A}$：1，7，19，37，61，91，…，$3x^2+3x+1$。

首先，根据定理 1.7，这个整数序列是可筛整数序列。

在此整数序列中出现素数或素因子均为 $6m+1$ 型素数，因此，根据引理 4 有筛函数：

$$S(\mathcal{A};\mathcal{B},N^{\frac{1}{2}})=\sum_{\substack{(x+1)^3-x^3=a\\a\in\mathcal{A},a=6m+1\\(a,P(N^{\frac{1}{2}}))=1}}1$$

$$\geqslant \left(\frac{N}{3}\right)^{\frac{1}{2}} \prod_{\substack{p_i = 6m+1 \\ (p_i, P(N^{\frac{1}{2}}))=1}} \left[\frac{p_i - 2}{p_i}\right]$$

即
$$S(\mathcal{A};\mathcal{B}, N^{\frac{1}{2}}) \sim \left(\frac{N}{3}\right)^{\frac{1}{2}} \prod_{\substack{p_i = 6m+1 \\ (p_i, P(N^{\frac{1}{2}}))=1}} \left[\frac{p_i - 1}{p_i}\right]^2$$

由于整数序列中没有偶数项，根据我们的引理9：

$$\prod_{p_i = 3m+1} \left[\frac{p_i - 1}{p_i}\right]^2 = \prod_{3 \leqslant p_i < N^{\frac{1}{2}}} \left[\frac{p_i - 1}{p_i}\right]$$

由于 $\prod_{3 \leqslant p_i < N^{\frac{1}{2}}} \left[\frac{p_i - 1}{p_i}\right] \sim \frac{1}{\log N^{\frac{1}{2}}}$，

故有：

$$S(\mathcal{A};\mathcal{B}, N^{\frac{1}{2}}) \sim \frac{\left(\frac{N}{3}\right)^{\frac{1}{2}}}{\log N^{\frac{1}{2}}} + o\left(\frac{1}{\log^2 N^{\frac{1}{2}}}\right) \tag{7.2}$$

即
$$X(N) \geqslant \frac{\left(\frac{N}{3}\right)^{\frac{1}{2}}}{\log N^{\frac{1}{2}}} + o\left(\frac{1}{\log^2 N^{\frac{1}{2}}}\right)$$

定理证毕。

按照此定理计算结果，$X(10000) = 12.5369$，实际 100～10000 的素数为 23 个。

定理 7.2：设 $P(N^{\frac{1}{2}}) = \prod_{p_i < N^{\frac{1}{2}}} p_i$，$N$ 为充分大的整数，$f(x) = 5x^4 + 10x^3 + 10x^2 + 5x + 1 \leqslant N$ 时，$f(x)$ 存在无穷多个素数。若用 $X(N)$ 表示 $\leqslant N$ 的 $f(x)$ 型素数的个数，则 $X(N)$ 为：

$$X(N) \sim \frac{\left(\frac{N}{5}\right)^{\frac{1}{4}}}{\log N^{\frac{1}{2}}} + o\left(\frac{N^{\frac{1}{4}}}{\log^2 N^{\frac{1}{2}}}\right)$$

证明1：我们首先来对三要素进行分析。

1. 整数序列

设由一元四次方程 $5x^4 + 10x^3 + 10x^2 + 5x + 1$ 产生的整数序列为：

$\mathcal{A}$：1，31，211，781，2101，4651，9031，…

根据定理1.7，这个整数序列是可筛整数序列。它存在如下性质：

（1）如果 $p\,|\,f(a)$，则 $p\,|\,f(a+p)$。

（2）如果 $p\,|\,f(a)$，则 $p\,|\,f(a\pm mp)$。

（3）整数序列中出现的素数或素因子皆为 $10m+1$ 型。

（4）每相隔 p 个元素有 4 个元素被 p 整除。

（5）当被 p_i 整除的最小元素为整数序列第 k 个元素时，第 mp_i+k 个元素必定被 p_i 整除。

从以上性质可以看出，整数序列 $\mathcal{A}$ 是可筛整数序列。

2. 筛分集合

从整数序列的性质可知，筛分集合 $\mathcal{B}$ 是可以确定的：

$$\{\mathcal{B}: a, a=10m+1, a\subset P(N)\}$$

即

$$\prod_{\substack{p_i=10m+1\\ p_i\subset P(N^{\frac{1}{2}})}} p_i$$

3. 筛函数不等式

根据引理 4 的推论得出：

$$S(\mathcal{A};\mathcal{B},N^{\frac{1}{2}})=\sum_{\substack{(x+1)^5-x^5=a\\ a\in\mathcal{A},a=10m+1\\ (a,P(N^{\frac{1}{2}}))=1}}1>\prod_{\substack{p_i=10m+1\\ (p_i,P(N^{\frac{1}{2}}))=1}}\left[\frac{p_i-4}{p_i}\right]$$

由第一章引理 6 的（1.7）得出：

$$\left(\frac{p-1}{p}\right)^4=\left[\frac{p-4}{p}\right]+\frac{6}{p^2}-\frac{4}{p^3}+\frac{1}{p^4}$$

即

$$\left(\frac{p-1}{p}\right)^4\sim\left[\frac{p-4}{p}\right]$$

故有：

$$S(\mathcal{A};\mathcal{B},N^{\frac{1}{2}})=\sum_{\substack{(x+1)^5-x^5=a\\ a\in\mathcal{A},a=10m+1\\ (a,P(N^{\frac{1}{2}}))=1}}1\sim\left(\frac{N}{5}\right)^{\frac{1}{4}}\prod_{\substack{p_i=10m+1\\ p_i<N^{\frac{1}{2}}}}\left[\frac{p_i-1}{p_i}\right]^4$$

变换筛分集合后为：

$$S(\mathcal{A};\mathcal{B},N^{\frac{1}{2}})=\sum_{\substack{(x+1)^5-x^5=a\\ a\in\mathcal{A},a=10m+1\\ (a,P(N^{\frac{1}{2}}))=1}}1\sim\left(\frac{N}{5}\right)^{\frac{1}{4}}\prod_{\substack{p_i=10m+1\\ p_i<N^{\frac{1}{2}}}}\left[\frac{p_i-1}{p_i}\right]^4$$

$$= \left(\frac{N}{5}\right)^{\frac{1}{4}} \prod_{\substack{p_j \neq 10m+1 \\ 2 < p_j < N^{\frac{1}{2}}}} \left[\frac{p_j}{p_j - 1}\right]^4 \prod_{2 < p_i < N^{\frac{1}{2}}} \left[\frac{p_i - 1}{p_i}\right]^4$$

$$= \left(\frac{N}{5}\right)^{\frac{1}{4}} b^4 \prod_{2 < p_i < N^{\frac{1}{2}}} \left[\frac{p_i - 1}{p_i}\right]^4$$

$$> \left(\frac{N}{5}\right)^{\frac{1}{4}} b^4 \frac{1}{\log^4 N^{\frac{1}{2}}} + o\left(\frac{N^{\frac{1}{4}}}{\log^5 N^{\frac{1}{2}}}\right)$$

$$\geqslant \frac{\left(\frac{N}{5}\right)^{\frac{1}{4}} b^4}{\log^4 N^{\frac{1}{2}}} + o\left(\frac{N^{\frac{1}{4}}}{\log^5 N^{\frac{1}{2}}}\right) \tag{7.3}$$

其中 $b = \prod\limits_{\substack{p_j \neq 10m+1 \\ 2 < p_j < N^{\frac{1}{2}}}} \frac{p_j}{p_j - 1}$。

实际上，我们计算 $b = \prod\limits_{\substack{p_j \neq 10m+1 \\ 2 < p_j < N^{\frac{1}{2}}}} \frac{p_j}{p_j - 1}$ 的工作量非常大，还不如直接计算 $\prod\limits_{\substack{p_i = 10m+1 \\ (p_i, P(N^{\frac{1}{2}})) = 1}} \left[\frac{p_i - 1}{p_i}\right]^4$，工作量相对要小得多。于是我们就希望得到 $\prod\limits_{\substack{p_i = 10m+1 \\ (p_i, P(N^{\frac{1}{2}})) = 1}} \left[\frac{p_i - 1}{p_i}\right]$ 的一个估计。在没有得到此估计之前，我们可以通过少量的计算得到粗略的结果。如 $\prod\limits_{\substack{p_i = 10m+1 \\ (p_i, P(N^{\frac{1}{2}})) = 1}} \left[\frac{p_i - 4}{p_i}\right] < \frac{7}{11} \times \frac{27}{31} \times \frac{37}{41} \times \frac{57}{61} \cdots < 0.4673$。

但是，在直接计算 $\prod\limits_{p_i} \left[\frac{p_i - 1}{p_i}\right]$ 时，得到的结果是不准确或不精确的。所以我们在分析证明中只使用 $\prod\limits_{p_i} \left[\frac{p_i}{p_i - 1}\right]$ 的直接计算，而不使用 $\prod\limits_{p_i} \left[\frac{p_i - 1}{p_i}\right]$ 的直接计算。

证明 2：由上可知，筛函数为：

$$S(\mathcal{A}; \mathcal{B}, N^{\frac{1}{2}}) = \sum_{\substack{(x+1)^5 - x^5 = a \\ a \in \mathcal{A}, a = 10m+1 \\ (a, P(N^{\frac{1}{2}})) = 1}} 1 \sim \left(\frac{N}{5}\right)^{\frac{1}{4}} \prod_{\substack{p_i = 10m+1 \\ p_i < N^{\frac{1}{2}}}} \left[\frac{p_i - 1}{p_i}\right]^4$$

根据第一章引理 9，则有：

$$\prod_{p_i=5m+1}\left[\frac{p_i-1}{p_i}\right]^4=\prod_{p_i<N^{\frac{1}{2}}}\left[\frac{p_i-1}{p_i}\right]$$

故筛函数为：

$$S(\mathcal{A};\mathcal{B},N^{\frac{1}{2}})\sim(\frac{N}{5})^{\frac{1}{4}}\left(\frac{1}{\log N^{\frac{1}{2}}}+o\left(\frac{1}{\log^2 N^{\frac{1}{2}}}\right)\right)$$

$$S(\mathcal{A};\mathcal{B},N^{\frac{1}{2}})\sim\frac{\left(\frac{N}{5}\right)^{\frac{1}{4}}}{\log N^{\frac{1}{2}}}+o\left(\frac{N^{\frac{1}{4}}}{\log^2 N^{\frac{1}{2}}}\right)\tag{7.4}$$

当 $N\rightarrow\infty$ 时，$f(x)\rightarrow\infty$。

定理证毕。

可以看出，第二个结果要比前一个强，且证明也较简洁。

定理 7.3：设 N 为充分大的整数，$(x+1)^7-x^7<N$，在 $(x+1)^7-x^7$ 所产生的整数序列中将存在无穷多的 $7m+1$ 型素数。若用 $X(N)$ 表示 $\leqslant N$ 的 $(x+1)^7-x^7$ 型素数的个数，则 $X(N)$ 为：

$$X(N)\sim\frac{\left[\left(\frac{N}{7}\right)\right]^{\frac{1}{6}}}{\log N^{\frac{1}{2}}}+o\left(\frac{N^{\frac{1}{6}}}{\log^2 N^{\frac{1}{2}}}\right)$$

证明 1：设 $P(N^{\frac{1}{2}})=\prod_{p<N^{\frac{1}{2}}}p$。由代数式 $f(x)=7x^6+21x^5+35x^4+35x^3+21x^2+7x+1$ 产生的整数序列为：

$\mathcal{A}$：1，127，2059，14197，61741，201811，…

首先，根据定理 1.7，这个整数序列是可筛整数序列。

可知此整数序列中的元素的素因子为 $7m+1$，其他素因子均不会在此整数序列中出现。此整数序列的元素个数约为 $N^{\frac{1}{6}}$，根据引理 4 的推论，筛函数为：

$$S(\mathcal{A};\mathcal{B},N^{\frac{1}{2}})=\sum_{\substack{a\in\mathcal{A}\\(a,P(N^{\frac{1}{2}}))=1\\a=7m+1}}1$$

$$S(\mathcal{A};\mathcal{B},N^{\frac{1}{2}})\geqslant N^{\frac{1}{6}}\prod_{\substack{(p_i,P(N^{\frac{1}{2}}))=1\\p_i=7m+1}}\left[\frac{p_i-6}{p_i}\right]$$

$$S(\mathcal{A};\mathcal{B},N^{\frac{1}{2}}) \sim N^{\frac{1}{6}} \prod_{\substack{(p_i,P(N^{\frac{1}{2}}))=1 \\ p_i=7m+1}} \left[\frac{p_i-1}{p_i}\right]^6$$

$$S(\mathcal{A};\mathcal{B},N^{\frac{1}{2}}) \sim N^{\frac{1}{6}} \prod_{\substack{p_i<N^{\frac{1}{2}} \\ p_i=7m+1}} \left[\frac{p_i}{p_i-1}\right]^6 \otimes \prod_{p_i<N^{\frac{1}{2}}} \left[\frac{p_i-1}{p_i}\right]^6$$

$$S(\mathcal{A};\mathcal{B},N^{\frac{1}{2}}) \sim b^6 N^{\frac{1}{6}} \prod_{p_i<N^{\frac{1}{2}}} \left[\frac{p_i-1}{p_i}\right]^6$$

即
$$S(\mathcal{A};\mathcal{B},N^{\frac{1}{2}}) \sim \frac{b^6 N^{\frac{1}{6}}}{\log^6 N^{\frac{1}{2}}} + o\left(\frac{N^{\frac{1}{6}}}{\log^7 N^{\frac{1}{2}}}\right) \tag{7.5}$$

其中 $b = \prod_{\substack{p_i<N^{\frac{1}{2}} \\ p_i=7m+1}} \left[\frac{p_i}{p_i-1}\right]$。

证明2：由上可知，筛函数为：

$$S(\mathcal{A};\mathcal{B},N^{\frac{1}{2}}) = \sum_{\substack{(x+1)^7-x^7=a \\ a\in\mathcal{A},a=7m+1 \\ (a,P(N^{\frac{1}{2}}))=1}} 1 \sim \left(\frac{N}{7}\right)^{\frac{1}{6}} \prod_{\substack{p_i=7m+1 \\ p_i<N^{\frac{1}{2}}}} \left[\frac{p_i-1}{p_i}\right]^6$$

根据第一章引理9则有：

$$\prod_{p_i=7m+1} \left[\frac{p_i-1}{p_i}\right]^6 = \prod_{p_i<N^{\frac{1}{2}}} \left[\frac{p_i-1}{p_i}\right]$$

故得出：$S(\mathcal{A};\mathcal{B},N^{\frac{1}{2}}) \sim \left(\frac{N}{7}\right)^{\frac{1}{6}} \left(\frac{1}{\log N^{\frac{1}{2}}} + o\left(\frac{1}{\log^{\frac{1}{3}} N^{\frac{1}{2}}}\right)\right)$

$$S(\mathcal{A};\mathcal{B},N^{\frac{1}{2}}) \sim \frac{\left(\frac{N}{7}\right)^{\frac{1}{6}}}{\log N^{\frac{1}{2}}} + o\left(\frac{N^{\frac{1}{6}}}{\log^2 N^{\frac{1}{2}}}\right) \tag{7.6}$$

$$X(N) \sim \frac{\left(\frac{N}{7}\right)^{\frac{1}{6}}}{\log N^{\frac{1}{2}}} + o\left(\frac{N^{\frac{1}{6}}}{\log^2 N^{\frac{1}{2}}}\right)$$

定理证毕。

一般地，设 p 为素数，对于 $(x+1)^p - x^p$ 所产生的整数序列，它的元素的素因子都是 $2kp+1$ 型素数。这种整数序列存在比较多的素数，而且所产生的一重 $p-1$ 元筛法的筛函数都如下所示：

$$S(\mathcal{A};\mathcal{B},N^{\frac{1}{2}}) = \sum_{\substack{a\in\mathcal{A}\\(a,P(N^{\frac{1}{2}}))=1\\a=pm+1}} 1$$

如果使用第一种方法得到的结果都如下所示：

$$S(\mathcal{A};\mathcal{B},N^{\frac{1}{2}}) \sim \frac{b^p N^{\frac{1}{p}}}{\log^p N^{\frac{1}{2}}} + o\left(\frac{N^{\frac{1}{p}}}{\log^{p+1} N^{\frac{1}{2}}}\right)$$

其中 $b = \prod_{\substack{p_i<N^{\frac{1}{2}}\\p_i=pm+1}} \frac{p_i}{p_i-1}$。

这种结果必须满足 $b > \log N^{\frac{1}{2}}$ 才有意义，但是一般而言，$\log N^{\frac{1}{2}}$ 的增长速度比 b 的增长速度大，也就是说，当 N 足够大时，恒有 $b < \log N^{\frac{1}{2}}$。这是因为 b 的计算对我们整体估计误差相当大。

如果选择第二种方法得到的结果都如下所示：

$$S(\mathcal{A};\mathcal{B},N^{\frac{1}{2}}) \sim \frac{\left(\frac{N}{p}\right)^{\frac{1}{p-1}}}{\log N^{\frac{1}{2}}} + o\left(\frac{N^{\frac{1}{p-1}}}{\log^2 N^{\frac{1}{2}}}\right)$$

由于消除了 b 的计算误差，这个结果是比较令人满意的。因此，在我们后面的多元筛法中均采用这种估计结果。

现在再来看两个一重二元筛法的应用。

定理 7.4： $3x^2+3x+1$ 所产生的整数序列中存在无穷多的素数。若用 $X(N)$ 表示 $\leqslant N$ 的 $3x^2+3x+1$ 型素数的个数，则 $X(N)$ 为：

$$X(N) \sim \left(\frac{N}{3}\right)^{\frac{1}{2}} \frac{1}{\log N^{\frac{1}{2}}} + o\left(\frac{N^{\frac{1}{2}}}{\log^2 N^{\frac{1}{2}}}\right)$$

证明：从 $3x^2+3x+1$ 所产生的整数序列可以看到，整数序列的元素都是 $3m+1$ 型素数或 $3m+1$ 型素数之积。根据引理 4 的推论筛函数为：

$$S(\mathcal{A};\mathcal{B},N^{\frac{1}{2}}) = \sum_{\substack{3x^2+3x+1=a\\a\in\mathcal{A}\\(a,P(N^{\frac{1}{2}}))=1}} 1$$

$$\geqslant \left(\frac{N}{3}\right)^{\frac{1}{2}} \prod_{\substack{p_i=6m+1\\p_i<N^{\frac{1}{2}}}} \left[\frac{p_i-2}{p_i}\right]$$

$$S(\mathcal{A};\mathcal{B},N^{\frac{1}{2}})=\sum_{\substack{3x^2+3x+1=a\\a\in\mathcal{A}\\(a,P(N^{\frac{1}{2}}))=1}}1$$

$$\sim\left(\frac{N}{3}\right)^{\frac{1}{2}}\prod_{\substack{p_i=6m+1\\p_i<N^{\frac{1}{2}}}}\left[\frac{p_i-1}{p_i}\right]^2$$

$$\sim\left(\frac{N}{3}\right)^{\frac{1}{2}}\left(\frac{1}{\log N^{\frac{1}{2}}}+o\left(\frac{1}{\log N^{\frac{1}{2}}}\right)\right)$$

即
$$S(\mathcal{A};\mathcal{B},N^{\frac{1}{2}})\sim\left(\frac{N}{3}\right)^{\frac{1}{2}}\frac{1}{\log N^{\frac{1}{2}}}+o\left(\frac{N^{\frac{1}{2}}}{\log^2 N^{\frac{1}{2}}}\right)\tag{7.7}$$

由此可知当 N 趋于无穷大时，存在无穷多个 $3x^2+3x+1$ 型的素数。

定理证毕。

定理 7.5： x^2+3 所产生的整数序列中存在无穷多的素数。若用 $X(N)$ 表示 $\leqslant N$ 的 x^2+3 型素数的个数，则 $X(N)$ 为：

$$X(N)\sim\frac{N^{\frac{1}{2}}}{3\log N^{\frac{1}{2}}}+o\left(\frac{N^{\frac{1}{2}}}{\log^2 N^{\frac{1}{2}}}\right)$$

证明：同样，从 x^2+3 产生的整数序列可以看出，整数序列的元素都是 $3m+1$ 型素数或 $3m+1$ 型素数之积。有所不同的是素数 2 和 3 在序列中出现。根据引理 4，筛函数为：

$$S(\mathcal{A};\mathcal{B},N^{\frac{1}{2}})=\sum_{\substack{x^2+3=a\\a\in\mathcal{A}\\(a,P(N^{\frac{1}{2}}))=1}}1$$

$$\geqslant\frac{N^{\frac{1}{2}}}{3}\prod_{\substack{p_i=6m+1\\p_i<N^{\frac{1}{2}}}}\left[\frac{p_i-2}{p_i}\right]$$

$$S(\mathcal{A};\mathcal{B},N^{\frac{1}{2}})=\sum_{\substack{x^2+3=a\\a\in\mathcal{A}\\(a,P(N^{\frac{1}{2}}))=1}}1\sim\frac{N^{\frac{1}{2}}}{3}\prod_{\substack{p_i=6m+1\\p_i<N^{\frac{1}{2}}}}\left[\frac{p_i-1}{p_i}\right]^2$$

根据引理 5，筛函数为：

$$S(\mathcal{A};\mathcal{B},N^{\frac{1}{2}})\sim\frac{N^{\frac{1}{2}}}{3}\left(\frac{1}{\log N^{\frac{1}{2}}}+o\left(\frac{1}{\log N^{\frac{1}{2}}}\right)\right)$$

$$S(\mathcal{A};\mathcal{B},N^{\frac{1}{2}})\sim\frac{N^{\frac{1}{2}}}{3\log N^{\frac{1}{2}}}+o\left(\frac{N^{\frac{1}{2}}}{\log^2 N^{\frac{1}{2}}}\right)\tag{7.8}$$

由此可知，当 $N \to \infty$时，$S(\mathcal{A};\mathcal{B}, N^{\frac{1}{2}}) \to \infty$。

定理证毕。

§7.4　ax^3+b 的素数分布问题

在讨论一般性情况之前，我们先讨论两个单一的问题。

定理 7.6：存在无穷多的 $5x^3+1$ 型素数。若以 $X(N)$ 表示 0 ~ N 之间的 $5x^3+1$ 型素数个数，则 $X(N)$ 为：

$$X(N) \geqslant \frac{uN^{\frac{1}{3}}}{\log N} + o\left(\frac{N^{\frac{1}{3}}}{\log^2 N}\right) \tag{7.9}$$

其中 $u = 0.7182 \times \dfrac{5}{12\sqrt[3]{5}}$。

证明：$5x^3+1$ 的整数序列如下。

$\mathcal{A}$：1，6，41，136，321，626，1081，1716，2561，3646，5001，6656，8641，…，$5x^3+1$。

从定理 1.7 可知，这个整数序列是可筛整数序列。其元素个数为 x 个，$x \approx \left(\dfrac{N}{5}\right)^{\frac{1}{3}} = \dfrac{N^{\frac{1}{3}}}{\sqrt[3]{5}}$。

整数序列中出现的素数或素因子分为三种情况：

（1）3 和 $p_i = 6m-1$ 除 5 外的 p_i，在整数序列中每 p_i 个元素只有 1 个元素被 p_i 整除。

（2）设 $p_i = 2^k 3q+1$，$(-5)^{2^k q} \equiv 1 \pmod{2^k 3q+1}$ 这样的 p_i，在整数序列中每 p_i 个元素有 3 个元素被 p_i 整除。如 13，67，133，…

（3）设 $p_i = 2^k 3q+1$，$(-5)^{3m} \equiv 1 \pmod{2^k 3q+1}$，$m \mid 2^k q$ 这样的 p_i，不在整数序列中出现。它是除（2）所列以外的所有 $6m+1$ 的素数。

于是，根据引理 4 及（1.5）则有：

$$S(\mathcal{A};\mathcal{B}, N^{\frac{1}{2}}) = \sum_{\substack{5x^3+1=c \\ c\in\mathcal{A} \\ (c,P(N^{\frac{1}{2}}))=1}} 1$$

$$\geqslant \frac{2}{3}\frac{N^{\frac{1}{3}}}{\sqrt[3]{5}}\prod_{\substack{p_i<N^{\frac{1}{2}}\\ x^3\equiv -5(\bmod p_i)\\ p_i=6m-1}}\left[\frac{p_i-1}{p_i}\right]\prod_{\substack{p_i<N^{\frac{1}{2}}\\ x^3\equiv -5(\bmod p_i)\\ p_i=6m+1\\ (-5)^{2^kq}\equiv 1(\bmod p_i)}}\left[\frac{p_i-3}{p_i}\right]$$

$$\geqslant \frac{5}{4}\times\frac{2}{3}\times\frac{N^{\frac{1}{3}}}{\sqrt[3]{5}}\prod_{\substack{p_i<N^{\frac{1}{2}}\\ p_i=6m-1}}\left[\frac{p_i-1}{p_i}\right]\prod_{\substack{p_i<N^{\frac{1}{2}}\\ x^3\equiv -5(\bmod p_i)\\ p_i=6m+1\\ (-5)^{2^kq}\equiv 1(\bmod p_i)}}\left[\frac{p_i-3}{p_i}\right]$$

$$\geqslant \frac{10N^{\frac{1}{3}}}{3\varphi(5)\sqrt[3]{5}}\prod_{\substack{p_i<N^{\frac{1}{2}}\\ p_i=6m-1}}\left[\frac{p_i-1}{p_i}\right]\prod_{\substack{p_i<N^{\frac{1}{2}}\\ x^3\equiv -5(\bmod p_i)\\ (-5)^{2^kq}\equiv 1(\bmod p_i)}}\left[\frac{p_i-3}{p_i}\right]$$

根据定理2.4及其推论：

$$\prod_{\substack{p_i<N^{\frac{1}{2}}\\ p_i=6m-1}}\left[\frac{p_i-1}{p_i}\right]\geqslant\frac{N}{\varphi(6)\log N}+o\left(\frac{N}{\log^2 N}\right)$$

而由于 $\prod_{\substack{p_i<N^{\frac{1}{2}}\\ x^3\equiv -5(\bmod p_i)\\ (-5)^{2^kq}\equiv 1(\bmod p_i)}}\left[\frac{p_i-3}{p_i}\right]$ 涉及的素数个数有限，我们可以直接计算。

故得出：

$$\prod_{\substack{p_i<N^{\frac{1}{2}}\\ x^3\equiv -5(\bmod p_i)\\ (-5)^{2^kq}\equiv 1(\bmod p_i)}}\left[\frac{p_i-3}{p_i}\right]=\frac{10}{13}\times\frac{64}{67}\times\frac{130}{133}\cdots\approx 0.7182$$

$$S(\mathcal{A};\mathcal{B},N^{\frac{1}{2}})\geqslant 0.7182\times\frac{10N^{\frac{1}{3}}}{3\varphi(5)\sqrt[3]{5}}\frac{1}{\varphi(6)\log N}+o\left(\frac{N^{\frac{1}{3}}}{\log^2 N}\right)$$

$$S(\mathcal{A};\mathcal{B},N^{\frac{1}{2}})\geqslant 0.7182\times\frac{5N^{\frac{1}{3}}}{12\sqrt[3]{5}\log N}+o\left(\frac{N^{\frac{1}{3}}}{\log^2 N}\right)$$

即
$$X(N)\geqslant\frac{uN^{\frac{1}{3}}}{\log N}+o\left(\frac{N^{\frac{1}{3}}}{\log^2 N}\right)$$

其中 $u=0.7182\times\frac{5}{12\sqrt[3]{5}}=0.175$ 。

可以看出，当 $N\to\infty$时，$X(N)\to\infty$。

定理证毕。

1000 ~ 1000000 之间实际存在 $5x^3+1$ 型素数个数为 6 个，而根据我们的公式计算结果为 1.266 个。这说明误差还是不小的。

定理 7.7：存在无穷多的 $5x^3+3$ 型素数。若以 $X(N)$ 表示 0 ~ N 之间的 $5x^3+3$ 型素数个数，则 $X(N)$ 为：

$$X(N) \geqslant \frac{uN^{\frac{1}{3}}}{\log N} + o\left(\frac{N^{\frac{1}{3}}}{\log^2 N}\right) \tag{7.10}$$

其中 $u = 0.6663 \times \dfrac{5}{12\sqrt[3]{5}} = 0.1623$ 。

证明：$5x^3+3$ 的整数序列如下。

$\mathcal{A}$：3，8，43，138，323，628，1083，1718，2563，3648，5003，…

整数序列中出现的素数或素因子分为三种情况：

（1）3 和 $p_i = 6m-1$ 除 5 外的 p_i ，在整数序列中每 p_i 个元素只有 1 个元素被 p_i 整除。

（2）设 $p_i = 2^k 3q+1$ ，$(-15)^{2^k q} \equiv 1(\bmod 2^k 3q+1)$ 这样的 p_i ，在整数序列中每 p_i 个元素有 3 个元素被 p_i 整除。例如 19，37，43，67，97，…

（3）设 $p_i = 2^k 3q+1$ ，$(-15)^{3m} \equiv 1(\bmod 2^k 3q+1)$ ，$m \mid 2^k q$ 这样的 p_i ，不在整数序列中出现。这样的素数是除（2）所列以外的所有 $6m+1$ 的素数。

根据定理 1.7，$5x^3+3$ 产生的整数序列是可筛整数序列。其元素个数为 x 个，$x \approx \left(\dfrac{N}{5}\right)^{\frac{1}{3}} = \dfrac{N^{\frac{1}{3}}}{\sqrt[3]{5}}$ 。

于是，根据引理 4 及（1.5）则有：

$$S(\mathcal{A};\mathcal{B},N^{\frac{1}{2}}) = \sum_{\substack{5x^3+3=c \\ c\in\mathcal{A} \\ (c,P(N^{\frac{1}{2}}))=1}} 1$$

$$\geqslant \frac{2}{3}\frac{N^{\frac{1}{3}}}{\sqrt[3]{5}} \prod_{\substack{p_i<N^{\frac{1}{2}} \\ x^3\equiv -15(\bmod p_i) \\ p_i=6m-1}} \left[\frac{p_i-1}{p_i}\right] \prod_{\substack{p_i<N^{\frac{1}{2}} \\ x^3\equiv -15(\bmod p_i) \\ p_i=6m+1 \\ (-5)^{2^k q}\equiv 1(\bmod p_i)}} \left[\frac{p_i-3}{p_i}\right]$$

$$\geqslant \frac{5}{4}\times\frac{2}{3}\times\frac{N^{\frac{1}{3}}}{\sqrt[3]{5}}\prod_{\substack{p_i<N^{\frac{1}{2}}\\ p_i=6m-1}}\left[\frac{p_i-1}{p_i}\right]\prod_{\substack{p_i<N^{\frac{1}{2}}\\ x^3\equiv -15(\bmod p_i)\\ p_i=6m+1\\ (-5)^{2^kq}\equiv 1(\bmod p_i)}}\left[\frac{p_i-3}{p_i}\right]$$

$$\geqslant \frac{10N^{\frac{1}{3}}}{3\varphi(5)\sqrt[3]{5}}\prod_{\substack{p_i<N^{\frac{1}{2}}\\ p_i=6m-1}}\left[\frac{p_i-1}{p_i}\right]\prod_{\substack{p_i<N^{\frac{1}{2}}\\ x^3\equiv -15(\bmod p_i)\\ (-5)^{2^kq}\equiv 1(\bmod p_i)}}\left[\frac{p_i-3}{p_i}\right]$$

根据定理2.4及其推论则有：

$$\prod_{\substack{p_i<N^{\frac{1}{2}}\\ p_i=6m-1}}\left[\frac{p_i-1}{p_i}\right]\geqslant \frac{N}{\varphi(6)\log N}+o\left(\frac{N}{\log^2 N}\right)$$

而由于 $\prod\limits_{\substack{p_i<N^{\frac{1}{2}}\\ x^3\equiv -15(\bmod p_i)\\ (-15)^{2^kq}\equiv 1(\bmod p_i)}}\left[\frac{p_i-3}{p_i}\right]$ 涉及的素数个数有限，我们可以直接计算。

故得出：

$$\prod_{\substack{p_i<N^{\frac{1}{2}}\\ x^3\equiv -15(\bmod p_i)\\ (-15)^{2^kq}\equiv 1(\bmod p_i)}}\left[\frac{p_i-3}{p_i}\right]=\frac{16}{19}\times\frac{34}{37}\times\frac{40}{43}\times\frac{64}{67}\times\frac{94}{97}\cdots\approx 0.6663$$

$$S(\mathcal{A};\mathcal{B},N^{\frac{1}{2}})\geqslant 0.6663\times\frac{10N^{\frac{1}{3}}}{3\varphi(5)\sqrt[3]{5}}\frac{1}{\varphi(6)\log N}+o\left(\frac{N^{\frac{1}{3}}}{\log^2 N}\right)$$

$$S(\mathcal{A};\mathcal{B},N^{\frac{1}{2}})\geqslant 0.6663\times\frac{5N^{\frac{1}{3}}}{12\sqrt[3]{5}\log N}+o\left(\frac{N^{\frac{1}{3}}}{\log^2 N}\right)$$

即
$$X(N)\geqslant\frac{uN^{\frac{1}{3}}}{\log N}+o\left(\frac{N^{\frac{1}{3}}}{\log^2 N}\right)$$

其中 $u=0.6663\times\frac{5}{12\sqrt[3]{5}}=0.1623$ 。

由此可以看出，当 $N\to\infty$时，$X(N)\to\infty$。

定理证毕。

1000～1000000之间实际存在$5x^3+3$型素数个数为5个，而我们的计算结果为1.17个。这说明我们计算的结果误差还是较大的。

对于 ax^3+b 的一般情况我们有下面的定理：

定理 7.8：存在无穷多的 ax^3+b 型素数。若以 $X(N)$ 表示 $0\sim N$ 之间的 ax^3+b 型素数个数，则 $X(N)$ 为：

$$X(N)\geqslant\frac{qvd}{3\varphi(v)\sqrt[3]{a}}\frac{N^{\frac{1}{3}}}{\log N}+o\left(\frac{N}{\log^2N}\right)\tag{7.11}$$

其中，$d=\prod\limits_{\substack{p_i<N^{\frac{1}{2}}\\x^3\equiv-15(\bmod p_i)\\(-15)^{2^kq}\equiv1(\bmod p_i)}}\left[\frac{p_i-3}{p_i}\right]$，$q=\prod\limits_{\substack{p_e\mid b\\p_e\neq p_i}}\left[\frac{p_e-1}{p_e}\right]$。

证明：设 b 的素因子为 $p_f\leqslant N^{\frac{1}{2}}$，$a=uv$，$v$ 为 a 的 $\leqslant N^{\frac{1}{2}}$ 的不同素因子 p_h 之积。设 $\prod\limits_{\substack{p_e\mid b\\p_e\neq p_i}}\left[\frac{p_e-1}{p_e}\right]=q$。

由定理 1.7 可知，整数序列 ax^3+b 是可筛整数序列，其元素个数 $x\approx\left(\frac{N}{a}\right)^{\frac{1}{3}}=\frac{N^{\frac{1}{3}}}{\sqrt[3]{a}}$。

整数序列中出现的素数或素因子分为三种情况：

（1）3 和 $p_i=6m-1$ 除 p_h 外的 p_i，在整数序列中每 p_i 个元素只有 1 个元素被 p_i 整除。

（2）设 $p_i=2^k3q+1$，$(-15)^{2^kq}\equiv1(\bmod 2^k3q+1)$ 这样的 p_i，在整数序列中每 p_i 个元素有 3 个元素被 p_i 整除。

（3）设 $p_i=2^k3q+1$，$(-15)^{3m}\equiv1(\bmod 2^k3q+1)$，$m\mid2^kq$ 这样的 p_i，不在整数序列中出现。这样的素数是除（2）所列以外的所有 $6m+1$ 的素数。

于是，根据引理 4 及（1.5），则有：

$$S(\mathcal{A};\mathcal{B},N^{\frac{1}{2}})=\sum_{\substack{ax^3+b=c\\c\in\mathcal{A}\\(c,P(N^{\frac{1}{2}}))=1}}1$$

$$\geqslant q\times\frac{2}{3}\times\frac{N^{\frac{1}{3}}}{\sqrt[3]{a}}\prod_{\substack{p_i<N^{\frac{1}{2}}\\x^3\equiv-15(\bmod p_i)\\p_i=6m-1}}\left[\frac{p_i-1}{p_i}\right]\prod_{\substack{p_i<N^{\frac{1}{2}}\\x^3\equiv-15(\bmod p_i)\\p_i=6m+1\\(-5)^{2^kq}\equiv1(\bmod p_i)}}\left[\frac{p_i-3}{p_i}\right]$$

$$\geqslant \frac{qv}{\varphi(v)} \times \frac{2}{3} \times \frac{N^{\frac{1}{3}}}{\sqrt[3]{a}} \prod_{\substack{p_i < N^{\frac{1}{2}} \\ p_i = 6m-1}} \left[\frac{p_i - 1}{p_i}\right] \prod_{\substack{p_i < N^{\frac{1}{2}} \\ x^3 \equiv -15 (\bmod p_i) \\ p_i = 6m+1 \\ (-5)^{2^k q} \equiv 1 (\bmod p_i)}} \left[\frac{p_i - 3}{p_i}\right]$$

$$\geqslant \frac{2qv}{3\varphi(v)} \frac{N^{\frac{1}{3}}}{\sqrt[3]{a}} \prod_{\substack{p_i < N^{\frac{1}{2}} \\ p_i = 6m-1}} \left[\frac{p_i - 1}{p_i}\right] \prod_{\substack{p_i < N^{\frac{1}{2}} \\ x^3 \equiv -15 (\bmod p_i) \\ p_i = 6m+1 \\ (-5)^{2^k q} \equiv 1 (\bmod p_i)}} \left[\frac{p_i - 3}{p_i}\right]$$

根据定理2.4及其推论：

$$\prod_{\substack{p_i < N^{\frac{1}{2}} \\ p_i = 6m-1}} \left[\frac{p_i - 1}{p_i}\right] \geqslant \frac{N}{\varphi(6)\log N} + o\left(\frac{N}{\log^2 N}\right)$$

而由于 $\prod_{\substack{p_i < N^{\frac{1}{2}} \\ x^3 \equiv -15 (\bmod p_i) \\ (-15)^{2^k q} \equiv 1 (\bmod p_i)}} \left[\frac{p_i - 3}{p_i}\right]$ 涉及的素数个数有限，我们可以直接计算。

故得出：

$$\prod_{\substack{p_i < N^{\frac{1}{2}} \\ x^3 \equiv -15 (\bmod p_i) \\ (-15)^{2^k q} \equiv 1 (\bmod p_i)}} \left[\frac{p_i - 3}{p_i}\right] = d$$

$$S(\mathcal{A};\mathcal{B}, N^{\frac{1}{2}}) = \sum_{\substack{ax^3 + b = c \\ c \in \mathcal{A} \\ (c, P(N^{\frac{1}{2}})) = 1}} 1 \geqslant \frac{2qv}{3\varphi(v)} \frac{N^{\frac{1}{3}}}{\sqrt[3]{a}} \frac{d}{\varphi(6)\log N}$$

$$S(\mathcal{A};\mathcal{B}, N^{\frac{1}{2}}) \geqslant \frac{qvd}{3\varphi(v)\sqrt[3]{a}} \frac{N^{\frac{1}{3}}}{\log N} + o\left(\frac{N}{\log^2 N}\right)$$

即 $$X(N) \geqslant \frac{qvd}{3\varphi(v)\sqrt[3]{a}} \frac{N^{\frac{1}{3}}}{\log N} + o\left(\frac{N}{\log^2 N}\right)$$

其中，$d = \prod_{\substack{p_i < N^{\frac{1}{2}} \\ x^3 \equiv -15 (\bmod p_i) \\ (-15)^{2^k q} \equiv 1 (\bmod p_i)}} \left[\frac{p_i - 3}{p_i}\right]$，$q = \prod_{\substack{p_e \mid b \\ p_e \neq p_i}} \left[\frac{p_e - 1}{p_e}\right]$。

可以看出，当 $N \to \infty$时，$X(N) \to \infty$。

定理证毕。

§7.5　ax^4+b 的素数分布问题

我们先来讨论 $5x^4+1$ 和 $5x^4+21$ 的情况。

定理 7.9：存在无穷多的 $5x^4+1$ 型素数。若以 $X(N)$ 表示 0 ~ N 之间的 $5x^4+1$ 型素数个数，则 $X(N)$ 为：

$$X(N) \geqslant 0.8945 \frac{N^{\frac{1}{4}}}{\sqrt[4]{5}} \frac{1}{\log N} + o\left(\frac{N}{\log^2 N}\right) \tag{7.12}$$

证明：$5x^4+1$ 的整数序列如下。

$\mathcal{A}$：1，6，81，406，1281，3126，6481，12006，20481，32806，50001，73206，103681，…，$5x^4+1$。

从定理 1.7 可知，这个整数序列是可筛整数序列。其元素个数为 x 个，$x \approx \left(\frac{N}{5}\right)^{\frac{1}{4}} = \frac{N^{\frac{1}{4}}}{\sqrt[4]{5}}$。

整数序列中出现的素数或素因子分为两种情况：

(1) 以 -5^3 为二次剩余的 p_i：

①在整数序列中每 p_i 个元素只有 2 个元素被 p_i 整除；

②以 -5^3 为四次剩余者，在整数序列中每 p_i 个元素有 4 个元素被 p_i 整除。

(2) -5^3 不是 p_i 的二次剩余的所有 p_i，不在整数序列中出现。

于是，根据引理 4 及（1.5）则有：

$$S(\mathcal{A};\mathcal{B},N^{\frac{1}{2}})$$

$$= \sum_{\substack{5x^4+1=c \\ c\in\mathcal{A} \\ (c,P(N^{\frac{1}{2}}))=1}} 1$$

$$\geqslant \frac{N^{\frac{1}{4}}}{\sqrt[4]{5}} \prod_{\substack{p_i<N^{\frac{1}{2}} \\ x^2\equiv -5^3 (\mathrm{mod}\ p_i)}} \left[\frac{p_i-2}{p_i}\right] \prod_{\substack{p_i<N^{\frac{1}{2}} \\ x^4\equiv -5^3 (\mathrm{mod}\ p_i)}} \left[\frac{p_i-4}{p_i}\right] \prod_{\substack{p_i<N^{\frac{1}{2}} \\ x^4\equiv -5^3 (\mathrm{mod}\ p_i)}} \left[\frac{p_i}{p_i-2}\right]$$

由于 $\frac{p-4}{p} = \frac{p-2}{p}\frac{p-4}{p-2}$，故有：

$$S(\mathcal{A};\mathcal{B},N^{\frac{1}{2}}) \geqslant \frac{N^{\frac{1}{4}}}{\sqrt[4]{5}} \prod_{\substack{p_i<N^{\frac{1}{2}} \\ x^2\equiv -5^3 (\bmod p_i)}} \left[\frac{p_i-2}{p_i}\right] \prod_{\substack{p_i<N^{\frac{1}{2}} \\ x^4\equiv -5^3 (\bmod p_i)}} \left[\frac{p_i-4}{p_i-2}\right]$$

根据引理5又得到：

$$S(\mathcal{A};\mathcal{B},N^{\frac{1}{2}}) \geqslant \frac{N^{\frac{1}{4}}}{\sqrt[4]{5}} \prod_{\substack{p_i<N^{\frac{1}{2}} \\ x^2\equiv -5^3 (\bmod p_i)}} \left[\frac{p_i-1}{p_i}\right]^2 \prod_{\substack{p_i<N^{\frac{1}{2}} \\ x^4\equiv -5^3 (\bmod p_i)}} \left[\frac{p_i-4}{p_i-2}\right]$$

根据我们的假定 $\prod\limits_{\substack{p_i<N^{\frac{1}{2}} \\ \left(\frac{-5^3}{p_i}\right)=1}} \left[\frac{p_i-1}{p_i}\right] \sim \prod\limits_{\substack{p_i<N^{\frac{1}{2}} \\ \left(\frac{-5^3}{p_i}\right)=-1}} \left[\frac{p_i-1}{p_i}\right]$，则筛函数为：

$$S(\mathcal{A};\mathcal{B},N^{\frac{1}{2}}) \geqslant \frac{N^{\frac{1}{4}}}{\sqrt[4]{5}} \prod_{p_i<N^{\frac{1}{2}}} \left[\frac{p_i-1}{p_i}\right] \prod_{\substack{p_i<N^{\frac{1}{2}} \\ x^4\equiv -5^3 (\bmod p_i)}} \left[\frac{p_i-4}{p_i-2}\right]$$

由于以 −5 为四次剩余的素数较少，可直接计算：

$$\prod_{\substack{p_i<N^{\frac{1}{2}} \\ x^4\equiv -5 (\bmod p_i)}} \left[\frac{p_i-4}{p_i-2}\right] = \frac{25}{27}\frac{57}{59}\cdots \approx 0.8945$$

$$S(\mathcal{A};\mathcal{B},N^{\frac{1}{2}}) \geqslant 0.8945\frac{N^{\frac{1}{4}}}{\sqrt[4]{5}}\frac{1}{\log N} + o\left(\frac{N}{\log^2 N}\right)$$

即得到：

$$X(N) \geqslant 0.8945\frac{N^{\frac{1}{4}}}{\sqrt[4]{5}}\frac{1}{\log N} + o\left(\frac{N}{\log^2 N}\right)$$

可以看出，当 $N\to\infty$时，$X(N)\to\infty$。

定理证毕。

1000～1000000之间实际存在 $5x^4+1$ 型素数个数为2个（6481，103681），而我们的计算结果为1.369个。这说明我们得到的结果误差是很小的。

定理7.10：存在无穷多的 $5x^4+21$ 型素数。若以 $X(N)$ 表示 0 ～ N 之间的 $5x^4+21$ 型素数个数，则 $X(N)$ 为：

$$X(N) \geqslant 0.3822\frac{N^{\frac{1}{4}}}{\log N} + o\left(\frac{N}{\log^2 N}\right) \tag{7.13}$$

证明：$5x^4+21$ 的整数序列如下。

$\mathcal{A}$：21，26，101，426，1301，3146，6501，12026，20501，32826，50021，73226，103701，…，$5x^4+21$。

从定理1.7可知，这个整数序列是可筛整数序列。其元素个数为 x 个，$x\approx\left(\frac{N}{5}\right)^{\frac{1}{4}}=\frac{N^{\frac{1}{4}}}{\sqrt[4]{5}}$。

整数序列中出现的素数或素因子分为三种情况：

（1）以 -2625 为二次剩余的 p_i：

①在整数序列中每 p_i 个元素只有2个元素被 p_i 整除；

②以 -2625 为四次剩余者，在整数序列中每 p_i 个元素有4个元素被 p_i 整除。

（2）-2625 不是 p_i 的二次剩余的所有 p_i，不在整数序列中出现。

（3）3和7在整数序列中每 p_i 个元素只有1个元素被 p_i 整除。于是，根据引理4及（1.5）则有：

$$S(\mathcal{A};\mathcal{B},N^{\frac{1}{2}})=\sum_{\substack{5x^4+21=c\\ c\in\mathcal{A}\\ (c,P(N^{\frac{1}{2}}))=1}}1$$

$$\geqslant\frac{2}{3}\times\frac{6}{7}\times\frac{N^{\frac{1}{4}}}{\sqrt[4]{5}}\prod_{\substack{p_i<N^{\frac{1}{2}}\\ x^2\equiv-2625(\bmod p_i)}}\left[\frac{p_i-2}{p_i}\right]\prod_{\substack{p_i<N^{\frac{1}{2}}\\ x^4\equiv-2625(\bmod p_i)}}\left[\frac{p_i-4}{p_i}\right]\prod_{\substack{p_i<N^{\frac{1}{2}}\\ x^4\equiv-2625(\bmod p_i)}}\left[\frac{p_i}{p_i-2}\right]$$

由于 $\frac{p-4}{p}=\frac{p-2}{p}\frac{p-4}{p-2}$，上式可写为：

$$S(\mathcal{A};\mathcal{B},N^{\frac{1}{2}})\geqslant\frac{4}{7}\frac{N^{\frac{1}{4}}}{\sqrt[4]{5}}\prod_{\substack{p_i<N^{\frac{1}{2}}\\ x^2\equiv-2625(\bmod p_i)}}\left[\frac{p_i-2}{p_i}\right]\prod_{\substack{p_i<N^{\frac{1}{2}}\\ x^4\equiv-2625(\bmod p_i)}}\left[\frac{p_i-4}{p_i-2}\right]$$

根据引理5又可得出：

$$S(\mathcal{A};\mathcal{B},N^{\frac{1}{2}})\geqslant\frac{4}{7}\frac{N^{\frac{1}{4}}}{\sqrt[4]{5}}\prod_{\substack{p_i<N^{\frac{1}{2}}\\ x^2\equiv-2625(\bmod p_i)}}\left[\frac{p_i-1}{p_i}\right]^2\prod_{\substack{p_i<N^{\frac{1}{2}}\\ x^4\equiv-2625(\bmod p_i)}}\left[\frac{p_i-4}{p_i-2}\right]$$

根据我们的假定 $\prod\limits_{\substack{p_i<N^{\frac{1}{2}}\\ \left(\frac{-2625}{p_i}\right)=1}}\left[\frac{p_i-1}{p_i}\right]\sim\prod\limits_{\substack{p_i<N^{\frac{1}{2}}\\ \left(\frac{-2625}{p_i}\right)=-1}}\left[\frac{p_i-1}{p_i}\right]$，则有：

$$S(\mathcal{A};\mathcal{B},N^{\frac{1}{2}})\geqslant\frac{4N^{\frac{1}{4}}}{7\sqrt[4]{5}}\prod_{p_i<N^{\frac{1}{2}}}\left[\frac{p_i-1}{p_i}\right]\prod_{\substack{p_i<N^{\frac{1}{2}}\\x^4\equiv-2625(\bmod p_i)}}\left[\frac{p_i-4}{p_i-2}\right]$$

由于以 -105 为四次剩余的素数较少，故可直接计算：

$$\prod_{\substack{p_i<N^{\frac{1}{2}}\\x^4\equiv-2625(\bmod p_i)}}\left[\frac{p_i-4}{p_i-2}\right]=\frac{9}{11}\times\frac{37}{39}\times\frac{85}{87}\times\frac{93}{95}\cdots\approx0.7424$$

$$S(\mathcal{A};\mathcal{B},N^{\frac{1}{2}})\geqslant0.7424\times\frac{4}{7}\frac{N^{\frac{1}{4}}}{\sqrt[4]{5}}\frac{1}{\log N}+o\left(\frac{N}{\log^2N}\right)$$

即

$$X(N)\geqslant0.7424\times\frac{4}{7}\frac{N^{\frac{1}{4}}}{\sqrt[4]{5}}\frac{1}{\log N}+o\left(\frac{N}{\log^2N}\right)$$

$$0.7424\times\frac{4}{7\sqrt[4]{5}}=0.3822$$

$$X(N)\geqslant0.3822\frac{N^{\frac{1}{4}}}{\log N}+o\left(\frac{N}{\log^2N}\right)$$

由此可以看出，当 $N\to\infty$时，$X(N)\to\infty$。

定理证毕。

定理 7.11：存在无穷多的 ax^4+b 型素数。若以 $X(N)$ 表示 0 ~ N 之间的 ax^4+b 型素数个数，则 $X(N)$ 为：

$$X(N)\geqslant\frac{cd}{\sqrt[4]{5}}\frac{N^{\frac{1}{4}}}{\log N}+o\left(\frac{N}{\log^2N}\right)\tag{7.14}$$

其中 $c=\prod_{\substack{p_i<N^{\frac{1}{2}}\\x^4\equiv-ab(\bmod p_i)}}\left[\frac{p_i-4}{p_i-2}\right]$，$d=\prod_{p_i\mid n}\frac{p_i-1}{p_i}$。

证明：设 $a=uv$，v 是 a 的所有 $\leqslant N^{\frac{1}{2}}$ 的素因子之积；$b=mn$，n 是 b 的所有 $\leqslant N^{\frac{1}{2}}$ 的素因子之积。从定理 1.7 可知，这个整数序列是可筛整数序列。其元素个数为 x 个，$x\approx\left(\frac{N}{a}\right)^{\frac{1}{4}}=\frac{N^{\frac{1}{4}}}{\sqrt[4]{a}}$。

整数序列中出现的素数或素因子分为三种情况：

(1) 以 $-a^3b$ 为二次剩余的 p_i：

①在整数序列中每 p_i 个元素只有 2 个元素被 p_i 整除；

②以 $-a^3b$ 为四次剩余者，在整数序列中每 p_i 个元素有 4 个元素被 p_i 整除。

（2）$-a^3b$ 不是 p_i 的二次剩余的所有 p_i，不在整数序列中出现。

（3）3 和 7 在整数序列中每 p_i 个元素只有 1 个元素被 p_i 整除。

于是，根据引理 4 及（1.5）则有：

$$S(\mathcal{A};\mathcal{B},N^{\frac{1}{2}}) = \sum_{\substack{ax^4+b=c\\ c\in\mathcal{A}\\ (c,P(N^{\frac{1}{2}}))=1}} 1$$

$$\geqslant \prod_{p_i\mid n}\frac{p_i-1}{p_i}\frac{N^{\frac{1}{4}}}{\sqrt[4]{5}}\prod_{\substack{p_i<N^{\frac{1}{2}}\\ x^2\equiv -a^3b(\bmod p_i)}}\left[\frac{p_i-2}{p_i}\right]\prod_{\substack{p_i<N^{\frac{1}{2}}\\ x^4\equiv -a^3b(\bmod p_i)}}\left[\frac{p_i-4}{p_i}\right]$$

$$\prod_{\substack{p_i<N^{\frac{1}{2}}\\ x^4\equiv -a^3b(\bmod p_i)}}\left[\frac{p_i}{p_i-2}\right]$$

由于 $\frac{p-4}{p}=\frac{p-2}{p}\frac{p-4}{p-2}$，上式可写为：

$$S(\mathcal{A};\mathcal{B},N^{\frac{1}{2}}) \geqslant \prod_{p_i\mid n}\frac{p_i-1}{p_i}\frac{N^{\frac{1}{4}}}{\sqrt[4]{5}}\prod_{\substack{p_i<N^{\frac{1}{2}}\\ x^2\equiv -a^3b(\bmod p_i)}}\left[\frac{p_i-2}{p_i}\right]\prod_{\substack{p_i<N^{\frac{1}{2}}\\ x^4\equiv -a^3b(\bmod p_i)}}\left[\frac{p_i-4}{p_i-2}\right]$$

根据引理 5 又可得出：

$$S(\mathcal{A};\mathcal{B},N^{\frac{1}{2}}) \geqslant \prod_{p_i\mid n}\frac{p_i-1}{p_i}\frac{N^{\frac{1}{4}}}{\sqrt[4]{5}}\prod_{\substack{p_i<N^{\frac{1}{2}}\\ x^2\equiv -a^3b(\bmod p_i)}}\left[\frac{p_i-1}{p_i}\right]^2\prod_{\substack{p_i<N^{\frac{1}{2}}\\ x^4\equiv -a^3b(\bmod p_i)}}\left[\frac{p_i-4}{p_i-2}\right]$$

根据我们的假定 $\prod_{\substack{p_i<N^{\frac{1}{2}}\\ \left(\frac{-a^3b}{p_i}\right)=1}}\left[\frac{p_i-1}{p_i}\right]\sim\prod_{\substack{p_i<N^{\frac{1}{2}}\\ \left(\frac{-a^3b}{p_i}\right)=-1}}\left[\frac{p_i-1}{p_i}\right]$，则有：

$$S(\mathcal{A};\mathcal{B},N^{\frac{1}{2}}) \geqslant \prod_{p_i\mid n}\frac{p_i-1}{p_i}\frac{N^{\frac{1}{4}}}{\sqrt[4]{5}}\prod_{p_i<N^{\frac{1}{2}}}\left[\frac{p_i-1}{p_i}\right]\prod_{\substack{p_i<N^{\frac{1}{2}}\\ x^4\equiv -a^3b(\bmod p_i)}}\left[\frac{p_i-4}{p_i-2}\right]$$

由于以 $-ab$ 为四次剩余的素数较少，可直接计算：

$$\prod_{\substack{p_i<N^{\frac{1}{2}}\\ x^4\equiv -a^3b(\bmod p_i)}}\left[\frac{p_i-4}{p_i-2}\right]=c$$

设 $\prod_{p_i \mid n} \frac{p_i - 1}{p_i} = d$，则筛函数为：

$$S(\mathcal{A};\mathcal{B}, N^{\frac{1}{2}}) \geqslant \frac{cdN^{\frac{1}{4}}}{\sqrt[4]{5}} \frac{1}{\log N} + o\left(\frac{N}{\log^2 N}\right)$$

即
$$X(N) \geqslant \frac{cd}{\sqrt[4]{5}} \frac{N^{\frac{1}{4}}}{\log N} + o\left(\frac{N}{\log^2 N}\right)$$

其中 $c = \prod_{\substack{p_i < N^{\frac{1}{2}} \\ x^4 \equiv -ab (\mathrm{mod}\ p_i)}} \left[\frac{p_i - 4}{p_i - 2}\right]$，$d = \prod_{p_i \mid n} \frac{p_i - 1}{p_i}$。

可以看出，当 $N \to \infty$时，$X(N) \to \infty$。

定理证毕。

§7.6　$ax^5 + b$ 的素数分布问题

定理 7.12：存在无穷多的 $3x^5 + 7$ 型素数。若以 $X(N)$ 表示 0 ~ N 之间的 $3x^5 + 7$ 型素数个数，则 $X(N)$ 为：

$$X(N) \sim \frac{3}{2} \frac{uvN^{\frac{1}{5}}}{\sqrt[5]{3}} \frac{1}{\log N} + o\left(\frac{N}{\log^2 N}\right) \tag{7.15}$$

其中 $u = \prod_{\substack{p_i < N^{\frac{1}{2}} \\ x^4 \equiv -3^4 7 (\mathrm{mod}\ p_i) \\ p_i = 10m+1}} \left[\frac{p_i - 5}{p_i}\right]$，$v = \prod_{p_i = 10m+1} \frac{p_i}{p_i - 1}$。

证明：$3x^5 + 7$ 的整数序列如下。

$\mathcal{A}$：10，103，736，3079，9382，23335，50428，98311，177154，300007，483160，746503，…，$3x^5 + 7$。

从定理 1.7 可知，这个整数序列是可筛整数序列。其元素个数为 x 个，

$x \approx \left(\frac{N}{3}\right)^{\frac{1}{5}} = \frac{N^{\frac{1}{5}}}{\sqrt[5]{3}}$。

整数序列中出现的素数或素因子分为两种情况：

（1）当素数为 $10m + 1$ 型时：

①以 -7×3^4 为五次剩余的 p_i，每 p_i 个元素有 5 个元素被 p_i 整除；

②不以 -7×3^4 五次剩余的 p_i，不在整数序列中出现。

（2）当素数 p_i 不是 $10m+1$ 型素数时，每 p_i 个元素只有 1 个元素被整除。

另外，系数 3 不在整数序列中出现；7 在整数序列中每 7 个元素只有 1 个元素被 7 整除。

于是，根据引理 4 及（1.5）则有：

$$S(\mathcal{A};\mathcal{B},N^{\frac{1}{2}})=\sum_{\substack{3x^5+7=c\\ c\in\mathcal{A}\\ (c,P(N^{\frac{1}{2}}))=1}}1$$

$$\geqslant\frac{6}{7}\frac{N^{\frac{1}{5}}}{\sqrt[5]{3}}\prod_{\substack{p_i<N^{\frac{1}{2}}\\ x^5\equiv -3^4 7(\bmod p_i)\\ p_i\neq 5m+1}}\left[\frac{p_i-1}{p_i}\right]\prod_{\substack{p_i<N^{\frac{1}{2}}\\ x^5\equiv -3^4 7(\bmod p_i)\\ p_i=5m+1}}\left[\frac{p_i-5}{p_i}\right]$$

$$=\frac{6}{7}\frac{N^{\frac{1}{5}}}{\sqrt[5]{3}}\prod_{\substack{p_i<N^{\frac{1}{2}}\\ p_i\neq 10m+1}}\left[\frac{p_i-1}{p_i}\right]\prod_{\substack{p_i<N^{\frac{1}{2}}\\ x^5\equiv -3^4 7(\bmod p_i)\\ p_i=10m+1}}\left[\frac{p_i-5}{p_i}\right]$$

由于符合 $p_i<N^{\frac{1}{2}}$，$x^5\not\equiv -3^4 7(\bmod p_i)$，$p_i\neq 10m+1$ 的素数非常稀少，故可以使用直接计算的方法，于是设 $u=\prod\limits_{\substack{p_i<N^{\frac{1}{2}}\\ x^4\equiv -3^4 7(\bmod p_i)\\ p_i=10m+1}}\left[\frac{p_i-5}{p_i}\right]$，则有：

$$S(\mathcal{A};\mathcal{B},N^{\frac{1}{2}})\geqslant\frac{6}{7}\frac{uN^{\frac{1}{5}}}{\sqrt[5]{3}}\prod_{\substack{p_i<N^{\frac{1}{2}}\\ p_i\neq 10m+1}}\left[\frac{p_i-1}{p_i}\right]$$

$$S(\mathcal{A};\mathcal{B},N^{\frac{1}{2}})\geqslant\frac{6}{7}\frac{uN^{\frac{1}{5}}}{\sqrt[5]{3}}\prod_{\substack{p_i<N^{\frac{1}{2}}\\ p_i\neq 10m+1}}\left[\frac{p_i-1}{p_i}\right]$$

$$=\frac{3}{2}\frac{uN^{\frac{1}{5}}}{\sqrt[5]{3}}\prod_{p_i<N^{\frac{1}{2}}}\left[\frac{p_i-1}{p_i}\right]\otimes\prod_{\substack{p_i=10m+1\\ x^5\not\equiv -3^4 7(\bmod p_i)}}\frac{p_i}{p_i-1}$$

$$\sim\frac{3}{2}\frac{uN^{\frac{1}{5}}}{\sqrt[5]{3}}\prod_{p_i<N^{\frac{1}{2}}}\left[\frac{p_i-1}{p_i}\right]\otimes\prod_{p_i=10m+1}\frac{p_i}{p_i-1}$$

设 $v=\prod\limits_{p_i=10m+1}\frac{p_i}{p_i-1}$，则有：

$$S(\mathcal{A};\mathcal{B},N^{\frac{1}{2}}) \sim \frac{3}{2}\frac{uvN^{\frac{1}{5}}}{\sqrt[5]{3}}\prod_{p_i<N^{\frac{1}{2}}}\left[\frac{p_i-1}{p_i}\right]$$

根据定理 2.1 得出：

$$S(\mathcal{A};\mathcal{B},N^{\frac{1}{2}}) \sim \frac{3}{2}\frac{uvN^{\frac{1}{5}}}{\sqrt[5]{3}}\frac{1}{\log N}+o\left(\frac{N}{\log^2 N}\right)$$

即

$$X(N) \sim \frac{3}{2}\frac{uvN^{\frac{1}{5}}}{\sqrt[5]{3}}\frac{1}{\log N}+o\left(\frac{N}{\log^2 N}\right)$$

其中 $u=\prod_{\substack{p_i<N^{\frac{1}{2}}\\ x^4\equiv -3^4 7(\bmod p_i)\\ p_i=10m+1}}\left[\frac{p_i-5}{p_i}\right]$，$v=\prod_{p_i=10m+1}\frac{p_i}{p_i-1}$。

可以看出，当 $N\to\infty$时，$X(N)\to\infty$。

定理证毕。

1000 到 1000000 之间实际存在 $3x^5+7$ 型素数的个数为 3 个（3079，300007，746503），而我们的计算结果为 1.546 个。这说明我们得到的结果误差很小。

定理 7.13：存在无穷多的 ax^5+b 型素数。若以 $X(N)$ 表示 0 ~ N 之间的 ax^5+b 型素数个数，则 $X(N)$ 为：

$$X(N) \sim \frac{3}{4}\frac{cdrN^{\frac{1}{5}}}{\sqrt[5]{a}}\frac{1}{\log N}+o\left(\frac{N^{\frac{1}{5}}}{\log^2 N}\right) \tag{7.16}$$

其中 $c=\prod_{\substack{p_i\mid v\\ p_i\neq 10m+1}}\frac{p_i}{p_i-1}$，$d=\prod_{\substack{p_i\mid n\\ p_i=10m+1}}\frac{p_i-1}{p_i}$，$r=\prod_{\substack{p_i<N^{\frac{1}{2}}\\ x^5\equiv -a^4b(\bmod p_i)\\ p_i=10m+1}}\left[\frac{p_i-5}{p_i}\right]$。

证明：设 $a=uv$，v 是 a 的所有 $\leqslant N^{\frac{1}{2}}$ 的素因子之积；$b=mn$，n 是 b 的所有 $\leqslant N^{\frac{1}{2}}$ 的素因子之积。从定理 1.7 可知，这个整数序列是可筛整数序列。其元素个数为 x 个，$x\approx\left(\frac{N}{a}\right)^{\frac{1}{4}}=\frac{N^{\frac{1}{4}}}{\sqrt[4]{a}}$。

整数序列中出现的素数或素因子分为三种情况：

(1) 以 $-a^4b$ 为二次剩余的 p_i：

①在整数序列中每 p_i 个元素只有 2 个元素被 p_i 整除；

②以 $-a^4b$ 为四次剩余者，在整数序列中每 p_i 个元素有 4 个元素被 p_i 整除。

（2）$-a^4b$ 不是 p_i 的二次剩余的所有 p_i，不在整数序列中出现。

（3）3 和 7 在整数序列中每 p_i 个元素只有 1 个元素被 p_i 整除。于是，根据引理 4 及（1.5）则有：

$$S(\mathcal{A};\mathcal{B},N^{\frac{1}{2}}) = \sum_{\substack{ax^4+b=c \\ c\in\mathcal{A} \\ (c,P(N^{\frac{1}{2}}))=1}} 1$$

$$\geqslant \prod_{p_i\mid n}\frac{p_i-1}{p_i}\frac{N^{\frac{1}{5}}}{\sqrt[5]{a}}\prod_{\substack{p_i<N^{\frac{1}{2}} \\ x^5\equiv -a^4b(\bmod p_i) \\ p_i\neq 5m+1}}\left[\frac{p_i-1}{p_i}\right]\prod_{\substack{p_i<N^{\frac{1}{2}} \\ x^5\equiv -a^4b(\bmod p_i) \\ p_i=5m+1}}\left[\frac{p_i-5}{p_i}\right]$$

$$=\prod_{\substack{p_i\mid v \\ p_i\neq 10m+1}}\frac{p_i}{p_i-1}\prod_{\substack{p_i\mid n \\ p_i=10m+1}}\frac{p_i-1}{p_i}\frac{N^{\frac{1}{5}}}{\sqrt[5]{a}}\prod_{\substack{p_i<N^{\frac{1}{2}} \\ p_i\neq 10m+1}}\left[\frac{p_i-1}{p_i}\right]$$

$$\prod_{\substack{p_i<N^{\frac{1}{2}} \\ x^5\equiv -a^4b(\bmod p_i) \\ p_i=10m+1}}\left[\frac{p_i-5}{p_i}\right]$$

由于符合 $p_i<N^{\frac{1}{2}}$，$x^5\not\equiv -3^47(\bmod p_i)$，$p_i\neq 10m+1$ 的素数非常稀少，故可以使用直接计算的方法，于是设 $r=\prod_{\substack{p_i<N^{\frac{1}{2}} \\ x^5\equiv -a^4b(\bmod p_i) \\ p_i=10m+1}}\left[\frac{p_i-5}{p_i}\right]$，则有：

$$S(\mathcal{A};\mathcal{B},N^{\frac{1}{2}}) = \prod_{\substack{p_i\mid v \\ p_i\neq 10m+1}}\frac{p_i}{p_i-1}\prod_{\substack{p_i\mid n \\ p_i=10m+1}}\frac{p_i-1}{p_i}\frac{rN^{\frac{1}{5}}}{\sqrt[5]{a}}\prod_{\substack{p_i<N^{\frac{1}{2}} \\ p_i\neq 10m+1}}\left[\frac{p_i-1}{p_i}\right]$$

设 $c=\prod_{\substack{p_i\mid v \\ p_i\neq 10m+1}}\frac{p_i}{p_i-1}$，$d=\prod_{\substack{p_i\mid n \\ p_i=10m+1}}\frac{p_i-1}{p_i}$，则有：

$$S(\mathcal{A};\mathcal{B},N^{\frac{1}{2}}) = \frac{cdrN^{\frac{1}{5}}}{\sqrt[5]{a}}\prod_{\substack{p_i<N^{\frac{1}{2}} \\ p_i\neq 10m+1}}\left[\frac{p_i-1}{p_i}\right]$$

根据定理 2.1 又得出：

$$S(\mathcal{A};\mathcal{B},N^{\frac{1}{2}})=\frac{3}{4}\frac{cdrN^{\frac{1}{5}}}{\sqrt[5]{a}}\frac{1}{\log N}+o\left(\frac{N^{\frac{1}{5}}}{\log^2 N}\right)$$

即
$$X(N)\sim\frac{3}{4}\frac{cdrN^{\frac{1}{5}}}{\sqrt[5]{a}}\frac{1}{\log N}+o\left(\frac{N^{\frac{1}{5}}}{\log^2 N}\right)$$

其中 $c=\prod\limits_{\substack{p_i\mid v\\ p_i\neq 10m+1}}\frac{p_i}{p_i-1}$，$d=\prod\limits_{\substack{p_i\mid n\\ p_i=10m+1}}\frac{p_i-1}{p_i}$，$r=\prod\limits_{\substack{p_i<N^{\frac{1}{2}}\\ x^5\equiv -a^4b(\bmod p_i)\\ p_i=10m+1}}\left[\frac{p_i-5}{p_i}\right]$。

可以看出，当 $N\to\infty$ 时，$X(N)\to\infty$。

定理证毕。

§7.7　ax^7+b 及其 ax^p+b 的素数分布问题

定理 7.14：设 $a=uv$，v 是 a 的所有 $\leqslant N^{\frac{1}{2}}$ 的素因子之积；$b=mn$，n 是 b 的所有 $\leqslant N^{\frac{1}{2}}$ 的素因子之积。存在无穷多的 ax^7+b 型素数。若以 $X(N)$ 表示 $0\sim N$ 之间的 ax^7+b 型素数个数，则 $X(N)$ 为：

$$X(N)\sim\frac{5}{6}\frac{cdrN^{\frac{1}{7}}}{\sqrt[7]{a}}\frac{1}{\log N}+o\left(\frac{N^{\frac{1}{7}}}{\log^2 N}\right)\tag{7.17}$$

其中 $c=\prod\limits_{\substack{p_i\mid v\\ p_i\neq 14m+1}}\frac{p_i}{p_i-1}$，$d=\prod\limits_{\substack{p_i\mid n\\ p_i=14m+1}}\frac{p_i-1}{p_i}$，$r=\prod\limits_{\substack{p_i<N^{\frac{1}{2}}\\ x^7\equiv -a^6b(\bmod p_i)\\ p_i=14m+1}}\left[\frac{p_i-7}{p_i}\right]$。

当 $N\to\infty$ 时，$X(N)\to\infty$。

证明同上，略。

一般地，我们有下面的定理。

定理 7.15：设 $a=uv$，v 是 a 的所有 $\leqslant N^{\frac{1}{2}}$ 的素因子之积；$b=mn$，n 是 b 的所有 $\leqslant N^{\frac{1}{2}}$ 的素因子之积；$p>2$ 为素数。存在无穷多的 ax^p+b 型素数。若以 $X(N)$ 表示 $0\sim N$ 之间的 ax^p+b 型素数个数，则有：

$$X(N)\sim\frac{p-2}{p-1}\frac{cdrN^{\frac{1}{p}}}{\sqrt[p]{a}}\frac{1}{\log N}+o\left(\frac{N^{\frac{1}{p}}}{\log^2 N}\right)\tag{7.18}$$

其中 $c = \prod\limits_{\substack{p_i \mid v \\ p_i \neq 2pm+1}} \frac{p_i}{p_i - 1}$，$d = \prod\limits_{\substack{p_i \mid n \\ p_i = 2pm+1}} \frac{p_i - 1}{p_i}$，$r = \prod\limits_{\substack{p_i < N^{\frac{1}{2}} \\ x^p \equiv -a^{p-1}b (\bmod p_i) \\ p_i = 2pm+1}} \left[\frac{p_i - p}{p_i}\right]$。

当 $N \to \infty$时，$X(N) \to \infty$。

证明略。

实际上，从上述的讨论中我们发现，当 $p \geqslant 5$ 时，$ax^p \equiv a^{p-1}b(\bmod p_i)$ 有 p 个解的 p_i 的素数个数很少，即 $r \sim 1$，我们可以略去。同样道理，$c \sim 1$，$d \sim 1$。

在一重 n 元筛法问题中，元数越高，所求素数越稀少，分析也就越来越复杂。

§7.8　小结

一重 n 元筛法是指对一个高次整系数不可约多项式生成的整数序列进行筛分，求出整数序列所剩素数的个数，从而得到其素数分布的存在性的正确答案的筛法。

一重 n 元筛法是一重二元筛法的推广，所以一些理论和方法都是一重二元筛法的扩展。

从我们的分析可以看到，元数越高，分析过程越复杂，难度越大，精确性越差。

要点回顾：

（1）一重 n 元筛法只有一个整数序列，是由一个一元高次多项式生成。一般情况下是混元，既有一元，又有二元或更多元的特征。

筛分集合一般有三种形式：① $\mathcal{B} = \{p : p < N^{\frac{1}{2}}\}$；② $\mathcal{B} = \{p : p < N^{\frac{1}{2}}, p = am + 1\}$；③ $\mathcal{B} = \left\{p : p < N^{\frac{1}{2}}, \left(\frac{a}{p}\right) = 1\right\}$。

（2）为准确分析解决一重 n 元筛法的估计，由第六章引入的分析工具 $\prod\limits_{p}\left[\frac{p-2}{p}\right]$ 扩展到 $\prod\limits_{p}\left[\frac{p-n}{p}\right]$。

(3) 由 $\prod_p\left[\frac{p-1}{p}\right]^2<\prod_p\left[\frac{p-2}{p}\right]$，推广到 $\prod_p\left[\frac{p-1}{p}\right]^n<\prod_p\left[\frac{p-n}{p}\right]$。

(4) 由 $\prod_{\substack{p\\p=4m+1}}\left[\frac{p-1}{p}\right]<\left[\frac{1}{\log N^{\frac{1}{2}}}\right]^{\frac{1}{2}}$ 扩展到 $\prod_{p_i=mp+1}\frac{p_i-1}{p_i}=\left[\frac{1}{\log N^{\frac{1}{2}}}\right]^{\frac{1}{p-1}}$，而 $\prod_{p_i=pm+1}\left[\frac{p_i-1}{p_i}\right]^{p-1}=\prod_{p_i<N^{\frac{1}{2}}}\left[\frac{p_i-1}{p_i}\right]$。

(5) 给出了一些一重多元筛法的应用，但由于元数越高，难度越大，精确性越差，这里没有给出更高元数的应用，但基本方法是相同的。

第八章　二重二元筛法及其应用

在第三章我们介绍了孪生素数问题，运用的是二重一元筛法，即运用一个筛分集合筛分两个整数序列，每个整数序列被筛分一次。那么，在本章中我们所分析的二重二元筛法就是对每个整数序列筛分两次。

多重筛法是建立在一重筛法的基础之上。两个一重一元筛法构成一个二重一元筛法，比如第三章介绍的 Goldbach 问题和孪生素数问题等。

§8.1　二重二元筛法的定义

定义：给定两个整数序列，对至少一个整数序列筛分两次的筛法称为二重二元筛法。

实际上，孪生素数对可以改写为素数对（$x+1, x+3$）。在第三章我们已经证明这样的素数对存在无穷多个。那么，如果我们将这样的素数对改成（x^2+1, x^2+3），是否也存在无穷多个孪生素数对呢？这便是我们下面要讨论的二重二元筛法的问题。

如果说二重一元筛法是解决线性的孪生素数问题，那么二重二元筛法就是解决非线性的孪生素数问题。

§8.2　二重二元筛法的基本要素

二重二元筛法的三要素与前面讨论过的筛法三要素基本相同，但也存在一些区别。

§8.2.1 整数序列

二重二元筛法存在两个整数序列，而且至少有一个整数序列存在二元性质，即对于一个整数序列，每 p_i 个元素要筛分两次。例如：

$\mathcal{A}_1 = x^2 + 1$：2，5，10，17，26，37，50，65，82，101，122，145，…

$\mathcal{A}_2 = x^2 + 3$：4，7，12，19，28，39，52，67，84，103，124，147，…

在第一个整数序列中出现的素数或素因子 p_i 都是 2 或 $4m + 1$ 型素数；而第二个整数序列中出现的素数或素因子 p_i 都是 $6m + 1$ 型素数。而且，每 $6m + 1$ 个元素有 2 个元素被 $6m + 1$ 整除。

根据前面的定理可知，这两个整数序列具有有限性、均匀性、有序性、规律性，因此这两个整数序列都是可筛整数序列。

又例如：

$\mathcal{A}_1 = x^2 + 1$，$x = 1$，2，3，4，5，…

$\mathcal{A}_2 = 5x + 3$，$x = 1$，2，3，4，5，…

这两个整数序列也是二重二元筛法的整数序列。

§8.2.2 筛分集合

（1）筛分集合的分类。筛分集合是根据给定的整数序列而设定的。在二重二元筛法过程中，我们一般设定的筛分集合类型有：

① $\mathcal{B} = \{p : p < N^{\frac{1}{2}}\}$；

② $\mathcal{B} = \{p: p < N^{\frac{1}{2}},\ p = 4m + 1\}$；

③ $\mathcal{B} = \{p: p < N^{\frac{1}{2}},\ p = 6m + 1\}$；

④ $\mathcal{B} = \left\{p: p < N^{\frac{1}{2}},\ \left(\frac{a}{p}\right) = 1\right\}$；

……

（2）筛分集合的转换或回归。由于我们在多元筛法中使用了降元原理引理 6：$\prod_{p_i = 4m+1}\left[\frac{p_i - 1}{p_i}\right] \sim \prod_{p_i = 4m-1}\left[\frac{p_i - 1}{p_i}\right]$ 和 $\prod_{p_i}\left[\frac{p_i - 2}{p_i}\right] \sim \prod_{p_i}\left[\frac{p_i - 1}{p_i}\right]^2$，$\prod_{p_i = 4m+1}\left[\frac{p_i - 1}{p_i}\right]^2 = \prod_{p_i < N^{\frac{1}{2}}}\left[\frac{p_i - 1}{p_i}\right]$，于是我们可以将 $\prod_{p_i = 4m+1}\left[\frac{p_i - 1}{p_i}\right]$ 回归到

$\prod_{p_i \leqslant N^{\frac{1}{2}}} \left[\frac{p_i - 1}{p_i}\right]$。

§8.2.3　筛函数及不等式

$$S(\mathcal{A};\mathcal{B},N^{\frac{1}{2}}) = \sum_{\substack{f(x)=a \\ a\in\mathcal{A},a=6m+1 \\ (a,P(N^{\frac{1}{2}}))=1}} 1$$

$$\geqslant N^{\frac{1}{2}} \prod_{\substack{p_i=4m+1 \\ (p_i,P(N^{\frac{1}{2}}))=1}} \left[\frac{p_i - 2}{p_i}\right]$$

§8.3　二重二元筛法的应用

定理 8.1：存在无穷多孪生素数对 (x^2+1, x^2+3)。若以 $X(N)$ 表示 $\leqslant N$ 的 (x^2+1, x^2+3) 型素数组的个数，则 $X(N)$ 为：

$$X(N) \geqslant \frac{N^{\frac{1}{2}}}{3\log^2 N^{\frac{1}{2}}} + o\left(\frac{N^{\frac{1}{2}}}{\log^3 N^{\frac{1}{2}}}\right) \tag{8.1}$$

或

$$X(N) \geqslant \frac{2N^{\frac{1}{2}} b_1^2 b_2^2}{\log^4 N^{\frac{1}{2}}} + o\left(\frac{N^{\frac{1}{2}}}{\log^5 N^{\frac{1}{2}}}\right) \tag{8.2}$$

其中 $b_1 = \prod_{\substack{p=4m-1 \\ p<N^{\frac{1}{2}}}} \frac{p}{p-1}$，$b_2 = \prod_{p_j=6m-1} \frac{p_j}{p_{j-1}}$。

证明 1：依据命题，两个整数序列为：

$\mathcal{A}_1 = x^2+1$：2，5，10，17，26，37，50，65，82，101，122，145，…

$\mathcal{A}_2 = x^2+3$：4，7，12，19，28，39，52，67，84，103，124，147，…

第一步，根据定理 1.7，这两个整数序列都是可筛整数序列。

第二步，我们不难推导出第一个整数序列具有以下性质：

(1) 在这个整数序列中，当 $p_i \mid x^2+1$，必有 $p_i \mid (x+p_i)^2+1$，$p_i \mid (x-p_i)^2+1$。

(2) $p_i \mid (x \pm mp_i)^2+1$。

(3) 当被 p_i 整除的最小元素为整数序列中第 k 个元素时，第 mp_i+k 个元

素必定被 p_i 整除。

(4) $4m-1 \nmid (x+p_i)^2+1$，即整数序列中出现的元素均为 2 或 $4m+1$ 型素因子之积或 $4m+1$ 型素数。因为当 $p_j=4m-1$ 时，$\left(\frac{-1}{p_j}\right) \neq 1$。

从性质（1）中可以看出，整数序列中被 p_i 整除的元素是共轭成对出现的；由性质（2）可知，元素的分布是均匀的，即每间隔 p_i 个元素，出现两个被 p_i 整除的元素；性质（3）告诉我们的是 m 个元素中有 $2\left[\frac{m+\Delta p_i}{p_i}\right]$ 个元素被 p_i 整除，其中 $\Delta p_i=k$，即被素因子 p_i 整除的最小元素为整数序列中第 k 个元素。

第二个整数序列具有以下性质：

（1）在这个整数序列中，当 $p_i \mid x^2+3$，必有 $p_i \mid (x+p_i)^2+3$，$p_i \mid (x-p_i)^2+3$。

(2) $p_i \mid (x \pm mp_i)^2+3$。

（3）当被 p_i 整除的最小元素为整数序列中第 k 个元素时，第 mp_i+k 个元素必定被 p_i 整除。

(4) $6q-1 \nmid (x \pm p_i)^2+3$，即整数序列中出现的元素均为 2、3 和 $6q+1$ 型素因子之积或 $6q+1$ 型素数，其中 q 为奇数。因为当 $p_j=6m-1$ 时，$\left(\frac{-3}{p_j}\right) \neq 1$。

（5）筛分集合为：$\prod\limits_{\substack{2,3,p_i=6m+1 \\ p_i \in P(N^{\frac{1}{2}})}} p_i$。

由（1）（2）（3）可知，每一个素数 p_i 在连续 p_i 个元素中出现 2 次。

第三步：筛分集合

$\mathcal{B}=\{p: p<N^{\frac{1}{2}},\ p=4m+1\}$

$\mathcal{B}=\{p: p<N^{\frac{1}{2}},\ p=6m+1\}$

第四步：筛函数

$$S(\mathcal{A}_1;\mathcal{B},N^{\frac{1}{2}})=\sum_{\substack{x^2+1=a \\ a \in \mathcal{A}_1 \\ (a,P(N^{\frac{1}{2}}))=1}} 1$$

$$S(\mathcal{A}_2;\mathcal{B},N^{\frac{1}{2}})=\sum_{\substack{x^2+3=b\\ b\in\mathcal{A}_2\\ (b,P(N^{\frac{1}{2}}))=1}}1$$

$$S(\mathcal{A}_1,\mathcal{A}_2;\mathcal{B},N^{\frac{1}{2}})=\sum_{\substack{x^2+1=a,x^2+3=b\\ a\in\mathcal{A}_1,b\in\mathcal{A}_2\\ (ab,P(N^{\frac{1}{2}}))=1}}1$$

第五步：筛分过程

根据定理6.1，先对第一个整数序列进行筛分并筛去第二个整数序列中的对应元素，结果为：

$$S(\mathcal{A}_1;\mathcal{B},N^{\frac{1}{2}})>\frac{2b_1^2N^{\frac{1}{2}}}{\log^2N}+o\left(\frac{N^{\frac{1}{2}}}{\log^3N}\right)$$

根据定理1.8和1.9，筛分后所剩的两个整数序列仍然是可筛整数序列。接着对第二个整数序列筛分并筛去第一个整数序列中对应的元素。根据叠加原理和定理6.2，筛函数为：

$$S(\mathcal{A}_2;\mathcal{B},N^{\frac{1}{2}})\geqslant N^{\frac{1}{2}}b_2^2\frac{1}{\log^2N^{\frac{1}{2}}}+o\left(\frac{N^{\frac{1}{2}}}{\log^3N^{\frac{1}{2}}}\right)$$

又根据叠加原理，则有：

$$S(\mathcal{A}_1,\mathcal{A}_2;\mathcal{B},N^{\frac{1}{2}})>\frac{2N^{\frac{1}{2}}b_1^2b_2^2}{\log^4N^{\frac{1}{2}}}+o\left(\frac{N^{\frac{1}{2}}}{\log^5N^{\frac{1}{2}}}\right)$$

其中 $b_1=\prod\limits_{\substack{p=4m-1\\ p<N^{\frac{1}{2}}}}\frac{p}{p-1}$，$b_2=\prod\limits_{p_j=6m-1}\frac{p_j}{p_{j-1}}$，即 $b_1=\frac{3}{2}\times\frac{7}{6}\times\frac{11}{10}\times\frac{19}{18}\times\frac{23}{22}\cdots$，$b_2=\frac{5}{4}\times\frac{11}{10}\times\frac{17}{16}\times\frac{23}{22}\cdots$

由于 $\frac{2N^{\frac{1}{2}}b_1^2b_2^2}{\log^4N^{\frac{1}{2}}}$ 发散于无穷大，可知当 N 充分大时，存在无穷多个这样的孪生素数对。

证明2：根据定理6.1，对第一个整数序列筛分并同时筛去第二个整数序列中对应的元素，每个整数序列的元素个数 $X_1(N)$ 为：

$$X_1(N)\geqslant\frac{N^{\frac{1}{2}}}{\log N^{\frac{1}{2}}}+o\left(\frac{N^{\frac{1}{2}}}{\log^2N^{\frac{1}{2}}}\right)$$

接着，根据定理6.2，对第二个整数序列进行筛分并同时筛去第一个整数序列中对应的元素，每个整数序列所剩元素个数$X(N)$为：

$$X(N) \geqslant \frac{X_1(N)}{3\log N^{\frac{1}{2}}} + o\left(\frac{X_1(N)}{\log^2 N^{\frac{1}{2}}}\right)$$

$$\geqslant \frac{N^{\frac{1}{2}}}{3\log^2 N^{\frac{1}{2}}} + o\left(\frac{N^{\frac{1}{2}}}{\log^3 N^{\frac{1}{2}}}\right)$$

即
$$X(N) \geqslant \frac{N^{\frac{1}{2}}}{3\log^2 N^{\frac{1}{2}}} + o\left(\frac{N^{\frac{1}{2}}}{\log^3 N^{\frac{1}{2}}}\right)$$

当$N \to \infty$时，$X(N) \to \infty$。

定理证毕。

由此我们看到，在100～10000实际存在这样的孪生素数对也只有2对，我们的计算结果是1对；316～100000实际有9对，我们的计算结果为3对。虽然误差较大，但这样的素数对已经非常稀少了。

同样，我们可以给出（x^3+1, x^3+3），进一步给出（x^n+1, x^n+3）的筛法不等式，但它们的素数对实在太稀少了，以至于要计算到非常大的N才能有结果。当$N \to \infty$时，$X(N) \to \infty$似乎没有实际意义一样。

定理8.2：存在无穷多的素数对（$3x^2+3x+1, x^2+3$）。若以$X(N)$表示$\leqslant N$的（$3x^2+3x+1$，x^2+3）型素数组的个数，则$X(N)$为：

$$X(N) \geqslant \frac{N^{\frac{1}{2}}}{9\log^2 N^{\frac{1}{2}}} + o\left(\frac{N^{\frac{1}{2}}}{\log^3 N^{\frac{1}{2}}}\right) \tag{8.3}$$

证明：给定的两个整数序列如下。

$\mathcal{A}_1$：1，7，19，37，61，…，$3x^2+3x+1$。

$\mathcal{A}_2$：3，4，7，12，19，…，x^2+3。

根据定理1.7，这两个整数序列都是可筛整数序列。

根据定理7.4，运用筛分集合$\{\mathcal{B}: p=3m+1, p \leqslant N^{\frac{1}{2}}\}$对第一个整数序列$\mathcal{A}_1$筛分并筛去第二个整数序列$\mathcal{A}_2$中对应的元素，则每个整数序列所剩元素个数为：

$$S(\mathcal{A}_1; \mathcal{B}, N^{\frac{1}{2}}) \sim \frac{\left(\frac{N}{3}\right)^{\frac{1}{2}}}{\log N^{\frac{1}{2}}} + o\left(\frac{N^{\frac{1}{2}}}{\log^2 N^{\frac{1}{2}}}\right)$$

$$\geqslant \frac{N^{\frac{1}{2}}}{3\log N^{\frac{1}{2}}}+o\left(\frac{N^{\frac{1}{2}}}{\log^{2} N^{\frac{1}{2}}}\right)$$

根据定理 1.8 和 1.9，筛分后所剩的两个整数序列仍然是可筛整数序列。接着，根据定理 7.5，我们运用筛分集合

$$\{\mathcal{B}:2,3,p=3m+1,p\leqslant N^{\frac{1}{2}}\}$$

对第二个整数序列筛分并筛去第一个整数序列中对应的元素，根据叠加原理，筛函数及每个整数序列所剩元素个数为：

$$S(\mathcal{A}_1,\mathcal{A}_2;\mathcal{B},N^{\frac{1}{2}})\sim\frac{N^{\frac{1}{2}}}{9\log^{2} N^{\frac{1}{2}}}+o\left(\frac{N^{\frac{1}{2}}}{\log^{3} N^{\frac{1}{2}}}\right)$$

$$X(N)\geqslant\frac{N^{\frac{1}{2}}}{9\log^{2} N^{\frac{1}{2}}}+o\left(\frac{N^{\frac{1}{2}}}{\log^{3} N^{\frac{1}{2}}}\right)$$

可知，当 $N\to\infty$时，$X(N)\to\infty$，即存在无穷多的素数对。

定理证毕。

定理 8.3：存在无穷多个素数对：$p_1=(m+1)^3-m^3$，$p_2=m^2+1$。若以 $X(N)$ 表示 $\leqslant N$ 的 $p_1=(m+1)^3-m^3$，$p_2=m^2+1$ 型素数对的个数，则 $X(N)$ 为：

$$X(N)\geqslant\frac{N^{\frac{1}{2}}}{2}\frac{1}{\log^{2} N^{\frac{1}{2}}}+o\left(\frac{N^{\frac{1}{2}}}{\log^{3} N^{\frac{1}{2}}}\right) \tag{8.4}$$

证明：设 $P(N^{\frac{1}{2}})=\prod_{p<N^{\frac{1}{2}}}p$，给定的整数序列如下。

$\mathcal{A}_1=(x+1)^3-x^3$：1，7，19，37，61，…，$(m+1)^3-m^3$。

$\mathcal{A}_2=(x^2+1)$：　　1，2，　5，10，17，…，(m^2+1)。

整数序列的元素个数为 m 个，即 $(m+1)^3-m^3\leqslant N$，也就是说 $m\approx N^{\frac{1}{2}}$。根据定理 1.7，两个整数序列均为可筛整数序列。

这里我们对两个整数序列进行比较，比较时对应元素大小应遵循先大后小的原则。

首先对第一个整数序列 $\mathcal{A}_1$ 进行筛分并筛去 $\mathcal{A}_2$ 中对应的元素。根据定理 7.1，则有：

$$S(\mathcal{A}_1;\mathcal{B},N^{\frac{1}{2}})\geqslant\frac{\left(\frac{N}{3}\right)^{\frac{1}{2}}}{\log N^{\frac{1}{2}}}+o\left(\frac{1}{\log^{2} N^{\frac{1}{2}}}\right)$$

$$\sim \frac{N^{\frac{1}{2}}}{\log N^{\frac{1}{2}}} + o\left(\frac{1}{\log^2 N^{\frac{1}{2}}}\right)$$

根据定理1.8和1.9，筛分后所剩的两个整数序列仍然是可筛整数序列。于是，再对第二个整数序列 $\mathcal{A}_2$ 进行筛分，同时筛除 $\mathcal{A}_1$ 中对应的元素。根据定理7.1和定理6.1及叠加原理，则有：

$$S(\mathcal{A}_1,\mathcal{A}_2;\mathcal{B},N^{\frac{1}{2}}) = \sum_{\substack{a_i\in\mathcal{A}_1,b_i\in\mathcal{A}_2,\\ a_i=(i+1)^3-i^3,b_i=i^2+1\\ (a_ib_i,P(N^{\frac{1}{2}}))=1}} 1$$

$$\geqslant N^{\frac{1}{2}}\prod_{p_i=6m+1}\left[\frac{p_i-2}{p_i}\right]\otimes\prod_{\substack{p_j=4m+1\\ p_j=2}}\left[\frac{p_j-2}{p_j}\right]$$

$$S(\mathcal{A}_1,\mathcal{A}_2;\mathcal{B},N^{\frac{1}{2}}) \geqslant \frac{N^{\frac{1}{2}}}{2}\frac{1}{\log^2 N^{\frac{1}{2}}} + o\left(\frac{N^{\frac{1}{2}}}{\log^3 N^{\frac{1}{2}}}\right)$$

即

$$X(N) \geqslant \frac{N^{\frac{1}{2}}}{2}\frac{1}{\log^2 N^{\frac{1}{2}}} + o\left(\frac{N^{\frac{1}{2}}}{\log^3 N^{\frac{1}{2}}}\right)$$

定理证毕。

§8.4 二重二元筛法的一般形式

我们认为二重二元筛法基本没有一般形式，只存在一些特殊形式，只能针对每一组整数序列进行单一的分析，才能比较准确地用筛法结果来表达。因此，下面的分析只能作为一个参考。

定理8.4：由 ax^2+b 和 $ax^2+(b+c)$ 两个整数序列所生成的孪生素数组有无穷多个。若以 $X(N)$ 表示素数组的个数，则 $X(N)$ 为：

$$X(N) \geqslant \frac{d_1 d_2 e_1 e_2 f N^{\frac{1}{2}}}{2\sqrt{a}\log^2 N^{\frac{1}{2}}} + o\left(\frac{N^{\frac{1}{2}}}{\log^3 N^{\frac{1}{2}}}\right) \tag{8.5}$$

其中 $d_1 = \prod\limits_{\substack{p_j\mid b\\ p_j<N^{\frac{1}{2}}\\ \left(\frac{-ab}{p_j}\right)=1}} \frac{p_j-1}{p_j-2}$，$d_2 = \prod\limits_{\substack{p_j\mid b\\ p_j<N^{\frac{1}{2}}\\ \left(\frac{-ab}{p_j}\right)\neq 1}} \frac{p_j-1}{p_j}$，$e_1 = \prod\limits_{\substack{p_j\mid b+2\\ p_j<N^{\frac{1}{2}}\\ \left(\frac{-a(b+c)}{p_j}\right)=1}} \frac{p_j-1}{p_j-2}$，$e_2 =$

$$\prod_{\substack{p_j \mid b+2 \\ p_j < N^{\frac{1}{2}} \\ \left(\frac{-a(b+c)}{p_j}\right) \neq 1}} \frac{p_j - 1}{p_j}, f = \frac{v}{\varphi(v)}。$$

证明：根据定理1.6可知，此整数序列是可筛整数序列，其筛函数为：

$$S(\mathcal{A}_1, \mathcal{A}_2; \mathcal{B}, N^{\frac{1}{2}}) = \sum_{\substack{ax^2+b=q_1 \\ ax^2+(b+c)=q_2 \\ q_1 \in \mathcal{A}_1, q_2 \in \mathcal{A}_2 \\ (q_1 q_2, P(N^{\frac{1}{2}}))=1}} 1$$

$$= S(\mathcal{A}_1; \mathcal{B}, N^{\frac{1}{2}}) \otimes S(\mathcal{A}_2; \mathcal{B}, N^{\frac{1}{2}})$$

根据定理6.11和叠加原理，分别设 $d_1 = \prod\limits_{\substack{p_j \mid b \\ p_j < N^{\frac{1}{2}} \\ \left(\frac{-ab}{p_j}\right)=1}} \frac{p_j - 1}{p_j - 2}$, $d_2 = \prod\limits_{\substack{p_j \mid b \\ p_j < N^{\frac{1}{2}} \\ \left(\frac{-ab}{p_j}\right) \neq 1}} \frac{p_j - 1}{p_j}$,

$e_1 = \prod\limits_{\substack{p_j \mid b+2 \\ p_j < N^{\frac{1}{2}} \\ \left(\frac{-a(b+c)}{p_j}\right)=1}} \frac{p_j - 1}{p_j - 2}$, $e_2 = \prod\limits_{\substack{p_j \mid b+2 \\ p_j < N^{\frac{1}{2}} \\ \left(\frac{-a(b+c)}{p_j}\right) \neq 1}} \frac{p_j - 1}{p_j}$, $f = \frac{v}{\varphi(v)}$，则有：

$$S(\mathcal{A}_1, \mathcal{A}_2; \mathcal{B}, N^{\frac{1}{2}}) \geqslant \frac{d_1 d_2 e_1 e_2 f N^{\frac{1}{2}}}{2\sqrt{a}\log^2 N^{\frac{1}{2}}} + o\left(\frac{N^{\frac{1}{2}}}{\log^3 N^{\frac{1}{2}}}\right)$$

即
$$X(N) \geqslant \frac{d_1 d_2 e_1 e_2 f N^{\frac{1}{2}}}{2\sqrt{a}\log^2 N^{\frac{1}{2}}} + o\left(\frac{N^{\frac{1}{2}}}{\log^3 N^{\frac{1}{2}}}\right)$$

定理证毕。

当我们选择（x^2+1, x^2+3）时，$\sqrt{a}=1$，d_1、d_2、e_1、f 均等于1，$e_2 = \prod\limits_{\substack{p_j \mid b+2 \\ p_j < N^{\frac{1}{2}} \\ \left(\frac{-ab}{p_j}\right) \neq 1}} \frac{p_j - 1}{p_j} = \frac{2}{3}$。

即
$$X(N) \geqslant \frac{N^{\frac{1}{2}}}{3\log^2 N^{\frac{1}{2}}} + o\left(\frac{N^{\frac{1}{2}}}{\log^3 N^{\frac{1}{2}}}\right)$$

与定理8.1相符。

定理8.5：由 $ax+b$ 和 $ax^2+(b+c)$ 两个整数序列所生成的孪生素数组有无穷多个。若以 $X(N)$ 表示素数组的个数，则 $X(N)$ 为：

$$X(N) \sim \prod_{\substack{p_j \mid b+c \\ p_j < N^{\frac{1}{2}} \\ \left(\frac{-a(b+c)}{p_j}\right) \neq 1}} \frac{p_j - 1}{p_j} \prod_{\substack{p_j \mid b+c \\ p_j < N^{\frac{1}{2}} \\ \left(\frac{-a(b+c)}{p_j}\right) = 1}} \frac{p_j - 1}{p_j - 2} \frac{aN^{\frac{1}{2}}}{2\varphi(a)\sqrt{a}\log^2 N^{\frac{1}{2}}} + o\left(\frac{N}{\log^3 N^{\frac{1}{2}}}\right) \qquad (8.6)$$

证明：设 $a < N^{\frac{1}{2}}$，$b + c < N^{\frac{1}{2}}$。

根据定理 2.2 和定理 6.11 可知，则有：

$$S(\mathcal{A}_1;\mathcal{B}, N^{\frac{1}{2}}) \sim \frac{N^{\frac{1}{2}}}{2\varphi(a)\log N^{\frac{1}{2}}} + o\left(\frac{N^{\frac{1}{2}}}{\log^2 N}\right)$$

$$S(\mathcal{A}_2;\mathcal{B}, N^{\frac{1}{2}}) \sim \prod_{\substack{p_j \mid b+c \\ p_j < N^{\frac{1}{2}} \\ \left(\frac{-a(b+c)}{p_j}\right) \neq 1}} \frac{p_j - 1}{p_j} \prod_{\substack{p_j \mid b+c \\ p_j < N^{\frac{1}{2}} \\ \left(\frac{-a(b+c)}{p_j}\right) = 1}} \frac{p_j - 1}{p_j - 2} \frac{aN^{\frac{1}{2}}}{2\varphi(a)\sqrt{a}\log N^{\frac{1}{2}}} + o\left(\frac{N}{\log^2 N^{\frac{1}{2}}}\right)$$

根据叠加原理，则有：

$$S(\mathcal{A}_1, \mathcal{A}_2;\mathcal{B}, N^{\frac{1}{2}}) \sim \prod_{\substack{p_j \mid b+c \\ p_j < N^{\frac{1}{2}} \\ \left(\frac{-a(b+c)}{p_j}\right) \neq 1}} \frac{p_j - 1}{p_j} \prod_{\substack{p_j \mid b+c \\ p_j < N^{\frac{1}{2}} \\ \left(\frac{-a(b+c)}{p_j}\right) = 1}} \frac{p_j - 1}{p_j - 2} \frac{aN^{\frac{1}{2}}}{2\varphi(a)\sqrt{a}\log^2 N^{\frac{1}{2}}} + o\left(\frac{N}{\log^3 N^{\frac{1}{2}}}\right)$$

即

$$X(N) \sim \prod_{\substack{p_j \mid b+c \\ p_j < N^{\frac{1}{2}} \\ \left(\frac{-a(b+c)}{p_j}\right) \neq 1}} \frac{p_j - 1}{p_j} \prod_{\substack{p_j \mid b+c \\ p_j < N^{\frac{1}{2}} \\ \left(\frac{-a(b+c)}{p_j}\right) = 1}} \frac{p_j - 1}{p_j - 2} \frac{aN^{\frac{1}{2}}}{2\varphi(a)\sqrt{a}\log^2 N^{\frac{1}{2}}} + o\left(\frac{N}{\log^3 N^{\frac{1}{2}}}\right)$$

定理证毕。

§8.5 小结

二重二元筛法是解决二元性质的孪生素数组的一种数学分析工具。例如，二重一元筛法是为了准确地解决如（$x+1, x+3$）型的一元孪生素数组的诸多问题，而二重二元筛法则是为了准确地解决如（x^2+1, x^2+3）型的孪生素数组的诸多问题。

要点回顾：

（1）二重二元筛法有两个整数序列$\mathcal{A}_1$、$\mathcal{A}_2$，且至少有一个整数序列具有二元性。

（2）筛分集合$\mathcal{B}$一般有四种形式：①$\mathcal{B} = \{p:p < N^{\frac{1}{2}}\}$；②$\mathcal{B} = \{p:p < N^{\frac{1}{2}}, p = 4m + 1\}$；③$\mathcal{B} = \{p:p < N^{\frac{1}{2}}, p = 6m + 1\}$；④$\mathcal{B} = \{p:p < N^{\frac{1}{2}}, \left(\frac{a}{p}\right) = 1\}$。

（3）筛分集合的转化或回归：运用$\prod_{p_i = 4m+1}\left[\frac{p_i - 1}{p_i}\right] \sim \prod_{p_i = 4m-1}\left[\frac{p_i - 1}{p_i}\right]$和$\prod_{p_i}\left[\frac{p_i - 2}{p_i}\right] \sim \prod_{p_i}\left[\frac{p_i - 1}{p_i}\right]^2$转化或回归：$\prod_{p_i = 4m+1}\left[\frac{p_i - 1}{p_i}\right]^2 = \prod_{p_i < N^{\frac{1}{2}}}\left[\frac{p_i - 1}{p_i}\right]$。

（4）本章给出了一些常见的二重二元筛法问题的结果，但是都没有去追求精确性。

第九章　k 重 n 元筛法及其应用

本章我们主要讨论多重多元筛法。多重指的是我们要筛分的整数序列多于一个，多元指的是对单一整数序列要进行两次以上的筛分。下面我们来讨论多重多元筛法的基本要素和应用。

§9.1　k 重 n 元筛法的定义

定义：对 k 个整数序列进行筛分，且至少有一个整数序列具有 n 元的特征，即每隔 p_i 个元素均有 n 个元素被 p_i 整除的筛法被称为 k 重 n 元筛法。

§9.2　k 重 n 元筛法的基本要素

k 重 n 元筛法既具有 k 重一元筛法的特征，又具有一重 n 元筛法的特征。

§9.2.1　k 重 n 元筛法的整数序列

根据定义，k 重 n 元筛法的整数序列有 k 个并列的整数序列，并且起码有一个整数序列具有 n 元的特征。我们现在取 $k=4,n=2$，得到的就是一个四重二元筛法。设：

$\mathcal{A}_1=2x-1$：1，3，5，7，9，11，13，15，17，19，21，…

$\mathcal{A}_2=2x+1$：3，5，7，9，11，13，15，17，19，21，23，…

$\mathcal{A}_3=4x-1$：3，7，11，15，19，23，27，31，35，39，43，…

$\mathcal{A}_4=2x^2+1$：3，9，19，33，51，73，99，129，163，201，243，…

由于具有二元特征，故对这四个整数序列的筛分是四重二元筛法。

根据定理 1.3 和定理 1.7，这四个整数序列都是可筛整数序列。

在多重筛法中，我们应该遵循两个原则：

（1）整数序列的排列应遵循由小到大的原则。

（2）个数计算应遵循先大后小的原则。

例如，在上例中，我们在计算整数序列的个数 $X(N)$ 时，应该根据 $\mathcal{A}_4$ 来计算，即 $X(N) \approx \left(\frac{N}{2}\right)^{\frac{1}{2}}$。当然，我们也可以直接使用整数序列的元素个数 x。

§9.2.2　k 重 n 元筛法的筛分集合

在 k 重 n 元筛法中，常用的筛分集合有：① $\mathcal{B} = \{p:p < N^{\frac{1}{2}}\}$；② $\mathcal{B} = \{p: p < N^{\frac{1}{2}}, p = am + 1\}$；③ $\mathcal{B} = \left\{p:p < N^{\frac{1}{2}}, \left(\frac{a}{p}\right) = 1\right\}$；等等。

在 k 重 n 元筛法中同样经常运用筛分集合的回归的问题：例如由 $\mathcal{B} = \{p: p < N^{\frac{1}{2}}, p = 4m + 1\}$ 回归到 $\mathcal{B} = \{p: p < N^{\frac{1}{2}}\}$。

§9.2.3　k 重 n 元筛法的筛函数和不等式

$$S(\mathcal{A}_1, \mathcal{A}_2, \mathcal{A}_3, \mathcal{A}_4; \mathcal{B}, N^{\frac{1}{2}}) = \sum_{\substack{f_1(x) = a_1, f_2(x) = a_2, f_3(x) = a_3, f_4(x) = a_4 \\ a_1 \in \mathcal{A}_1, a_2 \in \mathcal{A}_2, a_3 \in \mathcal{A}_3, a_4 \in \mathcal{A}_4 \\ (a_1 a_2 a_3 a_4, P(N^{\frac{1}{2}})) = 1}} 1$$

$$\geqslant \left(\frac{N}{2}\right)^{\frac{1}{2}} \prod_{p_i \leqslant N^{\frac{1}{2}}} \left[\frac{p_i - 1}{p_i}\right] \otimes \cdots \otimes \prod_{\substack{p_i \leqslant N^{\frac{1}{2}} \\ p_i = 4m - 1}} \left[\frac{p_i - 2}{p_i}\right]$$

k 重 n 元筛法的筛函数要根据整数序列的实际情况而设置，没有统一的公式，这里至多是一种模式而已。

§9.3　二重四元筛法的应用

二重四元筛法就是给定两个整数序列，对其中一个整数序列进行四次筛分。

定理 9.1：存在无穷多的素数组：$p_1 = (x + 1)^5 - x^5$，$p_2 = (x + 1)^3 - x^3$。

若以 $X(N)$ 表示 $\leqslant N$ 的 (p_1,p_2) 素数组的个数，则 $X(N)$ 为：

$$X(N) \geqslant \frac{N^{\frac{1}{4}}}{5\log^2 N^{\frac{1}{2}}} + o\left(\frac{N^{\frac{1}{4}}}{\log^3 N^{\frac{1}{2}}}\right) \tag{9.1}$$

证明：设 $P(N^{\frac{1}{2}}) = \prod_{p<N^{\frac{1}{2}}} p$，给定的整数序列如下。

$\mathcal{A}_1 = (x+1)^5 - x^5$：1，31，211，781，2101，…，$(m+1)^5 - m^5$。

$\mathcal{A}_2 = (x+1)^3 - x^3$：1，7，19，37，61，…，$(m+1)^3 - m^3$。

由定理 1.7 可知，两个整数序列均为可筛整数序列。

整数序列的元素个数为 m 个，即 $(m+1)^5 - m^5 \leqslant N$，也就是 $m \approx \frac{N^{\frac{1}{4}}}{5}$。

这里我们对两个整数序列进行比较，比较对应元素大小，遵循先大后小的原则。这样对于计算整数序列的元素个数比较准确一些。

首先对第一个整数序列 $\mathcal{A}_1$ 进行筛分并筛去 $\mathcal{A}_2$ 中对应的元素，根据定理 7.2，这时每个整数序列的所剩元素个数为：

$$S(\mathcal{A}_1, \mathcal{A}_2; \mathcal{B}, N^{\frac{1}{2}}) \sim \left(\frac{N}{5}\right)^{\frac{1}{4}}\left(\frac{1}{\log N^{\frac{1}{2}}}\right) + o\left(\frac{N^{\frac{1}{4}}}{\log^2 N^{\frac{1}{2}}}\right)$$

$$\geqslant \frac{N^{\frac{1}{4}}}{5}\left(\frac{1}{\log N^{\frac{1}{2}}}\right) + o\left(\frac{N^{\frac{1}{4}}}{\log^2 N^{\frac{1}{2}}}\right)$$

根据定理 1.8 和 1.9，筛分后所剩的两个整数序列仍然是可筛整数序列。于是，接着对 $\mathcal{A}_2$ 进行筛分并筛去 $\mathcal{A}_1$ 中对应的元素，根据定理 7.1 和叠加原理，每个整数序列所剩元素个数为：

$$S(\mathcal{A}_1, \mathcal{A}_2; \mathcal{B}, N^{\frac{1}{2}}) \geqslant \frac{N^{\frac{1}{4}}}{5\log^2 N^{\frac{1}{2}}} + o\left(\frac{N^{\frac{1}{4}}}{\log^3 N^{\frac{1}{2}}}\right)$$

$$X(N) \geqslant \frac{N^{\frac{1}{4}}}{5\log^2 N^{\frac{1}{2}}} + o\left(\frac{N^{\frac{1}{4}}}{\log^3 N^{\frac{1}{2}}}\right)$$

由此可以看到，当 $N \to \infty$ 时，$S(\mathcal{A}_1, \mathcal{A}_2; \mathcal{B}, N^{\frac{1}{2}}) \to \infty$，即存在无穷多组素数对 $((x+1)^5 - x^5, (x+1)^3 - x^3)$。

定理证毕。

§9.4　三重四元筛法及其应用

三重四元筛法就是对三个整数序列进行筛分，而且至少对其中一个整数序列要筛分四次。

定理 9.2：存在无穷多的三生素数组：$p_1=(m+1)^5-m^5$，$p_2=(m+1)^3-m^3$，$p_3=m^2+1$。若以 $X(N)$ 表示 $\leqslant N$ 的 (p_1, p_2, p_3) 素数组的个数，则 $X(N)$ 为：

$$X(N) \geqslant \frac{N^{\frac{1}{4}}}{2\log^3 N^{\frac{1}{2}}} + o\left(\frac{N^{\frac{1}{4}}}{\log^4 N^{\frac{1}{2}}}\right) \tag{9.2}$$

证明：设 $P(N^{\frac{1}{2}}) = \prod_{p<N^{\frac{1}{2}}} p$，给定的整数序列如下。

$\mathcal{A}_1 = (x+1)^5-x^5$：1，31，211，781，2101，…，$(m+1)^5-m^5$。

$\mathcal{A}_2 = (x+1)^3-x^3$：1，7，19，37，61，…，$(m+1)^3-m^3$。

$\mathcal{A}_3 = (x^2+1)$：1，2，5，10，17，…，(m^2+1)。

根据定理1.7可知，上述三个整数序列都是可筛整数序列。根据先大后小的原则，整数序列的元素个数为 m，即 $(m+1)^5-m^5 \leqslant N^{\frac{1}{2}}$，也就是 $m \approx N^{\frac{1}{4}}$。

首先，我们对整数序列 $\mathcal{A}_1$ 进行筛分并筛去 $\mathcal{A}_2$ 和 $\mathcal{A}_3$ 中对应的元素，根据定理7.2则有：

$$S(\mathcal{A}_1, \mathcal{A}_2, \mathcal{A}_3; \mathcal{B}, N^{\frac{1}{2}}) = \sum_{\substack{a_i \in \mathcal{A}_1, b_i \in \mathcal{A}_2, c_i \in \mathcal{A}_3 \\ a_i=(i+1)^5-i^5, b_i=(i+1)^3-i^3, c_i=i^2+1 \\ (a_i b_i c_i, P(N^{\frac{1}{2}}))=1}} 1$$

$$\geqslant N^{\frac{1}{4}}\left(\frac{1}{\log N^{\frac{1}{2}}}\right) + o\left(\frac{N^{\frac{1}{4}}}{\log^2 N^{\frac{1}{2}}}\right)$$

根据定理1.8和1.9，筛分后所剩的三个整数序列仍然是可筛整数序列。于是，我们可以对第二个整数序列 $\mathcal{A}_2$ 进行筛分，并筛去 $\mathcal{A}_1$ 和 $\mathcal{A}_3$ 中对应的元素，根据定理7.1则有：

$$S(\mathcal{A}_1, \mathcal{A}_2, \mathcal{A}_3; \mathcal{B}, N^{\frac{1}{2}}) \geqslant N^{\frac{1}{4}}\left(\frac{1}{\log^2 N^{\frac{1}{2}}}\right) + o\left(\frac{N^{\frac{1}{4}}}{\log^3 N^{\frac{1}{2}}}\right)$$

再根据定理1.8和1.9，筛分后所剩的三个整数序列仍然是可筛整数序列。最后，我们对第三个整数序列 $\mathcal{A}_3$ 进行筛分，并筛去 $\mathcal{A}_1$ 和 $\mathcal{A}_2$ 中对应的元素，根据定理 6.13 的证明结果则有：

$$S(\mathcal{A}_1,\mathcal{A}_2,\mathcal{A}_3;\mathcal{B},N^{\frac{1}{2}})\geqslant\frac{N^{\frac{1}{4}}}{2\log^3 N^{\frac{1}{2}}}+o\left(\frac{N^{\frac{1}{4}}}{\log^4 N^{\frac{1}{2}}}\right)$$

$$X(N)\geqslant\frac{N^{\frac{1}{4}}}{2\log^3 N^{\frac{1}{2}}}+o\left(\frac{N^{\frac{1}{4}}}{\log^4 N^{\frac{1}{2}}}\right)$$

定理证毕。

§9.5　二重三元筛法

对两个整数序列进行筛分，其中一个整数序列要筛分三次，这种筛法则被称为二重三元筛法。

定理 9.3：存在无穷多的素数组：$p_1=x^2+3$，$p_2=x^3+7$。若以 $X(N)$ 表示 $\leqslant N$ 的 (p_1,p_2) 素数组的个数，则 $X(N)$ 为：

$$X(N)\geqslant\frac{b_2 N^{\frac{1}{3}}b_1^2}{\log^3 N^{\frac{1}{2}}}+o\left(\frac{N^{\frac{1}{3}}}{\log^4 N^{\frac{1}{2}}}\right)\qquad(9.3)$$

证明：设 $P(N^{\frac{1}{2}})=\prod\limits_{p<N^{\frac{1}{2}}}p$，给定的整数序列如下。

$\mathcal{A}_1$：4，7，12，19，28，39，52，67，84，103，124，…

$\mathcal{A}_2$：8，15，34，71，132，223，350，519，736，1007，1338，…

根据定理 1.7，这两个整数序列均是可筛整数序列。且我们看到，整数序列的元素个数为 $N^{\frac{1}{3}}$ 个。

根据定理 6.2，对 $\mathcal{A}_1$ 进行筛分并筛去 $\mathcal{A}_2$ 中对应的元素后，则筛函数为：

$$S(\mathcal{A}_1,\mathcal{A}_2;\mathcal{B},N^{\frac{1}{2}})\geqslant N^{\frac{1}{3}}b_1^2\frac{1}{\log^2 N^{\frac{1}{2}}}$$

其中 $b_1=\prod\limits_{p_j=6m-1}\frac{p_j}{p_j-1}$。

根据定理 1.8 和 1.9，筛分后所剩的两个整数序列仍然是可筛整数序列。于是我们再对 $\mathcal{A}_2$ 进行筛分并筛去 $\mathcal{A}_1$ 中对应的元素，根据叠加原理则有：

$$S(\mathcal{A}_1,\mathcal{A}_2;\mathcal{B},N^{\frac{1}{2}}) = \sum_{\substack{x^3+7=a\\ x^2-2=b\\ a\in\mathcal{A}_1,b\in\mathcal{A}_2\\ (a,b,P(N^{\frac{1}{2}}))=1}} 1$$

$$\geqslant \frac{\dfrac{b_2 N^{\frac{1}{3}} b_1^2}{\log^2 N^{\frac{1}{3}}}}{\log N^{\frac{1}{2}}}$$

$$= \frac{b_2 N^{\frac{1}{3}} b_1^2}{\log^3 N^{\frac{1}{2}}} + o\left(\frac{N^{\frac{1}{3}}}{\log^4 N^{\frac{1}{2}}}\right)$$

即

$$X(N) \geqslant \frac{b_2 N^{\frac{1}{3}} b_1^2}{\log^3 N^{\frac{1}{2}}} + o\left(\frac{N^{\frac{1}{3}}}{\log^4 N^{\frac{1}{2}}}\right)$$

其中 $b_1 = \prod\limits_{p_j=6m-1} \dfrac{p_j}{p_j-1}$；$b_2 = 0.9344$ 。

定理证毕。

§9.6　三重二元筛法

在第四章中我们讨论了三重一元筛法，得到了三重素数的结果。下面讨论一下三重二元筛法。

定理 9.4：存在无穷多个三重素数组：$p_1=x^2+1$，$p_2=x^2+3$，$p_3=x^2+9$。若以 X（N）表示≤N 的（p_1，p_2，p_3）素数组的个数，则 X（N）为：

$$X(N) \geqslant \frac{N^{\frac{1}{2}}}{6\log^3 N^{\frac{1}{2}}} + o\left(\frac{N^{\frac{1}{2}}}{\log^4 N^{\frac{1}{2}}}\right) \qquad (9.4)$$

证明：设 $P(N^{\frac{1}{2}}) = \prod\limits_{p<N^{\frac{1}{2}}} p$，给定的整数序列如下。

$\mathcal{A}_1$：1， 2， 5，10，17，26，37，50，65，82，101，…

$\mathcal{A}_2$：3， 4， 7，12，19，28，39，52，67，84，103，…

$\mathcal{A}_3$：9，10，13，18，25，34，45，58，73，90，109，…

根据定理 1.7 可知，这三个整数序列都是可筛整数序列。

根据三个整数序列的性质得到筛函数为：

$$S(\mathcal{A}_1,\mathcal{A}_2,\mathcal{A}_3;\mathcal{B},N^{\frac{1}{2}}) = \sum_{\substack{a_i\in\mathcal{A}_1,b_i\in\mathcal{A}_2,c_i\in\mathcal{A}_3\\ a_i=i^2+1,b_i=i^3+3,c_i=i^2+9\\ (a_ib_ic_i,P(N^{\frac{1}{2}}))=1}} 1$$

首先，我们可以看到每个整数序列的元素个数为 $N^{\frac{1}{2}}$ 个，筛去偶数元素后，每个整数序列的元素个数为 $\frac{N^{\frac{1}{2}}}{2}$。

其次，我们对整数序列 $\mathcal{A}_1$ 进行筛分，并筛去其他两个整数序列对应的元素，根据定理6.1，则有：

$$S(\mathcal{A}_1,\mathcal{A}_2,\mathcal{A}_3;\mathcal{B},N^{\frac{1}{2}}) \geqslant \frac{N^{\frac{1}{2}}}{2\log N^{\frac{1}{2}}} + o\left(\frac{N^{\frac{1}{2}}}{\log^2 N^{\frac{1}{2}}}\right)$$

再次，根据定理1.8和1.9，筛分后所剩的三个整数序列仍然是可筛整数序列。再对第二个整数序列 $\mathcal{A}_2$ 进行筛分，并筛去其他两个整数序列中对应的元素。根据定理6.2，我们得到：

$$S(\mathcal{A}_1,\mathcal{A}_2,\mathcal{A}_3;\mathcal{B},N^{\frac{1}{2}}) \geqslant \frac{N^{\frac{1}{2}}}{6\log^2 N^{\frac{1}{2}}} + o\left(\frac{N^{\frac{1}{2}}}{\log^3 N^{\frac{1}{2}}}\right)$$

最后，根据定理1.8和1.9，筛分后所剩的三个整数序列仍然是可筛整数序列。接着对第三个整数序列 $\mathcal{A}_3$ 进行筛分，并同时筛去 $\mathcal{A}_1$、$\mathcal{A}_2$ 中对应的元素。

在整数序列 $\mathcal{A}_3$ 中，除3外，只有 $4m+1$ 型素数或素因子出现。且 $4m+1$ 型素数 p，每 p 个元素中有2个元素被 p 整除。而被3整除的元素在第二次筛分时已经全部被筛除。根据叠加原理，故有：

$$S(\mathcal{A}_1,\mathcal{A}_2,\mathcal{A}_3;\mathcal{B},N^{\frac{1}{2}}) \geqslant \frac{\left(\frac{N^{\frac{1}{2}}}{6\log^2 N^{\frac{1}{2}}} + o\left(\frac{N^{\frac{1}{2}}}{\log^3 N^{\frac{1}{2}}}\right)\right)}{\log N^{\frac{1}{2}}}$$

即 $S(\mathcal{A}_1,\mathcal{A}_2,\mathcal{A}_3;\mathcal{B},N^{\frac{1}{2}}) \geqslant \frac{N^{\frac{1}{2}}}{6\log^3 N^{\frac{1}{2}}} + o\left(\frac{N^{\frac{1}{2}}}{\log^4 N^{\frac{1}{2}}}\right)$

$$X(N) \geqslant \frac{N^{\frac{1}{2}}}{6\log^3 N^{\frac{1}{2}}} + o\left(\frac{N^{\frac{1}{2}}}{\log^4 N^{\frac{1}{2}}}\right)$$

由此可以看出，当 $N\to\infty$ 时，$S(\mathcal{A}_1,\mathcal{A}_2,\mathcal{A}_3;\mathcal{B},N^{\frac{1}{2}})\to\infty$，即存在无穷多的三重素数组：$p_1=x^2+1$，$p_2=x^2+3$，$p_3=x^2+9$。

定理证毕。

§9.7　小结

k 重 n 元筛法有 k 个整数序列，而且至少有一个整数序列具有 n 元性质。实际上 k 重 n 元筛法是前面所述各种筛法的一个扩展，已经包含前面各个章节所述的各种情况。

要点回顾：

（1）k 重 n 元筛法有 k 个整数序列，而且至少有一个整数序列具有 n 元性质。

（2）k 重 n 元筛法常常需要运用定理 3.1 来计算系数 c 。

（3）k 重 n 元筛法常常需要使用回归或转换原理，使之达到降元的目的。

（4）k 重 n 元筛法的筛分集合与前面各章所述几乎相同。

（5）我们在本章中仅仅列举了几个较为简单的特例，以阐述 k 重 n 元筛法的应用。k 重 n 元筛法随着元次的提高，结构越来越复杂，计算难度越来越大，结果的精度将越来越低。因此，在整数序列的设置等问题中，要根据实际情况而定，不能给出一个统一的计算公式。

第十章　混元筛法

我们前面讨论的大部分是对一个整数序列进行一次筛分或者进行更多次筛分的情况，将其称为一重一元筛法或者一重多元筛法。但是对于大多数整数序列不仅要经过一元筛分，还要经过二元、三元或者更多元的筛分，才能达到我们所需的结果。我们把这样的筛法称为混元筛法。

§10.1　混元筛法的定义

定义：对于一个或多个整数序列，要同时进行一元和多元筛分的筛法称为混元筛法。

根据定义，我们还可以划分出一重混元筛法和多重混元筛法。因为对于一个不可约的高次多项式产生的整数序列大部分是一重混元筛法。比如 $4x^3+1$ 所产生的整数序列，既有一元特征，又有三元特征，所以对于它的筛分方法就是一重混元筛法。那么，对于多重混元筛法就更容易理解了。

§10.2　混元筛法的基本要素

混元筛法同样具有三大要素。只是混元筛法的整数序列性质极其复杂，以至于给我们的分析带来了很大的困难。

§10.2.1　混元筛法的整数序列

从混元筛法的定义可知，混元筛法的整数序列可以是一重的，也可以是多重的。其实，多重筛法也必须逐一对整数序列进行分析，然后合理叠加。

因此，一重筛法是多重筛法的基础。

例如，$4x^3+1$ 的整数序列为：

$\mathcal{A}$：5，33，109，257，501，865，1373，…，$4x^3+1$ 。

根据定理1.7，这个整数序列是一个可筛整数序列。

§10.2.2　混元筛法的筛分集合

由于混元筛法的整数序列的复杂性，因此筛分集合也是比较复杂的，一般在一个筛法运算中要使用多种形式的筛分集合，然后通过转换或回归到最基本的筛分集合 $\mathcal{B}=\{p:p<N^{\frac{1}{2}}\}$ 。

一般情况下混元筛法的筛分集合有：① $\mathcal{B}=\{p:p<N^{\frac{1}{2}}\}$；② $\mathcal{B}=\{p:p<N^{\frac{1}{2}},p=am+1\}$；③ $\mathcal{B}=\{p:p<N^{\frac{1}{2}},\left(\frac{a}{p}\right)=1\}$；等等。

§10.2.3　混元筛法的筛函数

混元筛法的筛函数更没有一个固定格式，往往一个混元筛法要由两个或更多个的单一筛函数合理叠加而成，需要根据具体情况而定。这里不做进一步的分析，留在后面的实际应用中再做讨论。

§10.3　混元筛法的应用

前面我们讨论了代数式 $(x+1)^3-x^3$ 所产生的整数序列的素数分布问题，这里使用的是一重二元筛法。现在我们使用混元筛法来讨论一个一元三次整数代数式 $4x^3+1$ 所产生的整数序列是否存在无穷多的素数？

定理10.1：存在无穷多的 $4x^3+1$ 型素数。若以 $X(N)$ 表示 $\leqslant N$ 的 $4x^3+1$ 型的素数个数，则 $X(N)$ 为：

$$X(N)\geqslant\frac{b_1{}^2b_2{}^3\left(\frac{N}{4}\right)^{\frac{1}{3}}}{\log^3N^{\frac{1}{2}}}+o\left(\frac{N^{\frac{1}{3}}}{\log^4N^{\frac{1}{2}}}\right)$$

其中 $b_1 = \prod_{\substack{p_j \leqslant N^{\frac{1}{2}} \\ p_j = 6n-1 \\ p_j = 3}} \left[\frac{p_j}{p_j - 1}\right]$，$b_2 = \prod_{\substack{p_k \leqslant N^{\frac{1}{2}} \\ p_k = 6n+1 \\ 4x^3 \not\equiv -1 (\bmod p_k)}} \left[\frac{p_k}{p_k - 1}\right]$。

证明：设 $P(N^{\frac{1}{2}}) = \prod_{p < N^{\frac{1}{2}}} p$，给定的整数序列如下。

$\mathcal{A}$：5，33，109，257，501，865，1373，…，$4x^3 + 1$。

1. 整数序列

根据定理1.7，这个整数序列是一个可筛整数序列。

由同余式 $4x^3 \equiv -1(\bmod p)$ 可知，它的解有三种情况：

（1）无解。当 p 不以 -1 为三次剩余的情况时，如整数序列为7，13，19，37，61，67，73，…这时如果同余式 $4x^3 \equiv -1(\bmod p)$ 有解，必须 $4a \equiv -1(\bmod p)$ 有解；如果 $4a \equiv -1(\bmod p)$ 有解且为 a_1，则必须 ${a_2}^3 \equiv a_1(\bmod p)$ 有解。例如素数7，$4 \times 5 \equiv -1(\bmod 7)$，但由于5为7的原根，即不可能是7的 三次剩余元素，故 $a^3 \equiv 5(\bmod 7)$ 无解，$4x^3 \equiv -1(\bmod p)$ 无解，即7不整除上述整数序列中的任意元素。

（2）有1个解。当 $p = 3m - 1$ 时，由于 p 根本就没有三次剩余，故 -1 不为 p 的三次剩余。如整数序列3，5，11，17，23，29，41，47，53，…

对于 $4m - 1$，$6m' - 1$ 型素数，如素数11，$4 \times 8 = 32$，由于8是11的五节原根、三次剩余，亦是11的原根，因此同余式 $4x^3 \equiv -1(\bmod 11)$ 只有一个解，$x = 2$。其他同类素数皆如此。

对于 $4m + 1$，$6m' - 1$ 型素数，如素数17，必须 $x^3 \equiv m(\bmod p)$ 有解，$4 \times 4 = 16$，4是同余式 $x^3 \equiv m(\bmod 17)$ 的一个解。但由于4是17的四次剩余元素，设 e 为17的一个原根，要使4为三次剩余，只有 $e^{12} \equiv 4(\bmod 17)$，故它只有一个解。故在上述的整数序列中连续17个元素中只有一个元素被17整除。

（3）有3个解。当 -1 为 p 的三次剩余时，如整数序列31，43，109，…中的素数31，$30 + 2 \times 31 = 4 \times 23$，由于23是31的三次剩余元素，故 $x^3 \equiv 23(\bmod 31)$ 有3个解。故在上述整数剩余系中，每连续31个元素有3个元素被31整除。

由此，这个整数序列有如下的性质：

①对于 $6m - 1$ 的素数，如5，11，17，23，…在整数序列中每 p 个元素出现1个被 p 整除的元素。

②对于 $6m+1$ 的素数，大部分不在整数序列中出现。

③对于少部分 $6m+1$ 的素数，在整数序列中将连续出现 3 次。

④如果 $p|f(a)$，则 $p|f(a+p)$。

⑤如果 $p|f(a)$，则 $p|f(a\pm mp)$。

2. 筛分集合

从整数序列的性质可知，筛分集合 $\mathcal{B}$ 是可以确定的：

$\mathcal{B}=\{p:p\subset P(N^{\frac{1}{2}})\}$，即 $P(N^{\frac{1}{2}})=\prod\limits_{p_i\leqslant N^{\frac{1}{2}}}p_i$。

3. 筛函数

$$S(\mathcal{A};\mathcal{B},N^{\frac{1}{2}})=\sum_{\substack{4x^3+1=a\\ a\in\mathcal{A}\\ (a,P(N^{\frac{1}{2}}))=1}}1$$

4. 筛分过程

（1）整数序列的元素个数为 $\left(\frac{N}{4}\right)^{\frac{1}{3}}$。

（2）首先对于 $6m-1$ 型素数，根据整数序列的性质①④⑤有：

$$\prod_{\substack{p_i\leqslant N^{\frac{1}{2}}\\ p_i=6n-1}}\frac{p_i-1}{p_i}$$

（3）对于少部分 $6m+1$ 型素数，根据整数序列的性质②③④⑤有：

$$\prod_{\substack{p_i\leqslant N^{\frac{1}{2}}\\ p_i=6n+1\\ 4x^3\equiv-1(\bmod p_i)}}\frac{p_i-3}{p_i}$$

$$=\prod_{\substack{p_j\leqslant N^{\frac{1}{2}}\\ p_j=6n+1\\ 4x^3\not\equiv-1(\bmod p_i)}}\frac{p_j}{p_j-3}\prod_{\substack{p_i\leqslant N^{\frac{1}{2}}\\ p_i=6n+1}}\frac{p_i-3}{p_i}$$

于是我们得出筛函数：

$$S(\mathcal{A};\mathcal{B},N^{\frac{1}{2}})=\sum_{\substack{4x^3+1=a\\ a\in\mathcal{A}\\ (a,P(N^{\frac{1}{2}}))=1}}1$$

假设所有素数在整数序列中出现，则有：

$$S(\mathcal{A};\mathcal{B},N^{\frac{1}{2}})=\sum_{\substack{4x^3+1=a\\a\in\mathcal{A}\\(a,P(N^{\frac{1}{2}}))=1}}1\geqslant\left(\frac{N}{4}\right)^{\frac{1}{3}}\prod_{p_i\leqslant N^{\frac{1}{2}}}\left[\frac{p_i-3}{p_i}\right]\tag{10.1}$$

由于$\left(\frac{p-1}{p}\right)^3=\frac{p-3}{p}+\frac{3}{p^2}-\frac{1}{p^3}$，又有$\left(\frac{p-1}{p}\right)^3\sim\frac{p-3}{p}$，故得出：

$$S(\mathcal{A};\mathcal{B},N^{\frac{1}{2}})=\sum_{\substack{4x^3+1=a\\a\in\mathcal{A}\\(a,P(N^{\frac{1}{2}}))=1}}1\sim\left(\frac{N}{4}\right)^{\frac{1}{3}}\prod_{p_i\leqslant N^{\frac{1}{2}}}\left[\frac{p_i-1}{p_i}\right]^3\tag{10.2}$$

由于$6m-1$型素数p在整数序列中每p个元素有一个被其整除，故有：

$$S(\mathcal{A};\mathcal{B},N^{\frac{1}{2}})=\sum_{\substack{4x^3+1=a\\a\in\mathcal{A}\\(a,P(N^{\frac{1}{2}}))=1}}1\sim\left(\frac{N}{4}\right)^{\frac{1}{3}}\prod_{\substack{p_j\leqslant N^{\frac{1}{2}}\\p_j=6n-1\\p_j=3}}\left[\frac{p_j}{p_j-1}\right]^2\prod_{p_i\leqslant N^{\frac{1}{2}}}\left[\frac{p_i-1}{p_i}\right]^3\tag{10.3}$$

又由于大部分的$6m+1$型素数不在整数序列中出现，故有：

$$\begin{aligned}S(\mathcal{A};\mathcal{B},N^{\frac{1}{2}})&=\sum_{\substack{4x^3+1=a\\a\in\mathcal{A}\\(a,P(N^{\frac{1}{2}}))=1}}1\\&\sim\left(\frac{N}{4}\right)^{\frac{1}{3}}\prod_{\substack{p_k\leqslant N^{\frac{1}{2}}\\p_k=6n+1\\4x^3\not\equiv-1(\mathrm{mod}\ p_k)}}\left[\frac{p_k}{p_k-1}\right]^3\prod_{\substack{p_j\leqslant N^{\frac{1}{2}}\\p_j=6n-1\\p_j=3}}\left[\frac{p_j}{p_j-1}\right]^2\prod_{p_i\leqslant N^{\frac{1}{2}}}\left[\frac{p_i-1}{p_i}\right]^3\end{aligned}$$

设$b_1=\prod_{\substack{p_j\leqslant N^{\frac{1}{2}}\\p_j=6n-1\\p_j=3}}\left[\frac{p_j}{p_j-1}\right]$，$b_2=\prod_{\substack{p_k\leqslant N^{\frac{1}{2}}\\p_k=6n+1\\4x^3\not\equiv-1(\mathrm{mod}\ p_k)}}\left[\frac{p_k}{p_k-1}\right]$。则有：

$$\begin{aligned}S(\mathcal{A};\mathcal{B},N^{\frac{1}{2}})&=\sum_{\substack{4x^3+1=a\\a\in\mathcal{A}\\(a,P(N^{\frac{1}{2}}))=1}}1\\&\sim\left(\frac{N}{4}\right)^{\frac{1}{3}}b_1{}^2b_2{}^3\prod_{p_i\leqslant N^{\frac{1}{2}}}\left[\frac{p_i-1}{p_i}\right]^3\\&\geqslant\left(\frac{N}{4}\right)^{\frac{1}{3}}b_1{}^2b_2{}^3\frac{1}{\log^3N^{\frac{1}{2}}}+o\left(\frac{N^{\frac{1}{3}}}{\log^4N^{\frac{1}{2}}}\right)\end{aligned}\tag{10.4}$$

即$S(\mathcal{A};\mathcal{B},N^{\frac{1}{2}})=\sum_{\substack{4x^3+1=a\\a\in\mathcal{A}\\(a,P(N^{\frac{1}{2}}))=1}}1$

$$\geqslant \frac{b_1{}^2 b_2{}^3 \left(\frac{N}{4}\right)^{\frac{1}{3}}}{\log^3 N^{\frac{1}{2}}} + o\left(\frac{N^{\frac{1}{3}}}{\log^4 N^{\frac{1}{2}}}\right) \tag{10.5}$$

故有：
$$X(N) \geqslant \frac{b_1{}^2 b_2{}^3 \left(\frac{N}{4}\right)^{\frac{1}{3}}}{\log^3 N^{\frac{1}{2}}} + o\left(\frac{N^{\frac{1}{3}}}{\log^4 N^{\frac{1}{2}}}\right)$$

其中 $b_1 = \prod\limits_{\substack{p_j \leqslant N^{\frac{1}{2}} \\ p_j = 6n-1 \\ p_j = 3}} \left[\frac{p_j}{p_j - 1}\right]$，$b_2 = \prod\limits_{\substack{p_k \leqslant N^{\frac{1}{2}} \\ p_k = 6n+1 \\ 4x^3 \not\equiv -1 (\bmod p_k)}} \left[\frac{p_k}{p_k - 1}\right]$。

当 $N \to \infty$ 时，$S(\mathcal{A};\mathcal{B}, N^{\frac{1}{2}}) \to \infty$。

定理证毕。

为了进一步了解混元筛法的筛法过程，我们再举一个例子，求代数式 x^3+7 产生的整数序列中存在的素数个数。

定理 10.2：存在无穷多的 x^3+7 型素数。若以 $X(N)$ 表示 $\leqslant N$ 的 x^3+7 型的素数个数，则 $X(N)$ 为：

$$X(N) > \frac{b_1 b_2}{2} N^{\frac{1}{3}} \frac{1}{\log N^{\frac{1}{2}}} + o\left(\frac{N^{\frac{1}{3}}}{\log^2 N^{\frac{1}{2}}}\right)$$

其中 $b_1 = \prod\limits_{\substack{p_j \leqslant N^{\frac{1}{2}} \\ p_j = 6n+1}} \left[\frac{p_j}{p_j - 1}\right]$，$b_2 = \prod\limits_{\substack{p_i \leqslant N^{\frac{1}{2}} \\ p_i = 6n+1 \\ 4x^3 \equiv -7 (\bmod p_i)}} \left[\frac{p_i - 3}{p_i}\right]$。

证明：设 $P(N^{\frac{1}{2}}) = \prod\limits_{p < N^{\frac{1}{2}}} p$，给定的整数序列如下。

1. 整数序列

$\mathcal{A}$：7，8，15，34，71，132，223，350，519，…

根据定理 1.7，这是一个可筛整数序列。

由 $x^3 \equiv -7 (\bmod p)$ 可知，它的解有三种情况：

（1）当 $p = 3m-1$，-7 为 p 的 k 节原根时，$k \mid p-1$，$x^3 \equiv -7 (\bmod p)$ 有一个解。如：3，5，7，11，17，23，…

（2）当 $p = 3m+1$，-7 非 p 的三次剩余时，$x^3 \equiv -7 (\bmod p)$ 无解。如：13，31，37，43，61，67，79，97，…

（3）当 $p = 3m+1$，-7 是 p 的三次剩余时，$x^3 \equiv -7 (\bmod p)$ 有三个解。如：

19，73，133，157，181，223，…

由此，这个整数序列有如下的性质：

①对于$6m-1$的素数，如5，11，17，23，…在整数序列中每p个元素出现1个被p整除的元素。

②对于$6m+1$的素数，大部分不在整数序列中出现。

③对于少部分$6m+1$的素数，在整数序列中将连续出现3次。

④如果$p\mid f(a)$，则$p\mid f(a+p)$。

⑤如果$p\mid f(a)$，则$p\mid f(a\pm mp)$。

2. 筛分集合

从整数序列的性质可知，筛分集合$\mathcal{B}$是可以确定的：$\mathcal{B}=\{p:p\subset P(N^{\frac{1}{2}})\}$，即$P(N^{\frac{1}{2}})=\prod\limits_{p_i\leqslant N^{\frac{1}{2}}}p_i$。

3. 筛函数

$$S(\mathcal{A};\mathcal{B},N^{\frac{1}{2}})=\sum_{\substack{x^3+7=a\\a\in\mathcal{A}\\(a,P(N^{\frac{1}{2}}))=1}}1$$

4. 筛分过程

（1）整数序列的元素个数为$N^{\frac{1}{3}}$。

（2）首先对于$6m-1$型素数，根据整数序列的性质①④⑤有：

$$\prod_{\substack{p_i\leqslant N^{\frac{1}{2}}\\p_i=6n-1}}\frac{p_i-1}{p_i}$$

（3）对于少部分$6m+1$型素数，根据整数序列的性质②③④⑤有：

$$\prod_{\substack{p_i\leqslant N^{\frac{1}{2}}\\p_i=6n+1\\x^3\equiv-7(\bmod p_i)}}\frac{p_i-3}{p_i}$$

于是我们得出：

$$S(\mathcal{A};\mathcal{B},N^{\frac{1}{2}})=\sum_{\substack{x^3+7=a\\a\in\mathcal{A}\\(a,P(N^{\frac{1}{2}}))=1}}1$$

$$\geqslant \frac{N^{\frac{1}{3}}}{2} \prod_{\substack{3,7,p_i \leqslant N^{\frac{1}{2}} \\ p_i = 6n-1}} \left[\frac{p_i - 1}{p_i}\right] \otimes \prod_{\substack{p_i \leqslant N^{\frac{1}{2}} \\ p_i = 6n+1 \\ x^3 \equiv -7 (\mathrm{mod}\ p_i)}} \left[\frac{p_i - 3}{p_i}\right] \tag{10.6}$$

由于 $\left(\frac{p-1}{p}\right)^3 = \frac{p-3}{p} + \frac{3}{p^2} - \frac{1}{p^3}$，$\left(\frac{p-1}{p}\right)^3 \sim \frac{p-3}{p}$，故得出：

$$S(\mathcal{A};\mathcal{B}, N^{\frac{1}{2}}) = \sum_{\substack{x^3+7=a \\ a \in \mathcal{A} \\ (a, P(N^{\frac{1}{2}}))=1}} 1 \sim \frac{N^{\frac{1}{3}}}{2} \prod_{\substack{p_i \leqslant N^{\frac{1}{2}} \\ p_i = 6n-1}} \left[\frac{p_i - 1}{p_i}\right] \otimes \prod_{\substack{p_i \leqslant N^{\frac{1}{2}} \\ p_i = 6n+1 \\ x^3 \equiv -7 (\mathrm{mod}\ p_i)}} \left[\frac{p_i - 3}{p_i}\right]$$

或

$$S(\mathcal{A};\mathcal{B}, N^{\frac{1}{2}}) \sim \frac{N^{\frac{1}{3}}}{2} \prod_{\substack{3,p_i \leqslant N^{\frac{1}{2}} \\ p_i = 6n-1}} \left[\frac{p_i - 1}{p_i}\right] \otimes \prod_{\substack{p_i \leqslant N^{\frac{1}{2}} \\ p_i = 6n+1 \\ x^3 \equiv -7 (\mathrm{mod}\ p_i)}} \left[\frac{p_i - 1}{p_i}\right]^3 \tag{10.7}$$

变更筛分集合，上式的第一部分为：

$$\prod_{\substack{p_i \leqslant N^{\frac{1}{2}} \\ p_i = 6n-1}} \left[\frac{p_i - 1}{p_i}\right] = \prod_{\substack{p_j \leqslant N^{\frac{1}{2}} \\ p_j = 6n+1}} \left[\frac{p_j}{p_j - 1}\right] \prod_{p_i \leqslant N^{\frac{1}{2}}} \left[\frac{p_i - 1}{p_i}\right] \tag{10.8}$$

上式的第二部分：由于涉及的素数个数较少，使用直接计算比较简洁。

$$\prod_{\substack{p_i \leqslant N^{\frac{1}{2}} \\ p_i = 6n+1 \\ 4x^3 \equiv -7 (\mathrm{mod}\ p_i)}} \left[\frac{p_i - 3}{p_i}\right] = \frac{16}{19} \times \frac{70}{73} \times \frac{130}{133} \times \frac{154}{157} \times \frac{178}{181} \times \frac{220}{223} \cdots < 0.7511$$

此时，筛函数为：

$$S(\mathcal{A};\mathcal{B}, N^{\frac{1}{2}}) = \sum_{\substack{x^3+7=a \\ a \in \mathcal{A} \\ (a, P(N^{\frac{1}{2}}))=1}} 1$$

$$\sim \frac{b_1}{2} N^{\frac{1}{3}} \prod_{\substack{p_j \leqslant N^{\frac{1}{2}} \\ p_j = 6n+1}} \left[\frac{p_j}{p_j - 1}\right] \prod_{p_i \leqslant N^{\frac{1}{2}}} \left[\frac{p_i - 1}{p_i}\right] \tag{10.9}$$

其中 $b_1 = 0.7511$

$$= b_1 b_2 \frac{N^{\frac{1}{3}}}{2} \prod_{p_i \leqslant N^{\frac{1}{2}}} \left[\frac{p_i - 1}{p_i}\right]$$

$$b_2 = \prod_{\substack{p_j \leqslant N^{\frac{1}{2}} \\ p_j = 6n+1}} \left[\frac{p_j}{p_j - 1}\right] = \frac{13}{12} \times \frac{31}{30} \times \frac{37}{36} \times \frac{43}{42} \times \frac{61}{60} \times \frac{67}{66} \times \frac{79}{78} \times \frac{97}{96} \cdots > 1.2441$$

当 $b = b_1 b_2$ 时，则有：

$$S(\mathcal{A}_2; \mathcal{B}, N^{\frac{1}{2}}) = \sum_{\substack{x^3+7=a \\ a \in \mathcal{A} \\ (a, P(N^{\frac{1}{2}}))=1}} 1$$

$$> \frac{b}{2} N^{\frac{1}{3}} \prod_{p_i \leqslant N^{\frac{1}{2}}} \left[\frac{p_i - 1}{p_i}\right]$$

$$> \frac{b}{2} N^{\frac{1}{3}} \frac{1}{\log N^{\frac{1}{2}}} + o\left(\frac{N^{\frac{1}{3}}}{\log^2 N^{\frac{1}{2}}}\right)$$

$$\geqslant \frac{bx}{2\log N^{\frac{1}{2}}} + o\left(\frac{x}{\log^2 N^{\frac{1}{2}}}\right) \tag{10.10}$$

故得出：$X(N) > \frac{b_1 b_2}{2} N^{\frac{1}{3}} \frac{1}{\log N^{\frac{1}{2}}} + o\left(\frac{N^{\frac{1}{3}}}{\log^2 N^{\frac{1}{2}}}\right)$

其中 $b_1 = \prod_{\substack{p_j \leqslant N^{\frac{1}{2}} \\ p_j = 6n+1}} \left[\frac{p_j}{p_j - 1}\right], b_2 = \prod_{\substack{p_i \leqslant N^{\frac{1}{2}} \\ p_i = 6n+1 \\ 4x^3 \equiv -7 \pmod{p_i}}} \left[\frac{p_i - 3}{p_i}\right]$。

当 $N \to \infty$ 时，$S(\mathcal{A}; \mathcal{B}, N^{\frac{1}{2}}) \to \infty$。

定理证毕。

对于混元筛法，由于我们采用了一部分的数值估计，误差比较大，对于更高元次的筛法甚至误差更大，因此对于不同的整数序列要具体分析。

上面介绍的都是一重混元筛法，同样存在多重混元筛法。实际上，我们在第九章中已经讨论了多重混元筛法问题。例如第九章中的三重素数组：$p_1 = (m+1)^5 - m^5$，$p_2 = (m+1)^3 - m^3$，$p_3 = m^2 + 1$。这就是应用了三重混元筛法。下面再讨论二重三元混元筛法。

定理 10.3：当 N 充分大时，存在无穷多孪生素数对（x^3+5, x^3+7）。若以 $X(N)$ 表示 $\leqslant N$ 的（x^3+5, x^3+7）型的素数组个数，则 $X(N)$ 为：

$$X(N) \geqslant \frac{0.6986 N^{\frac{1}{3}}}{\log^2 N} + o\left(\frac{N^{\frac{1}{3}}}{\log^3 N}\right)$$

证明：设 $P(N^{\frac{1}{2}}) = \prod_{p < N^{\frac{1}{2}}} p$，给定的整数序列如下。

$\mathcal{A}_1$ = ：6，13，32，69，130，221，348，517，…

$\mathcal{A}_2$ = ：8，15，34，71，132，223，350，519，…

根据定理1.7，这两个整数序列都是可筛整数序列。

根据我们对第一个整数序列的分析得到：

$$S(\mathcal{A}_1;\mathcal{B},N^{\frac{1}{2}}) = \sum_{\substack{x^3+5=a \\ a\in\mathcal{A} \\ (a,P(N^{\frac{1}{2}}))=1}} 1$$

$$\geqslant \frac{N^{\frac{1}{3}}}{2}\prod_{\substack{3,5<p_i\leqslant N^{\frac{1}{2}} \\ p_i=6n-1}}\left[\frac{p_i-1}{p_i}\right]\otimes\prod_{\substack{p_i\leqslant N^{\frac{1}{2}} \\ p_i=6n+1 \\ x^3\equiv -5(\mathrm{mod}\ p_i)}}\left[\frac{p_i-3}{p_i}\right]$$

$$\geqslant \frac{1}{2}\times\frac{2}{3}\times\frac{5}{4}\times N^{\frac{1}{3}}\prod_{\substack{p_i\leqslant N^{\frac{1}{2}} \\ p_i=6n-1}}\left[\frac{p_i-1}{p_i}\right]\otimes\prod_{\substack{p_i\leqslant N^{\frac{1}{2}} \\ p_i=6n+1 \\ x^3\equiv -5(\mathrm{mod}\ p_i)}}\left[\frac{p_i-3}{p_i}\right]$$

$$\geqslant \frac{5}{12}N^{\frac{1}{3}}\prod_{\substack{p_i\leqslant N^{\frac{1}{2}} \\ p_i=6n-1}}\left[\frac{p_i-1}{p_i}\right]\otimes\prod_{\substack{p_i\leqslant N^{\frac{1}{2}} \\ p_i=6n+1 \\ x^3\equiv -5(\mathrm{mod}\ p_i)}}\left[\frac{p_i-3}{p_i}\right]$$

$$\geqslant \frac{5}{12}N^{\frac{1}{3}}\prod_{\substack{p_i\leqslant N^{\frac{1}{2}} \\ p_i=6n+1}}\left[\frac{p_i}{p_i-1}\right]\otimes\prod_{p_i\leqslant N^{\frac{1}{2}}}\left[\frac{p_i-1}{p_i}\right]\otimes\prod_{\substack{p_i\leqslant N^{\frac{1}{2}} \\ p_i=6n+1 \\ x^3\equiv -5(\mathrm{mod}\ p_i)}}\left[\frac{p_i-3}{p_i}\right]$$

$$\geqslant \frac{5}{12}b_1b_2N^{\frac{1}{3}}\prod_{p_i\leqslant N^{\frac{1}{2}}}\left[\frac{p_i-1}{p_i}\right] \tag{10.11}$$

于是有：

$$S(\mathcal{A}_1;\mathcal{B},N^{\frac{1}{2}}) \geqslant \frac{5}{12}b_1b_2N^{\frac{1}{3}}\prod_{p_i\leqslant N^{\frac{1}{2}}}\left[\frac{p_i-1}{p_i}\right] \tag{10.12}$$

其中 $b_1 = \prod_{\substack{p_i\leqslant N^{\frac{1}{2}} \\ p_i=6n+1}}\left[\frac{p_i}{p_i-1}\right]$，$b_2 = \prod_{\substack{p_i\leqslant N^{\frac{1}{2}} \\ p_i=6n+1 \\ x^3\equiv -5(\mathrm{mod}\ p_i)}}\left[\frac{p_i-3}{p_i}\right]$。

由于 $p_i = 6m+1$ 中以 -5 为三次剩余的素数元素只有13，67，127，…，故有：

$$b_1 = \frac{7}{6}\times\frac{13}{12}\times\frac{19}{18}\times\frac{31}{30}\times\frac{37}{36}\times\frac{43}{42}\cdots \geqslant 1.4506$$

$$b_2 = \prod_{\substack{p_i \leqslant N^{\frac{1}{2}} \\ p_i = 6n+1 \\ x^3 \equiv -5 (\bmod p_i)}} \left[\frac{p_i - 3}{p_i}\right] < \frac{10}{13} \times \frac{14}{17} \times \frac{124}{127} \approx 0.6185$$

$$b_1 b_2 \sim 0.8972$$

即 $S(\mathcal{A}_1;\mathcal{B}, N^{\frac{1}{2}}) \geqslant 0.3738 N^{\frac{1}{3}} \prod_{p_i \leqslant N^{\frac{1}{2}}} \left[\frac{p_i - 1}{p_i}\right]$

$$\geqslant 0.3738 \times \frac{N^{\frac{1}{3}}}{\log N} + o\left(\frac{N^{\frac{1}{3}}}{\log^2 N}\right)$$

而 $S(\mathcal{A}_2;\mathcal{B}, N^{\frac{1}{2}}) = \sum_{\substack{x^3+7=a \\ a \in \mathcal{A} \\ (a, P(N^{\frac{1}{2}}))=1}} 1$

$$\geqslant \frac{0.9344 N^{\frac{1}{3}}}{2\log N^{\frac{1}{2}}} + o\left(\frac{x}{\log^2 N^{\frac{1}{2}}}\right)$$

$$\geqslant \frac{0.9344 N^{\frac{1}{3}}}{\log N} \tag{10.13}$$

由于我们在对第一个整数序列 $\mathcal{A}_1$ 筛分时已经筛去了偶元素，因此在对$\mathcal{A}_2$进行筛分时不应该重复对偶元素进行筛分，故应该乘以 2，故有：

$$S(\mathcal{A}_2;\mathcal{B}, N^{\frac{1}{2}}) \geqslant \frac{2 \times 0.9344 N^{\frac{1}{3}}}{\log N}$$

根据叠加原理，又有：

$$S(\mathcal{A}_1, \mathcal{A}_2;\mathcal{B}, N^{\frac{1}{2}}) \geqslant \frac{0.6986 N^{\frac{1}{3}}}{\log^2 N} + o\left(\frac{N^{\frac{1}{3}}}{\log^3 N}\right)$$

即

$$X(N) \geqslant \frac{0.6986 N^{\frac{1}{3}}}{\log^2 N} + o\left(\frac{N^{\frac{1}{3}}}{\log^3 N}\right) \tag{10.14}$$

当 $N \to \infty$时, $X(N) \to \infty$。

定理证毕。

正如上面章节所述，这样的素数对实在太稀少了，直到24^3+5、24^3+7 才找到一个素数对。

§10.4　小结

混元筛法既有一重混元筛法，也有多重混元筛法。一重混元筛法的整数序列必定是由一个高次整系数不可约多项式生成的级数，如$\mathcal{A}=$：$4n^3+1$，$n=1$，2，3，…。多重混元筛法的整数序列由多个整数序列组成，而且其中必有一个整数序列具有多元特征。

多重混元筛法是解决多元特征下的n重素数组的数学分析工具，如（x^3+1,x^3+3）孪生素数对的存在性等问题。

要点回顾：

（1）当n重混元筛法的$n\geqslant 3$时，对n个整数序列的任一列元素不构成任意一个素数p的完全剩余系加p。

（2）n重混元筛法必须逐一消除同素产生的重复筛分。

（3）多重混元筛法的筛函数是各个整数序列的筛分结果的叠加。

（4）混元筛法中大量使用了降元原理。

（5）本章列举的几个特例，都是非常简单的。由于多重混元筛法的复杂性，没有给出也难以给出一个统一的结果。

第十一章　广义 Goldbach 问题

前面讨论了一个偶数表示两个素数之和的问题。这里我们讨论的是将其推广的情形：给定一个充分大的偶数 N 和一个不可约多项式 $h(x)$，$N-h(x)$ 亦为不可约，那么是否存在无穷多的 n，使得 $h_i(n)$ 和 $N-h_i(n)$ 均为素数呢？于是，我们可以对推广的 Goldbach 问题给出定义。

定义：给定一个充分大的偶数 N 和一个不可约整系数多项式 $h(x)$，N 可以表示为 $N-h(x)=n$ 或 $N=n+h(x)$，使得 $h(x)$ 和 n 同为素数。那么，表示方法个数是否无穷？

显然，这一问题的关键在于 $h(x)$ 的结构。如果 $h(x)$ 是一元一次代数式，即线性情形，则我们可以沿用前面的二重一元筛法来解决。当 $h(x)=n$ 或 $h(x)=2n+1$ 时，就是前面介绍的偶数表示两个素数之和的问题。如果 $h(x)$ 是一元高次代数式，即非线性情形，则我们必须使用多重多元筛法或混元筛法才能解决。

§11.1　线性情形

(1) 特殊情形是 $h(x)=n$，即整数序列为自然数序列。这就是我们前面讨论的偶数表示两个素数之和的问题。

(2) 一般情形是 $h(x)=ax+b$。当 $a=2,b=1$ 时，整数序列为奇数序列，仍然是我们前面讨论的偶数表示两个素数之和的问题。下面我们讨论的是有别于此的其他情况。

对于 $h(x)=ax+b$ 这类整数序列的筛法有著名的 Dirichlet 在算术级数中的素数个数的定理，下面举例进行讨论。

设 $h(x)=7x+3$，$N=400$，给定两个整数序列。

$\mathcal{A}_1$：　3，10，17，24，31，38，45，…，$7x+3$。

$\mathcal{A}_2$：397，390，383，376，369，362，355，…，$400-(7x+3)$。

实际上，由于 $400-(7x+3)=7m+n=7m+5$，故这是两个 $h(x)=ax+b$ 的整数序列，它们的筛分过程基本相同。

定理11.1：设 N 为充分大的偶数，$h(x)$ 为整系数线性代数式，则存在无穷多的素数对 $(h(x_i),N-h(x_i))$，即 $h(x_i)$ 和 $N-h(x_i)$ 均为素数。若以 $X(N)$ 表示 $\leqslant N$ 的 $((h(x_i),N-h(x_i))$ 素数对的个数，则 $X(N)$ 为：

$$X(N)=\frac{N}{\varphi(a)\log^2 N}\prod_{\substack{p_j\mid N\\ p_j<N^{\frac{1}{2}}}}\frac{p_j-1}{p_j-2}+o\left(\frac{N}{\log^3 N}\right)$$

证明：设 $P(n)=\prod_{p\leqslant N^{\frac{1}{2}}}p$，$N=\prod p_j$，我们给定两个整数序列，假设 $h(x)=7m+3$：

$\mathcal{A}_1$：　3，　10，　17，　24，…，$7x+3$。

$\mathcal{A}_2$：$N-3$，$N-10$，$N-17$，$N-24$，…，$N-7x-3$。

根据定理1.7可知，这两个整数序列都是可筛整数序列。其元素个数为 x 个或 $\frac{N}{\varphi(a)}$ 个（$a\leqslant N^{\frac{1}{2}}$）。

筛函数为：$S(\mathcal{A}_1,\mathcal{A}_2;\mathcal{B},N^{\frac{1}{2}})=\sum\limits_{\substack{(a_1a_2,P(N^{\frac{1}{2}}))=1\\ a_1\in\mathcal{A}_1,a_2\in\mathcal{A}_2\\ a_2=N-a_1,a_1=7m+3}}1$

筛分集合为：$\mathcal{B}=\{p:p<N^{\frac{1}{2}}\}$，$P(n)=\prod\limits_{p\leqslant N^{\frac{1}{2}}}p$

我们先对 $\mathcal{A}_1$ 进行筛分并同时筛去 $\mathcal{A}_2$ 中对应的元素。根据定理2.2，每个整数序列的所剩元素个数 $X(N)$ 为：

$$X(N)=\frac{N}{\varphi(a)\log N}+o\left(\frac{N}{\log^2 N}\right)$$

根据定理1.8和1.9，所剩整数序列仍然是可筛整数序列。于是我们再对 $\mathcal{A}_2$ 进行筛分并同时筛去 $\mathcal{A}_1$ 中对应的元素，若 $N=2P$，P 为素数，则有：

$$\begin{aligned}X(N)&=\frac{\frac{N}{\varphi(a)\log N}+o\left(\frac{N}{\log^2 N}\right)}{\log N}\\&=\frac{N}{\varphi(a)\log^2 N}+o\left(\frac{N}{\log^3 N}\right)\end{aligned}\tag{11.1}$$

一般情况取 $N = \prod p_j$，在对 $\mathcal{A}_1$ 进行筛分时，已经筛去 $\mathcal{A}_2$ 中的所有被 p_j 整除的元素，故在对 $\mathcal{A}_2$ 进行筛分时重复筛去了一次所有被 p_j 整除的元素。则 $X(N)$ 为：

$$X(N) = \prod_{\substack{p_j \mid N \\ p_j < N^{\frac{1}{2}}}} \frac{p_j - 1}{p_j - 2} \frac{N}{\varphi(a) \log^2 N} + o\left(\frac{N}{\log^3 N}\right)$$

所以得出：$S(\mathcal{A}_1, \mathcal{A}_2; \mathcal{B}, N^{\frac{1}{2}}) = \sum\limits_{\substack{(a_1 a_2, P(N^{\frac{1}{2}})) = 1 \\ a_1 \in \mathcal{A}_1, a_2 \in \mathcal{A}_2 \\ a_2 = N - a_1, a_1 = 7m+3}} 1$

$$= \frac{N}{\varphi(a) \log^2 N} \prod_{\substack{p_j \mid N \\ p_j < N^{\frac{1}{2}}}} \frac{p_j - 1}{p_j - 2} + o\left(\frac{N}{\log^3 N}\right)$$

$$X(N) = \frac{N}{\varphi(a) \log^2 N} \prod_{\substack{p_j \mid N \\ p_j < N^{\frac{1}{2}}}} \frac{p_j - 1}{p_j - 2} + o\left(\frac{N}{\log^3 N}\right) \tag{11.2}$$

由此可知，当 $N \to \infty$时，$X(N) \to \infty$。

定理证毕。

例如，取 $N = 10000$，$h(x) = 7m + 3$，则我们的计算结果为 26 组，而实际存在 52 组素数对。

§11.2 非线性情形

（1）设 N 为偶数，则可以表示为一个代数式 $N = h(n) + b$ 的形式。

（2）则存在两个整数序列：

$h(0)$，　$h(1)$，…，　$h(n-1)$，$h(n)$

$N-h(0)$，$N-h(1)$，…，$N-h(n-1)$，b

（3）同样，对于一个奇函数 $h(n)$，必有一个偶数 N 存在，使得存在上述整数序列。实际可取 $h(n) + 1$ 即可。

定理 11.2：设 $N = 10000$，$h(a) = a^2 + 1$，则存在无穷多的素数对 $(h(n), N - h(n))$，即 $h(n)$ 和 $N - h(n)$ 均为素数。若以 $X(N)$ 表示 $\leqslant N$ 的 $(h(n), N - h(n))$ 素数对的个数，则 $X(N)$ 为：

$$X(N) \geqslant \frac{1.097 \times N^{\frac{1}{2}}}{\log^2 N^{\frac{1}{2}}} + o\left(\frac{N^{\frac{1}{2}}}{\log^3 N^{\frac{1}{2}}}\right)$$

证明：根据命题，不妨设 $N = 10000$，给出两个整数序列：

$\mathcal{A}_1$： 2， 5， 10， 17， 26， 37，…， 197，…

$\mathcal{A}_2$：9998，9995，9990，9983，9974，9963，…，9803，…

对于整数序列 $\mathcal{A}_1$ 在第六章中已经做了较详细的叙述。对于 $\mathcal{A}_2$ 中的元素 2，3，11 每 p 个元素出现 1 个元素被 p 整除；$a^2 \equiv 9999(\bmod p)$ 的素数 p 每 p 个元素出现 2 个元素被 p 整除，例如 5，19，29，37，41，43，59…；$a^2 \not\equiv 9999(\bmod p)$ 的素数 p 则不在整数序列中出现，例如 7，13，17，23，31，47，53…

根据定理 1.7 可知，上述整数序列是可筛整数序列。

筛函数：$S(\mathcal{A}_1, \mathcal{A}_2; \mathcal{B}, N^{\frac{1}{2}}) = \sum\limits_{\substack{(a_1 a_2, P(N^{\frac{1}{2}})) = 1 \\ a_1 \in \mathcal{A}_1, a_2 \in \mathcal{A}_2 \\ a_2 = N - a_1, a_1 = x^2 + 1}} 1$

筛分集合：$\mathcal{B} = \{p : p < N^{\frac{1}{2}}\}$

筛分过程：从上述整数序列可以看出其个数 $X(N)$ 为 x 个或 $N^{\frac{1}{2}}$ 个。

首先对 $\mathcal{A}_1$ 进行筛分并同时筛去 $\mathcal{A}_2$ 中对应的元素，根据第六章的结果，每个整数序列所剩元素个数为

$$X(N) \geqslant \frac{N^{\frac{1}{2}}}{2\log N^{\frac{1}{2}}} + o\left(\frac{N^{\frac{1}{2}}}{\log^2 N^{\frac{1}{2}}}\right)$$

根据定理 1.8 和 1.9 可知，经过上述筛分之后所剩整数序列仍然是可筛整数序列。于是，我们接着对 $\mathcal{A}_2$ 进行筛分并筛去 $\mathcal{A}_1$ 中对应的元素。

在对 $\mathcal{A}_2$ 进行筛分时，2、3、11 每 p 个元素筛去 1 个元素；对于 $a^2 \equiv 9999(\bmod p)$ 每 p 个元素筛去 2 个元素；对于 $a^2 \equiv 9999(\bmod p)$ 的 p，$p = 4m + 1$ 者应进行同素分析，即乘以 $\frac{p-2}{p-4}$。这是因为在对 $\mathcal{A}_1$ 进行筛分时已经筛去了两个元素，在对 $\mathcal{A}_2$ 进行筛分时又筛去了两个元素，实际只需筛去两个元素。由于 $\frac{p-2}{p} = \frac{p-4}{p}\frac{p-2}{p-4}$，故应该乘以 $\frac{p-2}{p-4}$。由此得出：

$$S(\mathcal{A}_2;\mathcal{B},N^{\frac{1}{2}}) = \sum_{\substack{(a_2,P(N^{\frac{1}{2}}))=1\\ a_2\in\mathcal{A}_2\\ a_2=N-a_1,a_1=x^2+1}} 1$$

$$\sim N\prod_{\substack{(\frac{9999}{p})=1\\ p_i=4m+1\\ p_i<N^{\frac{1}{2}}}}\left[\frac{p_i-2}{p_i-4}\right]\times\prod_{\substack{(\frac{9999}{p_i})=1\\ p_i<N^{\frac{1}{2}}}}\left[\frac{p_i-2}{p_i}\right]\otimes\prod_{3,11}\left[\frac{p_i-1}{p_i}\right]$$

设 $c=\prod_{\substack{(\frac{9999}{p})=1\\ p_i=4m+1\\ p_i<N^{\frac{1}{2}}}}\left[\frac{p_i-2}{p_i-4}\right]$，则有：

$$S(\mathcal{A}_2;\mathcal{B},N^{\frac{1}{2}}) \sim cN\prod_{\substack{(\frac{9999}{p_i})=1\\ p_i<N^{\frac{1}{2}}}}\left[\frac{p_i-2}{p_i}\right]\otimes\prod_{3,11}\left[\frac{p_i-1}{p_i}\right]$$

根据降元原理：

$$\prod_{\substack{(\frac{9999}{p_i})=1\\ p_i<N^{\frac{1}{2}}}}\left[\frac{p_i-2}{p_i}\right]\sim\prod_{\substack{(\frac{9999}{p_i})=1\\ p_i<N^{\frac{1}{2}}}}\left[\frac{p_i-1}{p_i}\right]^2$$

再根据我们的假定（1.10）：

$$\prod_{(\frac{n}{p})=1}\left[\frac{p-1}{p}\right]\sim\prod_{(\frac{n}{p})=-1}\left[\frac{p-1}{p}\right]$$

$$\prod_{\substack{(\frac{9999}{p_i})=1\\ p_i<N^{\frac{1}{2}}}}\left[\frac{p_i-2}{p_i}\right]\sim\prod_{\substack{(\frac{9999}{p_i})=1\\ p_i<N^{\frac{1}{2}}}}\left[\frac{p_i-1}{p_i}\right]^2\sim\prod_{p_i<N^{\frac{1}{2}}}\left[\frac{p_i-1}{p_i}\right]$$

于是得出：

$$S(\mathcal{A}_2;\mathcal{B},N^{\frac{1}{2}}) \sim cN\prod_{p_i<N^{\frac{1}{2}}}\left[\frac{p_i-1}{p_i}\right]\otimes\prod_{3,11}\left[\frac{p_i-1}{p_i}\right]$$

$$S(\mathcal{A}_2;\mathcal{B},N^{\frac{1}{2}}) \sim \frac{20}{33}cN\prod_{p_i<N^{\frac{1}{2}}}\left[\frac{p_i-1}{p_i}\right]$$

根据叠加原理，故有：

$$X(N)\geqslant\left(\frac{N^{\frac{1}{2}}}{2\log N^{\frac{1}{2}}}+o\left(\frac{N^{\frac{1}{2}}}{\log^2 N^{\frac{1}{2}}}\right)\right)\otimes\frac{20}{33}c\prod_{p_i\leqslant N^{\frac{1}{2}}}\left[\frac{p_i-1}{p_i}\right]$$

$$\geqslant\frac{20cN^{\frac{1}{2}}}{66\log^2 N^{\frac{1}{2}}}+o\left(\frac{N^{\frac{1}{2}}}{\log^3 N^{\frac{1}{2}}}\right)$$

取 $c = \prod_{p_i=5,29,37,41} \frac{p_i - 2}{p_i - 4} = 3.622$ ，$X(N)$ 则为：

$$X(N) \geqslant \frac{1.097 \times N^{\frac{1}{2}}}{\log^2 N^{\frac{1}{2}}} + o\left(\frac{N^{\frac{1}{2}}}{\log^3 N^{\frac{1}{2}}}\right) \tag{11.3}$$

从这个结果可以看出，当 $N = 10000$ 时，实际存在素数对 6 个，我们的计算结果为 4 个，这种素数组是非常稀少的。

定理 11.3：设 $h(a) = a^2 + 1$ ，N 为充分大的偶数，存在无穷多的素数对 $(h(n), N - h(n))$ ，即 $h(n)$ 和 $N - h(n)$ 均为素数。若以 $X(N)$ 表示 $\leqslant N$ 的 $(h(n), N - h(n))$ 素数对的个数，则 $X(N)$ 为：

$$X(N) \geqslant \frac{cb \times N^{\frac{1}{2}}}{2\log^2 N^{\frac{1}{2}}} + o\left(\frac{N^{\frac{1}{2}}}{\log^3 N^{\frac{1}{2}}}\right)$$

其中 $c = \prod_{\substack{\left(\frac{N-1}{p}\right)=1 \\ p_i = 4m+1 \\ p_i < N^{\frac{1}{2}}}} \left[\frac{p_i - 2}{p_i - 4}\right]$ ，$b = \prod_{\substack{p_i < N^{\frac{1}{2}} \\ p_i \mid N-1}} \frac{p_i - 1}{p_i}$ 。

证明：为了直观，我们设 $N = 10000$ ，给出两个整数序列。

$\mathcal{A}_1$ ：1，2，5，10，17，26，37，50，65，82，101，122，…，9802。

$\mathcal{A}_2$ ：9999，9998，9995，9990，9983，9974，9963，…，198。

对于 $\mathcal{A}_2$ 中的元素及其素因子，2、3、11 每 p 个元素出现 1 个元素被 p 整除；凡以 9999 为二次剩余的 p ，每 p 个元素出现 2 个元素被 p 整除。

通过上面的分析可知，这两个整数序列都是可筛整数序列。

筛分集合：$P(N) = \prod_{p \leqslant N^{\frac{1}{2}}} p$

筛函数：$S(\mathcal{A}_1, \mathcal{A}_2; \mathcal{B}, N^{\frac{1}{2}}) = \sum_{\substack{(a_1 a_2, P(N^{\frac{1}{2}})) = 1 \\ a_1 \in \mathcal{A}_1, a_2 \in \mathcal{A}_2 \\ a_2 = N - a_1, a_1 = x^2 + 1}} 1$

筛分过程：我们从上述整数序列可以看出其个数 $X(N)$ 为 x 个或 $N^{\frac{1}{2}}$ 个。

首先对 $\mathcal{A}_1$ 进行筛分并同时筛去 $\mathcal{A}_2$ 中对应的元素，根据第六章的结果，每个整数序列所剩元素个数 $X(N)$ 为：

$$X(N) \geqslant \frac{N^{\frac{1}{2}}}{2\log N^{\frac{1}{2}}} + o\left(\frac{N^{\frac{1}{2}}}{\log^2 N^{\frac{1}{2}}}\right)$$

由于所剩整数序列仍然是可筛整数序列，接着，我们对 $\mathcal{A}_2$ 进行筛分并筛去 $\mathcal{A}_1$ 中对应的元素。筛分结果为：

$$S(\mathcal{A}_2;\mathcal{B},N^{\frac{1}{2}})=\sum_{\substack{(a_2,P(N^{\frac{1}{2}}))=1\\ a_2\in\mathcal{A}_2\\ a_2=N-x^2-1}}1$$

$$=N^{\frac{1}{2}}\prod_{\substack{p_i<N^{\frac{1}{2}}\\ \left(\frac{N-1}{p_i}\right)=1}}\left[\frac{p_i-2}{p_i}\right]$$

$\left(\frac{N-1}{p_i}\right)=1$ 为 Jacobi 符号。进一步得出：

$$S(\mathcal{A}_2;\mathcal{B},N^{\frac{1}{2}})=\sum_{\substack{(a_2,P(N^{\frac{1}{2}}))=1\\ a_2\in\mathcal{A}_2\\ a_2=N-x^2-1}}1$$

$$\geqslant\frac{N^{\frac{1}{2}}}{2}\prod_{\substack{p_i<N^{\frac{1}{2}}\\ \left(\frac{N-1}{p_i}\right)=1}}\left[\frac{p_i-1}{p_i}\right]^2$$

我们给出一个猜测：对于所有的素数有下面的结果：

$$\prod_{\substack{p_i<N^{\frac{1}{2}}\\ \left(\frac{N-1}{p_i}\right)=1}}\left[\frac{p_i-1}{p_i}\right]\sim\prod_{\substack{p_i<N^{\frac{1}{2}}\\ \left(\frac{N-1}{p_i}\right)=-1}}\left[\frac{p_i-1}{p_i}\right]$$

于是，根据第一章引理 9 则有：

$$\prod_{\substack{p_i<N^{\frac{1}{2}}\\ \left(\frac{N-1}{p_i}\right)=1}}\left[\frac{p_i-1}{p_i}\right]^2=\prod_{p_i<N^{\frac{1}{2}}}\left[\frac{p_i-1}{p_i}\right]$$

故有：$S(\mathcal{A}_2;\mathcal{B},N^{\frac{1}{2}})=\sum_{\substack{(a_2,P(N^{\frac{1}{2}}))=1\\ a_2\in\mathcal{A}_2\\ a_2=N-x^2-1}}1$

$$\geqslant\frac{cbN^{\frac{1}{2}}}{2\log N^{\frac{1}{2}}}+o\left(\frac{N^{\frac{1}{2}}}{\log^2N^{\frac{1}{2}}}\right)$$

其中 $c=\prod\limits_{\substack{\left(\frac{N-1}{p}\right)=1\\ p_i=4m+1\\ p_i<N^{\frac{1}{2}}}}\left[\frac{p_i-2}{p_i-4}\right]$，$b=\prod\limits_{\substack{p_i<N^{\frac{1}{2}}\\ p_i\mid N-1}}\frac{p_i-1}{p_i}$。

故又有：
$$S(\mathcal{A}_2;\mathcal{B},N^{\frac{1}{2}})=\sum_{\substack{(a_2,P(N^{\frac{1}{2}}))=1\\ a_2\in\mathcal{A}_2\\ a_2=N-x^2-1}}1 \geqslant \frac{cbN^{\frac{1}{2}}}{2\log N^{\frac{1}{2}}}+o\left(\frac{N^{\frac{1}{2}}}{\log^2 N^{\frac{1}{2}}}\right)$$

于是我们有
$$S(\mathcal{A}_1,\mathcal{A}_2;\mathcal{B},N^{\frac{1}{2}})=\sum_{\substack{(a_1a_2,P(N^{\frac{1}{2}}))=1\\ a_1\in\mathcal{A}_1,a_2\in\mathcal{A}_2\\ a_2=N-a_1,a_1=x^2+1}}1 \geqslant \frac{cb\times N^{\frac{1}{2}}}{2\log^2 N^{\frac{1}{2}}}+o\left(\frac{N^{\frac{1}{2}}}{\log^3 N^{\frac{1}{2}}}\right)$$

那么 $X(N)$ 为：

$$X(N)\geqslant\frac{cb\times N^{\frac{1}{2}}}{2\log^2 N^{\frac{1}{2}}}+o\left(\frac{N^{\frac{1}{2}}}{\log^3 N^{\frac{1}{2}}}\right)\tag{11.4}$$

其中 $c=\prod\limits_{\substack{\left(\frac{N-1}{p}\right)=1\\ p_i=4m+1\\ p_i<N^{\frac{1}{2}}}}\left[\frac{p_i-2}{p_i-4}\right]$，$b=\prod\limits_{\substack{p_i<N^{\frac{1}{2}}\\ p_i\mid N-1}}\frac{p_i-1}{p_i}$。

当 $N\to\infty$时，$S(\mathcal{A}_1,\mathcal{A}_2;\mathcal{B},N^{\frac{1}{2}})\to\infty$。

定理证毕。

如果我们选择 $N=10000$，$h(x)=x^2+1$，则实际存在 6 组这样的素数组：（197，9803），（257，9743），（677，9323），（3137，6863），（5477，4523），（8837，1163）。我们的计算结果为 4 组，可见误差不是很大。

总的来说，当 $h(x)$ 是二次代数式或更高次代数式的时候，筛分过程是比较复杂的，以至于没有一个一般性的公式可以概括。

为了说明其复杂性，下面我们再给出一个例子。

定理 11.4：设 $h(x)=5x^4+10x^3+10x^2+5x^2+1$，$N$ 为充分大的偶数，则存在无穷多的素数对 $(h(n),N-h(n))$，即 $h(n)$ 和 $N-h(n)$ 均为素数。若

以 $X(N)$ 表示 $\leqslant N$ 的 $(h(n), N-h(n))$ 素数对的个数，则 $X(N)$ 为：

$$X(N) \sim 0.7190 \times \frac{\left(\frac{N}{5}\right)^{\frac{1}{4}}}{\log N^{\frac{1}{2}}} + o\left(\frac{N^{\frac{1}{4}}}{\log^2 N^{\frac{1}{2}}}\right)$$

证明：给定下面两个整数序列。

$\mathcal{A}_1$：　1，　31，　211，　781，…

$\mathcal{A}_2$：$N-1$，$N-31$，$N-211$，$N-781$，…

由定理 1.7 可知，这两个整数序列都是可筛整数序列。

筛分集合：$P(n) = \prod_{p < N^{\frac{1}{2}}} p$

筛函数：

$$S(\mathcal{A}_1, \mathcal{A}_2; \mathcal{B}, N^{\frac{1}{2}}) = \sum_{\substack{(a_1 a_2, P(N^{\frac{1}{2}})) = 1 \\ a_1 \in \mathcal{A}_1, a_2 \in \mathcal{A}_2 \\ a_2 = N - a_1, a_1 = 5x^4 + 10x^3 + 10x^2 + 5x + 1}} 1$$

筛分过程：首先对 $\mathcal{A}_1$ 进行筛分，同时筛去 $\mathcal{A}_2$ 中对应的元素。根据定理 7.2，整数序列所剩元素个数 $X(N)$ 为：

$$X(N) \geqslant \frac{\left(\frac{N}{5}\right)^{\frac{1}{4}}}{\log N^{\frac{1}{2}}} + o\left(\frac{N^{\frac{1}{4}}}{\log^2 N^{\frac{1}{2}}}\right)$$

根据定理 1.8 和 1.9，所剩整数序列均为可筛整数序列。于是我们再对 $\mathcal{A}_2$ 进行筛分，同时筛去 $\mathcal{A}_1$ 中对应的元素。但是在 $\mathcal{A}_1$ 中的素数或素因子是较为复杂的，有的是每 p 个元素有 2 个元素被 p 整除，如 19，43，53，79，83，…；有的是每个元素有 4 个元素被整除，如 97，101，…不过，$\mathcal{A}_2$ 中出现的素因子相对较少一些。于是我们可以运用直接计算的方法解决，根据叠加原理，则有：

$$S(\mathcal{A}_1, \mathcal{A}_2; \mathcal{B}, N^{\frac{1}{2}}) = \sum_{\substack{(a_1 a_2, P(N^{\frac{1}{2}})) = 1 \\ a_1 \in \mathcal{A}_1, a_2 \in \mathcal{A}_2 \\ a_2 = N - a_1, a_1 = 5x^4 + 10x^3 + 10x^2 + 5x + 1}} 1$$

$$\sim \frac{\left(\frac{N}{5}\right)^{\frac{1}{4}}}{\log N^{\frac{1}{2}}} \times \prod_{p = 19, 43, 53, 79, 83} \frac{p-2}{p} \otimes \prod_{p = 97, 101} \frac{p-4}{p} + o\left(\frac{N^{\frac{1}{4}}}{\log^2 N^{\frac{1}{2}}}\right)$$

$$\sim 0.7190 \times \frac{\left(\frac{N}{5}\right)^{\frac{1}{4}}}{\log N^{\frac{1}{2}}} + o\left(\frac{N^{\frac{1}{4}}}{\log^2 N^{\frac{1}{2}}}\right)$$

由此得出：$\mathcal{S}(\mathcal{A}_1, \mathcal{A}_2; \mathcal{B}, N^{\frac{1}{2}}) \sim 0.7190 \times \frac{\left(\frac{N}{5}\right)^{\frac{1}{4}}}{\log N^{\frac{1}{2}}} + o\left(\frac{N^{\frac{1}{4}}}{\log^2 N^{\frac{1}{2}}}\right)$

$$X(N) \sim 0.7190 \times \frac{\left(\frac{N}{5}\right)^{\frac{1}{4}}}{\log N^{\frac{1}{2}}} + o\left(\frac{N^{\frac{1}{4}}}{\log^2 N^{\frac{1}{2}}}\right) \tag{11.5}$$

当 $N \to \infty$时，$\mathcal{S}(\mathcal{A}_1, \mathcal{A}_2; \mathcal{B}, N^{\frac{1}{2}}) \to \infty$。

定理证毕。

§11.3　小结

本章是对经典的 Goldbach 问题的一个推广。根据广义的 Goldbach 问题定义，我们将 Goldbach 问题分为两类，即线性的和非线性的。无疑，在第三章中讨论的是线性的经典的 Goldbach 问题。所谓线性和非线性指的是 $h(x)$ 是线性的还是非线性的。

对于线性的 Goldbach 问题我们运用二重一元筛法进行讨论，对于非线性的 Goldbach 问题，我们运用二重多元筛法进行讨论。

本章列举了一些非线性 Goldbach 问题的实例，从这些结果可以看出，当多项式 $h(x)$ 的次数越高时，这种素数组越来越稀少。因此在对一个确定的 $h(x)$ 筛分时，须对 $h(x)$ 和 $N - h(x)$ 生成的整数序列进行严谨的分析，合理建立筛函数不等式，才能得到比较准确的结果。

实际上在 H. Halberstam 和 H. –E. Richert 合著的 *Sieve Methods* 一书中对广义 Goldbach 问题已经做了详细的介绍，读者可以参考。

第十二章　广义 n 生素数问题

本书第三章讨论的是线性的孪生素数组。在 *Sieve Methods* 一书中，谈到由多项式组成的整数序列的 n 生素数的问题，其中包括孪生素数问题。实际上我们在第九章、第十章等都已经谈到了广义孪生素数问题，下面我们就这一问题展开进一步的讨论。

定义：由两个不同的不可约多项式 $h_1(x)$ 和 $h_2(x)$ 生成的整数组，使得 $h_1(n)$ 和 $h_2(n)$ 同为素数的素数组称为广义孪生素数。

同理，我们也可以定义广义 n 生素数组。

定义：由 n 个不同的不可约多项式 $h_i(x)$，其中 $i = 1,2,3,\cdots,n$，使得 $h_i(m)$ 同为素数的素数组称为广义 n 生素数组。

设 $h_i(x)$ 是互不相同的整系数不可约多项式，且不构成任意一个素数 p 的 p 加 p 的完全剩余系。是否存在无穷多的 n，使得 $h_i(n)$ 均为素数。

$\mathcal{A}_1 : h_1(1), h_1(2), h_1(3), \cdots, h_1(m)$。

$\mathcal{A}_2 : h_2(1), h_2(2), h_2(3), \cdots, h_2(m)$。

$\mathcal{A}_3 : h_3(1), h_3(2), h_3(3), \cdots, h_3(m)$。

……

$\mathcal{A}_n : h_n(1), h_n(2), h_n(3), \cdots, h_n(m)$。

我们仍然根据 $h(x)$ 的结构分别讨论。

§12.1　$h(x)$ 为线性代数式

当 $h_1(n) = n$，$h_2(n) = n + 2$ 时，则为第三章中讨论的经典的孪生素数问题。

同样，我们可以提出 n 生素数问题，这些在前面各章已经讨论了。

针对一般情况：$h_1(n) = bn + a$，$h_2(n) = bn + a + 2$。这里 $(b,a) = 1$，$b - a \neq 2$。则得到如下两个整数序列：

$\mathcal{A}_1$：　a，　$b + a$，　$2b + a$，　$3b + a$，…

$\mathcal{A}_2$：$a + 2$，$b + a + 2$，$2b + a + 2$，$3b + a + 2$，…

当我们取 $b = 1$，$a = 0$ 时，该问题为经典的孪生素数问题。

定理 12.1：设 $h_1(n) = 4n + 3$，$h_2(n) = 4n + 5$，存在无穷多的孪生素数对 $(h_1(n), h_2(n))$。即存在无穷多的 n，使得 $h_1(n)$ 和 $h_2(n)$ 同为素数。设 $X(N)$ 为孪生素数对 $(h_1(n), h_2(n))$ 的个数，则 $X(N)$ 为：

$$X(N) = \frac{N}{2\log^2 N} + o\left(\frac{N}{\log^3 N}\right) \tag{12.1}$$

证明：给出两个整数序列如下。

$\mathcal{A}_1$：3，7，11，15，19，23，27，31，35，39，43，47，51，55，… $4n + 3$。

$\mathcal{A}_2$：5，9，13，17，21，25，29，33，37，41，45，49，53，57，… $4n + 5$。

两个整数序列都是由算数级数构成，所以根据定理 1.6 可知，这两个整数序列都是可筛整数序列。

筛分集合：$P(n) = \prod_{p \leq N^{\frac{1}{2}}} p$

筛函数：$S(\mathcal{A}_1, \mathcal{A}_2; \mathcal{B}, N^{\frac{1}{2}}) = \sum_{\substack{(a_1 a_2, P(N^{\frac{1}{2}})) = 1 \\ a_1 \in \mathcal{A}_1, a_2 \in \mathcal{A}_2 \\ a_2 = a_1 + 2, a_1 = 4x + 3}} 1$

筛分过程：我们不难看出，每个整数序列的元素个数约为 $\frac{N}{4}$ 个。

首先对第一个整数序列 $\mathcal{A}_1$ 进行筛分，同时筛去 $\mathcal{A}_2$ 中对应的元素。根据定理 2.1，这时整数序列的元素个数 $X(N)$ 分别为：

$$X(N) = \frac{N}{\varphi(b)\log N} + o\left(\frac{N}{\log^2 N}\right) \tag{12.2}$$

即

$$X(N) = \frac{N}{2\log N} + o\left(\frac{N}{\log^2 N}\right) \tag{12.3}$$

经过上述筛分后，根据定理 1.6，所剩整数序列仍然是可筛整数序列。于是，我们再对第二个整数序列 $\mathcal{A}_2$ 进行筛分，同时筛去第一个整数序列 $\mathcal{A}_1$ 中对应的元素。根据叠加原理，两个整数序列的所剩元素个数为：

$$X(N) = \frac{N}{2\log^2 N} + o\left(\frac{N}{\log^3 N}\right)$$

故有：

$$S(\mathcal{A}_1, \mathcal{A}_2; \mathcal{B}, N^{\frac{1}{2}}) = \sum_{\substack{(a_1 a_2, P(N^{\frac{1}{2}}))=1 \\ a_1 \in \mathcal{A}_1, a_2 \in \mathcal{A}_2 \\ a_2 = a_1 + 2, a_1 = 4x+3}} 1$$

$$\geqslant \frac{N}{2\log^2 N} + o\left(\frac{N}{\log^3 N}\right) \tag{12.4}$$

定理证毕。

例如当 $N = 1000$ 时，我们计算的结果为 10 个素数对，而实际存在 13 个素数对。

定理 12.2：设 $h_1(n) = 9n + 5$ ，$h_2(n) = 9n + 7$ ，存在无穷多的孪生素数对 $(h_1(n), h_2(n))$ 。即存在无穷多的 n ，使得 $h_1(n)$ 和 $h_2(n)$ 同为素数。设 $X(N)$ 为孪生素数对 $(h_1(n), h_2(n))$ 的个数，则 $X(N)$ 为：

$$X(N) = \frac{N}{2\varphi(b)\log^2 N} + o\left(\frac{N}{\log^3 N}\right) \tag{12.5}$$

证明：给定两个整数序列如下。

$\mathcal{A}_1$ ：5，14，23，32，41，50，59，68，77，86，95，104，113，…

$\mathcal{A}_2$ ：7，16，25，34，43，52，61，70，79，88，97，106，115，…

根据定理 1.7，两个整数序列均为可筛整数序列。

筛分集合：$P(n) = \prod_{p \leqslant N^{\frac{1}{2}}} p$

筛函数：$S(\mathcal{A}_1, \mathcal{A}_2; \mathcal{B}, N^{\frac{1}{2}}) = \sum_{\substack{(a_1 a_2, P(N^{\frac{1}{2}}))=1 \\ a_1 \in \mathcal{A}_1, a_2 \in \mathcal{A}_2 \\ a_2 = a_1 + 2, a_1 = 9x+5}} 1$

筛分过程：每个整数序列的元素个数为 $\frac{N}{\varphi(b)}$ 个。筛去偶数元素后，每个整数序列的元素个数为 $\frac{N}{2\varphi(b)}$ 个。

首先对第一个整数序列 $\mathcal{A}_1$ 进行筛分，同时筛去 $\mathcal{A}_2$ 中对应的元素。根据素数定理，这时两个整数序列的元素个数 $X(N)$ 均为：

$$X(N) = \frac{N}{2\varphi(b)\log N} + o\left(\frac{N}{\log^2 N}\right) \tag{12.6}$$

根据定理1.6，所剩整数序列仍然是可筛整数序列。

再对第二个整数序列 $\mathcal{A}_2$ 进行筛分，同时筛去第一个整数序列 $\mathcal{A}_1$ 中对应的元素。根据叠加原理，两个整数序列的所剩元素个数为：

$$X(N) = \frac{N}{2\varphi(b)\log^2 N} + o\left(\frac{N}{\log^3 N}\right)$$

故有：

$$S(\mathcal{A}_1,\mathcal{A}_2;\mathcal{B},N^{\frac{1}{2}}) = \sum_{\substack{(a_1a_2,P(N^{\frac{1}{2}}))=1\\ a_1\in\mathcal{A}_1,a_2\in\mathcal{A}_2\\ a_2=a_1+2,a_1=9x+5}} 1$$

$$\geqslant \frac{N}{2\varphi(b)\log^2 N} + o\left(\frac{N}{\log^3 N}\right) \tag{12.7}$$

定理证毕。

§12.2　$h(x)$ 为非线性代数式

$h(x)$ 为非线性代数式时，由于 $h(x)$ 的变化，其整数序列的性质各不相同，筛分结果也有很大的差异，因此，没有一个公式可以概括。下面我们举几个实例，分别进行讨论。

定理12.3：取 $h(x) = x^2+1$，存在无穷多的孪生素数对（x^2+1，x^2+3），即 $h_1(n) = x^2+1$ 和 $h_2(n) = x^2+3$ 同为素数。设 $X(N)$ 为孪生素数对（$h_1(n)$，$h_2(n)$）的个数，则 $X(N)$ 为：

$$X(N) \geqslant \frac{N^{\frac{1}{2}}}{3\log^2 N^{\frac{1}{2}}} + o\left(\frac{N^{\frac{1}{2}}}{\log^3 N^{\frac{1}{2}}}\right) \tag{12.8}$$

证明：给定两个整数序列如下。

$\mathcal{A}_1$：1，2，5，10，17，26，37，50，65，82，101，…，n^2+1。

$\mathcal{A}_2$：3，4，7，12，19，28，39，52，67，84，103，…，n^2+3。

根据定理1.7，两个整数序列均为可筛整数序列。

筛分集合：$P(n) = \prod_{p\leqslant N^{\frac{1}{2}}} p$

筛函数：$S(\mathcal{A}_1,\mathcal{A}_2;\mathcal{B},N^{\frac{1}{2}})=\sum\limits_{\substack{(a_1a_2,P(N^{\frac{1}{2}}))=1\\ a_1\in\mathcal{A}_1,a_2\in\mathcal{A}_2\\ a_2=a_1+2,a_1=x^2+1}}1$

筛分过程：首先对第一个整数序列 $\mathcal{A}_1$ 进行筛分，同时筛去 $\mathcal{A}_2$ 中对应的元素。根据定理6.1，这时两个整数序列的元素个数 $X(N)$ 均为：

$$X(N)\geqslant\frac{N^{\frac{1}{2}}}{2\log N^{\frac{1}{2}}}+o\left(\frac{N^{\frac{1}{2}}}{\log^2 N^{\frac{1}{2}}}\right)\tag{12.9}$$

根据定理1.8和1.9，所剩两个整数序列仍然是可筛整数序列。

再对第二个整数序列 $\mathcal{A}_2$ 进行筛分，同时筛去第一个整数序列 $\mathcal{A}_1$ 中对应的元素。这里要注意的是，在对 $\mathcal{A}_1$ 进行筛分时已经将 $\mathcal{A}_2$ 中的偶数元素全部筛去。故根据叠加原理和定理6.2，两个整数序列的所剩元素个数为：

$$X(N)\geqslant\frac{N^{\frac{1}{2}}}{3\log^2 N^{\frac{1}{2}}}+o\left(\frac{N^{\frac{1}{2}}}{\log^3 N^{\frac{1}{2}}}\right)\tag{12.10}$$

定理证毕。

当 $N=10000$ 时，实际存在（x^2+1，x^2+3）素数对6个，我们计算得到1个。

当 $h(x)$ 为非线性代数式时，n 生素数组的情况更加复杂。下面举个比较简单的三生素数的例子进行说明。

定理12.4： 存在无穷多的三生素数组（x^2+1，x^2+3，x^2+7），即 x^2+1、x^2+3 和 x^2+7 同为素数。设 $X(N)$ 为三生素数组的个数，则 $X(N)$ 为：

$$X(N)\geqslant\frac{N^{\frac{1}{2}}}{3\log^3 N^{\frac{1}{2}}}+o\left(\frac{N^{\frac{1}{2}}}{\log^4 N^{\frac{1}{2}}}\right)\tag{12.11}$$

证明：给定两个整数序列如下。

$\mathcal{A}_1$：1，2，5，10，17，26，37，50，65，82，101，…，x^2+1。

$\mathcal{A}_2$：3，4，7，12，19，28，39，52，67，84，103，…，x^2+3。

$\mathcal{A}_3$：7，8，11，16，23，32，43，56，71，88，107，…，x^2+7。

根据定理1.7，上述三个整数序列均为可筛整数序列。

筛分集合：$P(n)=\prod\limits_{p\leqslant N^{\frac{1}{2}}}p$

筛函数：$$S(\mathcal{A}_1,\mathcal{A}_2,\mathcal{A}_3;\mathcal{B},N^{\frac{1}{2}})=\sum_{\substack{(a_1a_2a_3,P(N^{\frac{1}{2}}))=1\\ a_1\in\mathcal{A}_1,a_2\in\mathcal{A}_2,a_3\in\mathcal{A}_3\\ a_3=a_1+6,a_2=a_1+2,a_1=x^2+1}}1$$

筛分过程：每个整数序列的元素个数约为 $N^{\frac{1}{2}}$ 个，筛去偶数元素后，元素个数为 $\frac{N^{\frac{1}{2}}}{2}$ 个。

根据定理 12. 3，(x^2+1,x^2+3) 素数组的个数为：

$$X(N)\geqslant\frac{N^{\frac{1}{2}}}{3\log^2N^{\frac{1}{2}}}+o\left(\frac{N^{\frac{1}{2}}}{\log^3N^{\frac{1}{2}}}\right)$$

根据定理 6. 3，整数序列 $\{p:p=x^2+7\}$ 中的素数个数为：

$$X(N)\geqslant\frac{N^{\frac{1}{2}}}{2\log N^{\frac{1}{2}}}+o\left(\frac{N^{\frac{1}{2}}}{\log^2N^{\frac{1}{2}}}\right)\tag{12. 12}$$

但是，$\mathcal{A}_3$ 中偶数元素已经筛去。故根据叠加原理，在对三个整数序列全部筛分后所剩元素个数为：

$$X(N)\geqslant\frac{N^{\frac{1}{2}}}{3\log^3N^{\frac{1}{2}}}+o\left(\frac{N^{\frac{1}{2}}}{\log^4N^{\frac{1}{2}}}\right)$$

故有：$$S(\mathcal{A}_1,\mathcal{A}_2,\mathcal{A}_3;\mathcal{B},N^{\frac{1}{2}})=\sum_{\substack{(a_1a_2a_3,P(N^{\frac{1}{2}}))=1\\ a_1\in\mathcal{A}_1,a_2\in\mathcal{A}_2,a_3\in\mathcal{A}_3\\ a_3=a_1+6,a_2=a_1+2,a_1=x^2+1}}1$$

$$\geqslant\frac{N^{\frac{1}{2}}}{3\log^3N^{\frac{1}{2}}}+o\left(\frac{N^{\frac{1}{2}}}{\log^4N^{\frac{1}{2}}}\right)\tag{12. 13}$$

定理证毕。

§12. 3　其他类型的 n 生素数组

以上我们介绍的 n 生素数组是给定一个 $h(x)$，$h_1(n)=h(x)$，$h_2(n)=h_1(n)+a$ 等。下面讨论一个与之不同的 n 生素数组，$h_1(n)$ 和 $h_2(n)$ 是两个不同的不可约多项式。

定理 12. 5：设 $h_1(n)=n+1$，$h_2(n)=n^2+1$，存在无穷多个素数组

$(h_1(n), h_2(n))$，即 $h_1(n)$ 和 $h_2(n)$ 同为素数。

证明：给定两个整数序列如下。

$\mathcal{A}_1$：2，3， 4， 5， 6， 7，…，$n+1$。

$\mathcal{A}_2$：2，5，10，17，26，37，…，n^2+1。

根据定理 1.6 和 1.7 可知，两个整数序列都是可筛整数序列。

首先对 $\mathcal{A}_2$ 进行筛分，根据定理 6.1，这时两个整数序列的元素个数 $X(N)$ 均为：

$$X(N) \geqslant \frac{N^{\frac{1}{2}}}{2\log N^{\frac{1}{2}}} + o\left(\frac{N^{\frac{1}{2}}}{\log^2 N^{\frac{1}{2}}}\right)$$

所剩整数序列都是可筛整数序列。接着，对 $\mathcal{A}_1$ 进行筛分，根据定理 2.1 和叠加原理，则有：

$$S(\mathcal{A}_1;\mathcal{B}, N^{\frac{1}{4}}) = \frac{N^{\frac{1}{2}}}{2\log N^{\frac{1}{4}}} + o\left(\frac{N^{\frac{1}{2}}}{\log^2 N^{\frac{1}{2}}}\right)$$

故得出：

$$X(N) \geqslant \frac{2N^{\frac{1}{2}}}{\log^2 N} + o\left(\frac{N^{\frac{1}{2}}}{\log^3 N^{\frac{1}{2}}}\right)$$

当 $N \to \infty$ 时，$X(N) \to \infty$。

定理证毕。

这个实例与以前的情况不同之处是 $\mathcal{B}$ 的差异，对于 $\mathcal{A}_1$ 和 $\mathcal{A}_2$，相对应的 $\mathcal{B}$ 是不同的。

这样的素数组是比较多的。如当 $N = 2000$ 时，实际存在素数组就有 7 个，而我们的计算结果为 1 个。

§ 12.4 小结

本章是经典的孪生素数问题的推广。经典的孪生素数问题是由两个并列的自然数序列组成的两个整数序列。本章概括为 2 个不可约多项式生成的两个整数序列，当然也包含经典的孪生素数问题。

根据广义 n 生素数组的定义，我们将 n 生素数组问题分为线性的和非线性的两类。线性的是指生成整数序列的多项式是线性多项式，非线性的是指生成整数序列的多项式是非线性的。由此可知，我们前面所讲的 n 生素数组（含经典的孪生素数）都是线性的。

对于线性的 n 生素数组问题，我们使用 n 重一元筛法理论进行分析讨论。对于非线性的 n 生素数组问题，我们要运用多重多元筛法理论进行分析讨论。

本章通过一些实例讨论了几个比较简单的 n 生素数组问题。对于更加复杂的 n 生素数组，这里不做进一步的讨论。因为这样的素数组本来就稀少，加之我们的估计式比较粗糙，因此要使 N 充分大才能验证我们的结果。受目前的计算工具所限，难以提供所需验证数据。

在 H. Halberstam 和 H. – E. Richert 合著的 *Sieve Methods* 一书中对广义孪生素数问题已经做了相关的介绍，读者可以参考。

第十三章 Mersenne 素数分布问题

早在300多年前，法国数学家 Marin Mersenne（1588—1648）就对 2^p-1 型数进行了深入全面的研究，于是，人们把 2^p-1 型数称为 Mersenne 数。我们在《原根理论》中对 Mersenne 素数的判断、合数分解问题做了一些讨论。现在，我们来讨论它的存在性，即 Mersenne 素数在 Mersenne 数中的分布问题。

目前，我们已知的 Mersenne 素数（Mp）已经达到42个：

$p=2$，3，5，7，13，17，19，31，61，89，107，127，521，607，1279，2203，2281，3217，4253，4423，9689，9941，11213，19937，21701，23209，44497，86293，110503，132049，216091，756839，859433，1257787，1398269，2976221，3021377，6972593，13466917，20996011，24036583，25964951。

上面的素数是否是一个区间的全部 Mersenne 素数呢？是否存在无穷多个 Mersenne 素数呢？我们很难准确地回答。所以，我们研究 Mersenne 素数的存在性问题即分布问题是非常有意义的。目前，我们对于 Mersenne 素数的存在性问题基本停留在猜测阶段。这个阶段，主要有周海中先生的著名猜测。周海中根据现有的 Mersenne 素数的分布情况，给出了 Mersenne 素数分布规律的表达式：

当 $p<2^{2^{n+1}}$ 时，有 $2^{n+2}-n-2$ 个 Mersenne 素数 M_p。

这便是著名的周氏猜测，也是目前所得到的一个非常好的、巧妙的结果。

下面，我们要运用筛法证明一个弱一些的结果：当 $N=2^{2^{2k}}$ 时，小于 N 的 Mersenne 素数 M_p 个数 $M(N)$ 为：

$$M(N)\geqslant a(2^k-1)$$

其中 $a>1.443$。

§13.1　Mersenne 素数的整数序列

我们在寻找素数的规律时，不能孤立地研究一个素数，而应该从整数的普遍规律中寻找它的特殊规律。

先来观察以下整数序列的规律：

$\mathcal{A}$：1，3，7，15，31，…，2^n-1。

被 3 整除的元素每 2 个有一个；被 7 整除的元素每 3 个有一个；被 5 整除的元素每 4 个有一个；被 31 整除的元素每 5 个有一个；被 127 整除的元素每 7 个有一个……而且素数是循序出现的。

从上述规律我们可以总结出这个整数序列为：

$\mathcal{A}=1$，3，7…，2^n-1 （$n=1$，2，3，…）

其具有以下性质：

（1）有限性。

（2）不重复性。

（3）元素分布是均匀的。

（4）元素分布具有有序性。

从上面的性质可以判断，这个整数序列是可筛整数序列。

§13.2　Mersenne 素数的筛分集合

从上面的分析可以看出，要对 Mersenne 素数的整数序列进行筛分，筛分集合不能与往常一样，最起码不只是像 $P(n)=\prod_{p_i\leqslant N^{\frac{1}{2}}} p_i$ 这么简单。因为在往常我们遇到的整数序列中，素数因子的出现都是按照素数的大小顺序排列的，而现在我们所选的整数序列并不是以素数因子的大小顺序排列的，因此，我们的筛分集合也不能是以素数的大小顺序排列的集合。也就是说筛分集合的排列顺序必须与整数序列的素数因子出现或排列的次序一致。

设 $H_2(p_i)$ 表示在二进制下 p_i 的节；$P(p)$ 表示所有 $p=kp_i+1, p_i<n$ 的素

数，因为 2^p-1 的素因子都是 $p=kp_i+1$ 型素数。根据元素分布的有序性，我们可以将 $P(n)=\prod_{p_i\leqslant N^{\frac{1}{2}}}p_i$ 改写为：

$$P(2^n)=\prod_{\substack{p_i\leqslant 2^{\frac{n}{2}}\\ H_2(p_i)<n\\ p_i\in P(p)}}p_i$$

也就是说，我们建立这样的一个筛分集合，这个集合的元素是所有素数 $p_i\leqslant 2^{\frac{n}{2}}$ 的节与 $H_2(p_i)<n$ 的交集。

由于筛分集合是素数集合，于是又可以将上式写为：

$$P(2^n)=\prod_{\substack{p_i\leqslant 2^{\frac{n}{2}}\\ H_2(p_i)<n\\ H_2(p_i)\in\mathcal{B}}}p_i$$

§13.3 Mersenne 素数的筛函数

我们先来叙述一下 Mersenne 素数的筛分思路。假设在 $2^n\sim 2^{2n}$ 的区间之内有 a 个 Mersenne 素数；取 $n=2^m$，那么在 $2^{2^m}\sim 2^{2^{(m+1)}}$ 的区间之内有 a 个 Mersenne 素数；再取 $m=2^k$，那么在 $2^{2^{2k}}\sim 2^{2^{(2k+1)}}$ 的区间之内有 a 个 Mersenne 素数，这里 $n=2^{2^{2k}}$。同样地，在 $2^{2^{(2k+1)}}\sim 2^{2^{(2k+2)}}$ 的区间之内亦有 a 个 Mersenne 素数；在 $2^{2^{(2k+2)}}\sim 2^{2^{(2k+3)}}$ 的区间之内亦有 a 个 Mersenne 素数；等等。于是我们得出：

在 $2^{2^{2k}}\sim 2^{2^{(2k+1)}}$ 的区间之内至少有 $a\times 2^k$ 个 Mersenne 素数。

下面，我们来讨论 $2^n\sim 2^{2n}$ 之间的 Mersenne 素数个数问题。给定下面整数序列：

$$\mathcal{A}:\ 2^n,\ 2^{n+1},\ 2^{n+2},\ \cdots,\ 2^{2n}$$

我们知道，在 $2^n\sim 2^{2n}$ 之间最多只有 $\pi(2n)-\pi(n)$ 个数可能为 Mersenne 素数 M_p。究竟是不是 Mersenne 素数？有多少个？只能在 $\pi(2n)-\pi(n)$ 个数中筛减。

设 $n\sim 2n$ 之间的素数为 p_j，则 $2^{p_j}-1$ 的素因子均为 p_jm+1 型素数，则有：

$$
\begin{aligned}
S(\mathcal{A};\mathcal{B},2^{2n}) &= (\pi(2n)-\pi(n))\prod_{\substack{H_2(p_i)<2n\\3<p_i\in\mathcal{B}\\p_i<2^n\\H_2(p_i)\in\mathcal{B}}}\left[\frac{p_i-1}{p_i}\right]\\
&\geqslant (\pi(2n)-\pi(n))\prod_{\substack{p_i=p_jm+1\\p_j\geqslant n}}\left[\frac{p_i-1}{p_i}\right]\\
&> (\pi(2n)-\pi(n))\prod_{n\leqslant p_i<2^n}\left[\frac{p_i-1}{p_i}\right]\\
&= (\pi(2n)-\pi(n))\prod_{3\leqslant p_i<2^n}\left[\frac{p_i-1}{p_i}\right]\times\prod_{3\leqslant p_k<n}\frac{p_k}{p_k-1} \qquad (13.1)
\end{aligned}
$$

由于 $\prod_{p\leqslant n}(1-\frac{1}{p})\geqslant\frac{1}{\log n}$，$\pi(x)\geqslant\frac{x}{\log x}$，则有：

$$\pi(2n)-\pi(n)=\frac{2n}{\log 2n}-\frac{n}{\log n}$$

$$\prod_{3\leqslant p_i<2^n}\frac{p_i-1}{p_i}\geqslant\frac{1}{\log 2^n}$$

$$\prod_{3\leqslant p_k<n}\frac{p_k}{p_k-1}\leqslant\log n$$

于是我们有：

$$S(\mathcal{A};\mathcal{B},2^{2n})\geqslant(\frac{2n}{\log 2n}-\frac{n}{\log n})\times\frac{1}{\log 2^n}\times\log n \qquad (13.2)$$

由于 $n=2^{2^k}$，故有：

$$
\begin{aligned}
S(\mathcal{A};\mathcal{B},2^{2^{2^k}}) &\geqslant(\frac{2^{2^k+1}}{\log 2^{2^k+1}}-\frac{2^{2^k}}{\log 2^{2^k}})\times\frac{1}{\log 2^{2^{2^k}}}\times\log 2^{2^k}\\
&=(\frac{2^{2^k+1}}{(2^k+1)\log 2}-\frac{2^{2^k}}{2^k\log 2})\times\frac{1}{2^{2^k}\log 2}\times 2^k\log 2\\
&=(\frac{2^{k+1}}{(2^k+1)\log 2}-\frac{1}{\log 2}) \qquad (13.3)
\end{aligned}
$$

由于 $\frac{2^{k+1}}{(2^k+1)}\to 2$，故有：

$$S(\mathcal{A},\mathcal{B};2^{2^{2^k}})=a>1.443 \qquad (13.4)$$

由此可知，在 $2^{2^{2^k}}\sim 2^{2^{2^{k+1}}}$ 区间之内的 Mersenne 素数个数至少有 2^k 个或 $a\times 2^k$ 个。

§13.4 存在无穷多个 Mersenne 素数的证明

定理 13.1：存在无穷多的 Mersenne 素数。设 $X(N)$ 表示小于 N 的 Mersenne 素数的个数，则 $X(N)$ 为：

$$X(2^{2^{2k}}) \geqslant a(2^k - 1)$$

其中 $a > 1.443$ 。

证明：在 $2^{2^{2i}} \sim 2^{2^{2i+1}}$ 中我们分别取 $i = 0,1,2,3,\cdots k-1$，则有：

$$2^{2^{20}} \sim 2^{2^{21}}, 2^{2^{21}} \sim 2^{2^{22}}, 2^{2^{22}} \sim 2^{2^{23}}, \cdots, 2^{2^{2k-1}} \sim 2^{2^{2k}}$$

各区间的 Mersenne 素数个数分别为：

$$a, 2a, 2^2a, 2^3a, \cdots, 2^{k-1}a$$

它们之和为：

$$X(2^{2^{2k}}) \geqslant a(2^k - 1) \tag{13.5}$$

于是我们得到：小于 $2^{2^{2k}}$ 的 Mersenne 素数个数大于 $(2^k - 1)a$ ，其中 $a > 1.443$ 。

据此我们得出，当 k 趋于无穷大时，存在无穷多个 Mersenne 素数。

§13.5 另一类广义 Mersenne 素数分布问题

我们所说的 Mersenne 素数指的是 $2^m - 1$ 的整数；经典的广义 Mersenne 素数是指 $a^m - 1$ 的整数，这里 $a \geqslant 2$ 为正整数。由于当 m 为合数时，我们实际所讨论的 Mersenne 素数和广义 Mersenne 素数分别为 $2^p - 1$ 和 $a^p - 1$ 。现在我们所要讨论的是形如 $2^m - a$ 和 $2^m + a$ 的整数，同样 $a \geqslant 1$ 为正整数，我们将其称为另一类广义 Mersenne 素数。

下面，我们讨论 $2^m \pm q$ 情况下的素数分布问题。

定理 13.2：存在无穷个 $2^m - 3$ 的素数。

证明：给定一个整数序列如下。

$\mathcal{A}$：1，5，13，29，61，125，253，509，1021，2045，4093，…

从整数序列可以看出：

（1）当2与3为p的同节原根或3为2的子原根时，p在整数序列中每隔$p-1$个元素出现1次。例如：5，11，13，19，23，29，37，47，53…也就是说2可表示3，$2^m \equiv 3 \pmod p$。

（2）当3既不是2的同节原根，也不是2的子原根时，p不在整数序列中出现。例如：3，7，17，31，41，43…也就是说2不可表示3，$2^m \not\equiv 3 \pmod p$。

关于原根的节和可表理论等一些知识可参见《原根理论》。

整数序列的元素个数：$m = \log_2 N$

筛分集合：$\mathcal{B} = \{p : p < N^{\frac{1}{2}}, 2^m \equiv 3 \pmod p\}$

筛函数：$S(\mathcal{A}; \mathcal{B}, N^{\frac{1}{2}}) = \sum\limits_{\substack{a = 2^m - 3 \\ (a, P(N^{\frac{1}{2}})) = 1}} 1$

筛分过程：

$$S(\mathcal{A}; \mathcal{B}, N^{\frac{1}{2}}) = \sum_{\substack{a = 2^m - 3 \\ (a, P(N^{\frac{1}{2}})) = 1}} 1 \sim \log_2 N \prod_{\substack{p_i = 5, 11, 13, 19, 23, \\ 29, 37, 47, 53, \cdots}} \left[\frac{p_i - 2}{p_i - 1}\right]$$

逐项比较两个无穷乘积，

$$\frac{3}{4} \times \frac{9}{10} \times \frac{11}{12} \times \frac{17}{18} \times \frac{21}{22} \times \frac{27}{28} \cdots$$

$$\frac{2}{3} \times \frac{4}{5} \times \frac{6}{7} \times \frac{10}{11} \times \frac{12}{13} \times \frac{16}{17} \times \frac{18}{19} \times \frac{22}{23} \times \frac{28}{29} \cdots$$

总有

$$\prod_{\substack{p_i = 5, 11, 13, 19, 23, \\ 29, 37, 47, 53, \cdots \\ p_i \leqslant N^{\frac{1}{2}}}} \left[\frac{p_i - 2}{p_i - 1}\right] > \prod_{p_i \leqslant N^{\frac{1}{2}}} \left[\frac{p_i - 1}{p_i}\right]$$

于是我们有：

$$S(\mathcal{A}; \mathcal{B}, N^{\frac{1}{2}}) = \sum_{\substack{a = 2^m - 3 \\ (a, P(N^{\frac{1}{2}})) = 1}} 1 \sim \log_2 N \prod_{\substack{p_i = 5, 11, 13, 19, 23, \\ 29, 37, 47, 53, \cdots}} \left[\frac{p_i - 2}{p_i - 1}\right]$$

$$> \log_2 N \prod_{p_i \leqslant N^{\frac{1}{2}}} \left[\frac{p_i - 1}{p_i}\right]$$

$$\geqslant \log_2 N \frac{1}{\log N^{\frac{1}{2}}} + o\left(\frac{m}{\log^2 N^{\frac{1}{2}}}\right)$$

$$= \frac{m}{\log N^{\frac{1}{2}}} + o\left(\frac{m}{\log^2 N^{\frac{1}{2}}}\right)$$

定理证毕。

定理 13.3：存在无穷多 $2^m \pm q$ 的素数。

证明：给定一个整数序列如下。

$\mathcal{A}: a_1, a_2, a_3, \cdots, a_k, \cdots$

同样地，从整数序列可以看出：

（1）当 2 与 $\pm q$ 为 p 的同节原根或 $\pm q$ 为 2 的子原根时，p 在整数序列中每隔 $p-1$ 个元素出现 1 次，$2^m \equiv \pm q \pmod p$。

（2）当 $\pm q$ 既不是 2 的同节原根，也不为 2 的子原根时，p 不在整数序列中出现。也就是说 2 不可表示 $\pm q$，$2^m \not\equiv \pm q \pmod p$。

（3）如果 2 为 p 的子原根如半原根，且 2 与 $\pm q$ 具有有限性，则 p 在整数序列中每隔 $\frac{p-1}{2}$ 个元素出现 1 次。例如 $2^{20} \equiv 1 \pmod{41}$，$2^3 \equiv 1 \pmod 7$ 等。这种情况比较少，在我们的估计中被省略。

整数序列的元素个数：$m = \log_2 N$

筛分集合：$\mathcal{B} = \{p : p < N^{\frac{1}{2}}, 2^m \equiv \pm q \pmod p\}$

筛函数：$S(\mathcal{A}; \mathcal{B}, N^{\frac{1}{2}}) = \sum\limits_{\substack{a = 2^m \pm q \\ (a, P(N^{\frac{1}{2}})) = 1}} 1$

筛分过程：

$$S(\mathcal{A}; \mathcal{B}, N^{\frac{1}{2}}) = \sum_{\substack{a = 2^m \pm q \\ (a, P(N^{\frac{1}{2}})) = 1}} 1$$

$$\sim \log_2 N \prod_{\substack{p_i = p_1, p_2, p_3, \cdots \\ p_i \leqslant N^{\frac{1}{2}}}} \left[\frac{p_i - 2}{p_i - 1}\right]$$

比较两个无穷乘积，总有下面的关系式：

$$\log_2 N \prod_{\substack{p_i = p_1, p_2, p_3, \cdots \\ p_i \leqslant N^{\frac{1}{2}}}} \left[\frac{p_i - 2}{p_i - 1}\right] > \prod_{p_i \leqslant N^{\frac{1}{2}}} \left[\frac{p_i - 1}{p_i}\right]$$

于是，我们有：

$$
\begin{aligned}
S(\mathcal{A};\mathcal{B}, N^{\frac{1}{2}}) &= \sum_{\substack{a=2^m \pm q \\ (a,P(N^{\frac{1}{2}}))=1}} 1 \\
&\sim \log_2 N \prod_{\substack{p_i = p_1, p_2, p_3, \cdots \\ p_i \leqslant N^{\frac{1}{2}}}} \left[\frac{p_i - 2}{p_i - 1}\right] \\
&> \log_2 N \prod_{p_i \leqslant N^{\frac{1}{2}}} \left[\frac{p_i - 1}{p_i}\right] \\
&\geqslant \log_2 N \frac{1}{\log N^{\frac{1}{2}}} + o\left(\frac{m}{\log^2 N^{\frac{1}{2}}}\right) \\
&= \frac{m}{\log N^{\frac{1}{2}}} + o\left(\frac{m}{\log^2 N^{\frac{1}{2}}}\right)
\end{aligned}
$$

定理证毕。

第十四章　Fermat 素数分布问题

Pierre de Fermat（1601—1665）是法国的一名律师，数学只是他的业余爱好。但是他在数学上对人类做出的贡献是非常大的，尤其是他在数论上的研究，对于促进数论发展起到了巨大的作用。他被誉为“业余数学家之王”，他的 Fermat 小定理、Fermat 大定理、Fermat 数影响至今。

1640 年，Fermat 发现 $2^{2^n}+1$ 在 $n=0,1,2,3,4$ 时均为素数，但是当 $n=5$ 时，其数值太大，计算不了。于是 Fermat 猜测：$2^{2^n}+1$ 都是素数。后来人们把这类数称作 Fermat 数。1732 年瑞士数学家 Leonhard Euler 证明了 $2^{2^5}+1$ 是一个合数，1880 年又有人证明了 $2^{2^6}+1$ 也是一个合数。这说明 Fermat 的猜测是错误的。虽然如此，但到现在人们再也没有发现 $n>4$ 的 Fermat 数是素数，也没有发现 $n>4$ 时 Fermat 数中是否还存在合数。

与 Mersenne 素数一样，Fermat 素数的存在性问题值得我们去讨论。但是，目前我们对于 Fermat 素数的了解要比对 Mersenne 素数的了解少得多，直到现在，我们也只是知道 F_0,F_1,F_2,F_3,F_4 5 个 Fermat 素数。

从单个素数的判断和寻找方面我们确实遇到了非常大的困难，那么能否从整体的量上了解一些 Fermat 素数的情况呢？这就是我们下面要讨论的问题。

§14.1　Fermat 数的整数序列

我们知道当 2^n+1 为素数时，n 必为 2 的幂。所以我们分析 Fermat 数的整数序列与分析 2^n+1 整数序列是相同的。我们先来分析 2^n+1 数的整数序列，见表 14－1。

表 14－1　　2^n+1 数的整数序列分析

序号	2^n+1 整数序列	素因子分解	主素因子 p_i	$H_2(p_i)$
1	3	3	3	2
2	5	5	5	4
3	9	3	—	—
4	17	17	17	8
5	33	3×11	11	10
6	65	5×13	13	12
7	129	3×43	43	14
8	257	257	257	16
9	513	3×19	19	18
10	1025	5×41	41	20
11	2049	3×683	683	22
12	4097	17×241	241	24
13	8193	3×2731	2731	26
14	16385	5×29×113	29，113	28
15	32769	3×11×331	331	30
16	65537	65537	65537	32
17	131073	3×43691	43691	34
18	262145	5×37×13×109	37，109	36
19	524289	3×174763	174763	38
20	1048577	17×61681	61681	40
21	2097153	3×43×5419	5419	42
22	4194305	3×5×11×2113	2113	44
23	8388609	3×2796203	2796203	46
24	16777217	97×257×673	97，673	48
25	33554433	3×11×251×4051	251，4051	50
26	67108865	5×53×157×1613	53，157，1613	52
27	134217729	3×19×87211	87211	54

从上面的整数序列可以看出，整数序列可表示为：

$$\mathcal{A}=3,\ 5,\ 9,\ 17,\ \cdots,\ 2^n+1$$

并且具有如下性质：

（1）有限性。

（2）不重复性。

（3）有序性。设 $H_2(p_i)$ 表示 p_i 在二进制下的节，则素数 p_i 是以 $H_2(p_i)$ 的大小顺序出现在整数序列中的。

（4）均匀性。对于任意素数 p_i，若它的节为 $H_2(p_i)$，则在前 m 个元素中，被这个素数 p_i 整除的元素个数 $X(p_i)$ 为：

$$X(p_i) = \left[\frac{m+\Delta H_2}{H_2(p_i)}\right]$$

$$\Delta H_2 < H_2(p_i)$$

（5）在整数序列中的任意素数 p_i，$H_2(p_i)$ 总是偶数。这是因为若素数 p 整除 2^n+1，则必有 $2^{2n}\equiv 1(\bmod p)$，$2n$ 为使上式成立的最小整数。当然，若两个不同素数的节相同，则它们在整数序列中第一次出现的位置相同。

（6）在二进制下，没有 6 节素数。

据此，我们可以确定，Fermat 数的整数序列是一个可筛整数序列。

§14.2　$P(n)$ 的确定

从上面的分析可以看出，Fermat 数的整数序列是以素数的 $H_2(p_i)$ 的大小顺序出现的，因此，其筛分集合的排列顺序必须与整数序列的素数因子出现或排列的次序一致。

根据整数序列的性质，我们可以将 $P(n)=\prod_{p_i\leqslant N^{\frac{1}{2}}} p_i$ 改写为：

$$P(2^n) = \prod_{\substack{p_i\leqslant 2^{\frac{n}{2}} \\ H_2(p_i)<n \\ H_2(p_i)=2a}} p_i$$

也就是说，我们建立这样的一个筛分集合，这个集合的元素是所有素数 $p_i\leqslant 2^{\frac{n}{2}}$ 与 $H_2(p_i)<n$、$H_2(p_i)=2a$ 的交集。这样一来，我们的筛分集合与整

数序列的素数出现的次序便是一致的。

表 14－2 所示是 500 以内的素数，且其 2 的节为偶数。

表 14－2　500 以内的素数，且其 2 的节为偶数

素数	2 的节	素数	2 的节	素数	2 的节
3	2	113	28	307	102
5	4	131	130	313	156
11	10	137	68	317	316
13	12	139	138	331	30
17	8	149	148	347	346
19	18	157	52	349	348
23	11	163	162	353	88
29	28	173	172	373	372
37	36	179	178	379	378
41	20	181	180	389	388
43	14	193	96	397	44
47	23	197	196	401	200
53	52	211	210	409	204
59	58	227	226	419	418
61	60	229	76	421	420
67	66	241	24	433	72
71	35	251	50	443	442
79	39	257	16	449	224
83	82	269	268	457	76
97	48	277	92	461	460
101	100	281	70	467	466
107	106	283	94	491	490
109	36	293	292		

如果我们在表 14－2 的基础上加上 $H(p_i) \leqslant 20$ 的条件，则只有如表 14－3 所示的元素。

表 14－3　　500 以内的素数，其 2 的节为偶数且 $H(p_i)\leqslant 20$

素数	2 的节
3	2
5	4
17	8
11	10
13	12
43	14
257	16
19	18
41	20

§14.3　Fermat 素数的筛函数

我们建立的筛函数如下所示：

$$S(\mathcal{A};\mathcal{B},2^n)=2n\prod_{\substack{H_2(p_i)\leqslant 2n\\ 3\leqslant p_i\in\mathcal{B}\\ 3\leqslant p_i<2^n\\ H_2(p_i)=2a}}\frac{H_2(p_i)-1}{H_2(p_i)}-\sum_{i=0}^{l-1}\prod_{j=i+1}^{l}\frac{H_2(p_j)-1}{H_2(p_j)}$$

$$<2n\prod_{\substack{H_2(p_i)\leqslant n\\ H_2(p_i)=2a}}\frac{H_2(p_i)-1}{H_2(p_i)}-\sum_{i=0}^{l-1}\prod_{j=i+1}^{l}\frac{H_2(p_j)-1}{H_2(p_j)}$$

于是，我们可以得到以下结论。

定理 14.1：当偶数 $n\geqslant 38$ 时，2^n+1 为合数，其中 $n=2^m$。

证明：设 $P(2^n)=\prod\limits_{\substack{p_i\leqslant 2^{\frac{n}{2}}\\ H_2(p_i)<n\\ H_2(p_i)=2a}}p_i$，$\mathcal{A}=3,5,9,17,\cdots,2^n+1$，则有：

$$S(\mathcal{A};\mathcal{B},2^n)=2n\prod_{\substack{H_2(p_i)\leqslant 2n\\ 3\leqslant p_i\in\mathcal{B}\\ 3\leqslant p_i<2^n\\ H_2(p_i)=2a}}\frac{H_2(p_i)-1}{H_2(p_i)}-\sum_{i=0}^{l-1}\prod_{j=i+1}^{l}\frac{H_2(p_j)-1}{H_2(p_j)}$$

$$< 2n \prod_{\substack{H_2(p_i) \leqslant n \\ H_2(p_i) = 2a}} \frac{H_2(p_i) - 1}{H_2(p_i)} - \sum_{i=0}^{l-1} \prod_{j=i+1}^{l} \frac{H_2(p_j) - 1}{H_2(p_j)}$$

取 $n = 38$，则有：

$H_2(p_i) = 2, 4, 8, 10, 12, 14, 16, 18, 20, 22, 24, 26, 28, 30, 32, 34, 36, 38$。

$$2n \prod_{\substack{H_2(p_i) \leqslant n \\ H_2(p_i) = 2a}} \frac{H_2(p_i) - 1}{H_2(p_i)} = 11.72698124$$

$$\sum_{i=0}^{l-1} \prod_{j=i+1}^{l} \frac{H_2(p_j) - 1}{H_2(p_j)} = 12.11045211$$

$$2n \prod_{\substack{H_2(p_i) \leqslant n \\ H_2(p_i) = 2a}} \frac{H_2(p_i) - 1}{H_2(p_i)} - \sum_{i=0}^{l-1} \prod_{j=i+1}^{l} \frac{H_2(p_j) - 1}{H_2(p_j)} = -0.38347087$$

且当 $n \to \infty$，$2n \prod_{\substack{H_2(p_i) \leqslant n \\ H_2(p_i) = 2a}} \frac{H_2(p_i) - 1}{H_2(p_i)} - \sum_{i=0}^{l-1} \prod_{j=i+1}^{l} \frac{H_2(p_j) - 1}{H_2(p_j)} = -\infty$，即 $S(\mathcal{A}; \mathcal{B}, 2^n) \to -\infty$。

所以，当 $n \geqslant 38$ 时，没有符合我们上述条件（$n = 2^m$）的 $2^n + 1$ 型素数。也就是说当 $k > 5$ 时，$2^{2^k} + 1$ 不是素数（已知 $2^{2^5} + 1$ 为合数）。

定理证毕。

参考文献

[1] 华罗庚. 数论导引 [M]. 北京: 科学出版社, 1975.

[2] 〔苏〕A. A. 卡拉楚巴. 解析数论基础 [M]. 北京: 科学出版社, 1984.

[3] H. HALBERSTAM, H. – E. RICHERT. Sieve Methods [M]. London: Academic Press, 1974.

[4] 王元. 论筛法及其有关的若干问题 [J]. 科学记录, 1957 (1).

[5] 王元. 谈谈素数 [M]. 哈尔滨: 哈尔滨工业大学出版社, 2011.

[6] 潘承洞, 潘承彪. 哥德巴赫猜想 [M]. 北京: 科学出版社, 1981.

[7] 〔加〕R. K. 盖伊. 数论中未解决的问题 [M]. 北京: 科学出版社, 2002.

[8] 闵嗣鹤, 严士健. 初等数论 [M]. 北京: 高等教育出版社, 1957.